Solar Photovoltaic Power Generation Business Cookbook

태양광발전사업 쿡북

이순명 • 박성호 • 이성현 • 원성재 지음

도서출판 홍릉

저자소개

이순명 상명대학교 융합공과대학 전기공학전공/일반대학원 에너지그리드학과 조교수
박성호 상명대학교 일반대학원 공학계 에너지그리드학과 석사과정
이성현 상명대학교 일반대학원 공학계 에너지그리드학과 석사과정
원성재 상명대학교 일반대학원 공학계 에너지그리드학과 석사과정

Solar Photovoltaic Power Generation Business Cookbook

태양광발전사업 쿡북

인 쇄: 2024년 11월 15일 초판 1쇄
발 행: 2024년 11월 26일 초판 1쇄

저 자: 이순명 · 박성호 · 이성현 · 원성재
발행인: 송 준
발행처: 도서출판 홍릉
주 소: 01093 서울시 강북구 인수봉로 50길 10
등 록: 1976년 10월 21일 제5-66호

전 화: 02-999-2274~5, 903-7037
팩 스: 02-905-6729
e-mail: hongpub@hongpub.co.kr
http://www.hongpub.co.kr
ISBN: 979-11-5600-247-5(93560)

정 가: 29,000원

본 서적은 환경부(MOE)의 재원으로 한국환경산업기술원(KEITI)의 「녹색복원 특성화 대학원 전문인력 양성사업」의 지원을 받아 발간되었습니다.

목차

□ 태양광 발전사업 구비서류

9. RPS 설비확인 신청

□ 작성해야할 원본 서류

□ 태양광 발전사업 추진절차

1. 추진절차 구조도

구분	사업절차	세부내용	비고
사업타당성 검토 (사전검토사항)	입지요건검토	개발행위허가 가능여부 및 민원발생 가능성 확인	계약전 지자체 문의, 현장 방문
	계통연계 여유용량 확인	한전 계통연계 여유용량 확인	한전홈페이지 분산전원 연계정보
	잠재량 및 경제성분석	사업예정지의 일사량분석 및 경제성분석	재생에너지 클라우드 플랫폼
사업허가 및 공사	발전사업허가	법적근거 : '전기사업법'	지자체
	개발행위허가	허가가능성 사전검토 필요 (부지에 따라 제약가능성 多)	지자체
	전력수급계약신청	발전사업허가 후 전력수급계약 신청	한국전력공사
	공사계획신고	발전소설치공사 진행 전 공사계획에 대한 인가신청	지자체
	사용전검사	공사계획신고 내용 및 설비기준 적합여부 검사	한국전기안전공사
	전력수급계약체결	태양광발전소 건설이 완료되고 사용전검사를 받은 후 실시	한국전력공사, 한국전력거래소
	준공검사	- 개발행위 완료 후 실시 및 RPS 설비확인 신청 시 준공검사필증 제출 - 설비확인신청일이 속한 달 말일 부터 6개월 이내	지자체
발전 및 사업운영	사업개시신고	- 사용전검사완료, 준공이후 신고	지자체
	RPS 설비확인 신청	- 사용전검사 후 1개월 이내 신청 - 전력수급계약 체결일 또는 상업운전 개시일부터 공급된 전력량에 대해 REC 발급	한국에너지공단

Figure 1. 태양광 발전사업 추진절차 구조도

※ 유의사항

- 공사계획신고, 변경신고 및 사용 전 검사 위반 → 벌금
- 사업개시신고 위반 → 과태료
- 사업준비기간 내 사업개시를 못한 경우 → 발전사업 허가 취소

1.1 입지요건 검토

- '입지요건 검토'는 태양광 발전소를 운영하기에 해당 부지가 적합한지 확인하는 단계로 다음과 같은 주요 항목에 대한 검토를 진행하는 과정임
  - 개발행위허가 가능 여부 확인
  - 농지, 산지전용허가 대상여부 확인
  - 각종 평가조사 대상 여부 확인
  - 자가 부담금 및 토지 비용 확인
  - 계약 전 지자체 문의 및 현장 방문이 필요함

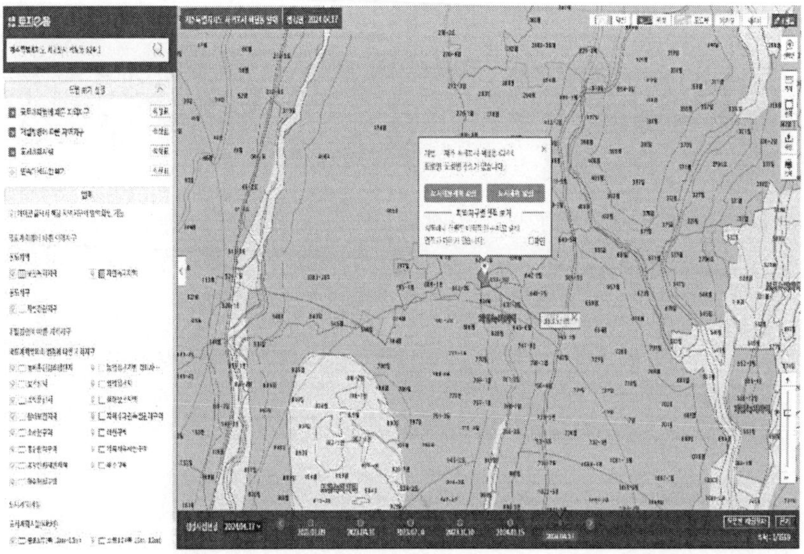

검색 지번에서 '발전소로 사용되는 건축물' 행위제한내용 가능 여부 X

지역·지구	가능여부	조건·제한·예외사항
가축사육제한구역	검색결과 없음	
자연녹지지역	건축가능 - 발전소로 사용되는 건축물	4층 이하의 건축물에 한한다.
지하수지원특별관리구역	검색결과 없음	

해당 필지에 지정된 「국토의 계획 및 이용에 관한 법률」에 따른 지역 · 지구
자연녹지지역
O

Figure 1-1. 입지요건 검토 사례 - 토지이용계획 확인

1.2 계통연계 여유 용량 확인

- 발전사업허가를 받기 이전에, 해당 부지의 한전 계통연계 용량이 여유가 있는지 확인이 필요함
- 한전 선로란 한국전력에서 전력을 공급하기 위해 만든 계통과 관련된 시설을 의미함
- 태양광 발전을 위해서는 발전용량에 맞는 3상 전주가 필요하므로, 태양광 발전 개발행위허가가 가능한 지역이어도 사업 시작 전에 반드시 여유 용량을 확인해야 함
- 현재 한전에서 분산형 전원 용량 조회 사이트를 통하여 용량 확인 서비스를 실시하고 있으며, 사용자가 개별 방문하여 여유 용량 정보를 취득할 수 있음

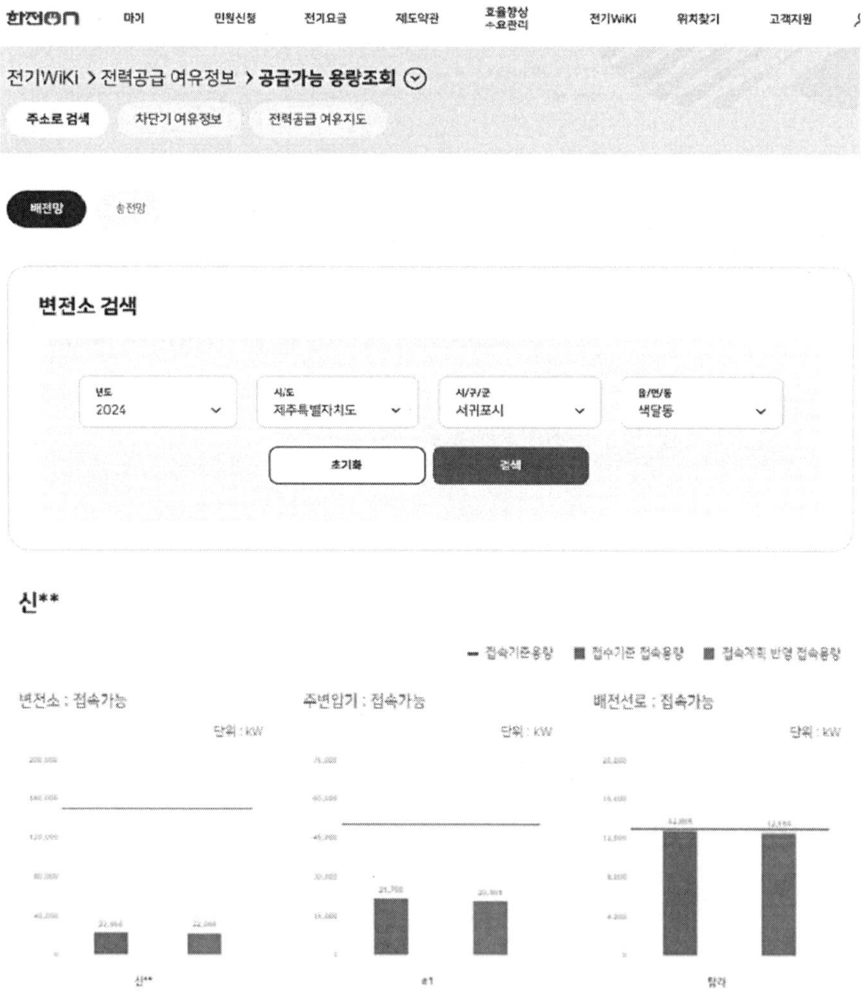

Figure 1-2. 한전 계통연계 여유용량 확인 사례

1.3 잠재량 및 경제성 분석

- 태양광 발전사업의 경제성 분석 요소 (비용적 측면)는 다음과 같음
  - 태양광 발전소 구축을 위해 필요한 다양한 금전적인 부문
  - 발전 설비 구매 및 설치 비용 (태양광 패널, 인버터, 기계설비 구매 시 소요되는 비용)
  - 토지 비용 (발전소를 설치할 부지의 구매 또는 임대시 소요되는 비용)
  - 설계 비용 (발전소 설계시 소요되는 비용)
  - 시공 비용 (발전소 구축을 위한 실제 공사 시 소요되는 비용)
  - 운용 비용 (발전소 운영 유지비, 세금, 임대료, 보험료 등)
  - 기타 변수 (물가상승률, 이자율 등)

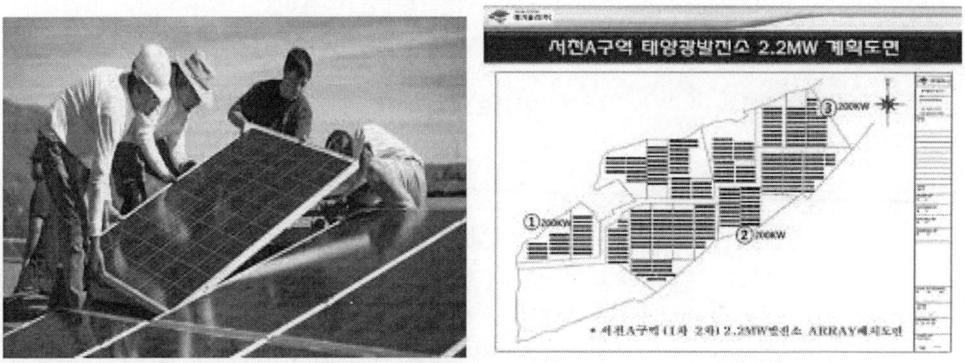

Figure 1-3. 태양광 발전사업의 경제성 분석 - 시공모습, 설계도면

- 태양광 발전사업의 경제성 분석 요소 (수익 측면)는 다음과 같음
  - 정부 보조금 (신재생에너지 설비 설치 보조금, 세금 감면 혜택 등)
  - 전력 판매수익 (SMP에 연동되는 한전자금 전기료 및 전력 구매 계약 PPA)
  - REC (태양광 REC 매각 수익)
  - 기타변수 (일사량, 모듈 성능, 발전시간 등)
  - 에너지 절감 (공장 및 가정집 대상 - 사용 전력량 절감 및 잉여에너지 판매 등)

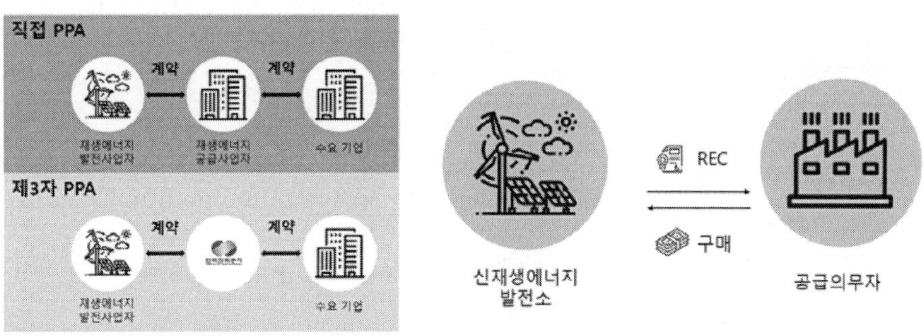

Figure 1-4. 태양광 발전사업의 경제성 분석 - PPA, REC매각 구조

1.4 발전사업허가

- 발전사업을 하고자 하는 자는 산업자원부장관의 허가를 받아야 하며, 허가 받은 사항 중 사업구역, 공급전압, 원동력의 종류 및 설비 용량을 변경하고자 하는 경우에는 변경허가를 받아야 함
- 발전사업을 하고자 하는 자는 사업구역별로 시도지사의 허가를 받아야 함
- 변경허가는 사업구역(동일 읍·면·동 제외), 공급전압, 원동력의 종류 및 설비용량(10% 이상·이하)을 변경하고자 하는 경우 필요
- 발전설비 용량이 3천 kW 이하인 발전사업의 허가를 받고자 하는 자는 신청서를 특별시장·광역시장 또는 도지사에게 제출하여야 함

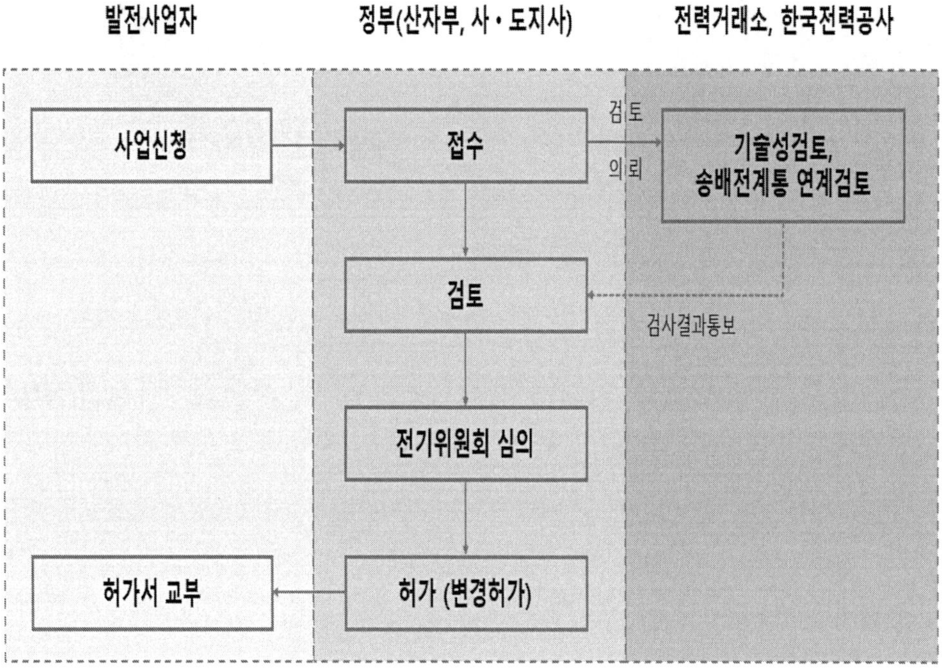

Figure 1-5. 발전사업허가 절차

Table 1-1. 발전사업허가단계 용량별 구비서류

구분	제출서류	필수여부		
		200kW이하	3000kW이하	3000kW이상
신청서	전기사업허가 신청서	O	O	O
신청서 첨부 서류	전기사업법 시행규칙 별표 1의 작성요령에 따라 작성한 사업계획서	O	O	O
	사업개시 후 5년 동안의 전기사업법 시행규칙 별지 제2호서식의 연도별 예상사업손익산출서			O
	배전선로를 제외한 전기사업용전기설비의 개요서			O
	송전관계일람도			O
사업 계획서 구비 서류	발전원가명세서			O
	신용평가의견서 및 재원 조달계획서			O
	전기설비의 운영을 위한 기술인력의 확보계획을 적은 서류			O
	신청인이 법인인 경우에는 그 정관 및 직전 사업연도말의 대차대조표·손익계산서			O
	신청인이 설립 중인 법인인 경우에는 그 정관			O
	신청자에 대한 신용평가			O
	재원조달계획 관련 증명서류			O
	전기설비 건설 및 운영 계획 관련 증명서류		O	O
	발전설비 건설 예정지역 관할 지방자치단체의 발전설비와 접속설비 건설에 대한 의견서			100MW초과
	발전기의 전력계통 접속에 따른 영향에 관한 한국전력공사의 의견서			10MW초과
	송전관계 일람도		O	O
	부지의 확보 및 배치 계획 관련 증명서류		O	O
	연료 및 용수 확보 계획 관련 증명서류			O
	신청자의 과거 발전설비 준공, 포기 또는 지연 이력 및 운영 실적			O
	사업 개시 예정일부터 5년 동안의 연도별 예상사업손익산출서(별지 제2호서식에 따른다)			O
	발전원가명세서			O

1.5 개발행위허가

- 개발행위허가란 건축물의 건축, 공작물의 설치 등을 하고자 하는 자가 「국토의 계획 및 이용에 관한 법률(약칭 : 국토계획법)」에 의하여 시장 또는 군수의 허가를 받는 행위
- 태양광 발전소가 토지에 설치되는 경우 필히 지자체의 토지개발 허가를 취득하여야 함
- 허가 처분 시,착공 및 준공검사 시행
- 불허가 처분 시, 거부처분을 받은 날로부터 90일 이내에 시•군에 문서로 이의신청 가능
- 기반시설의 설치 또는 그에 필요한 용지의 확보, 위해방지, 환경오염방지, 경관, 조경 등에 관한 조치를 할 조건 하에 허가
- 필요 시 해당 조치사항의 이행을 담보하기 위한 이행보증금 예치를 요구할 수 있음

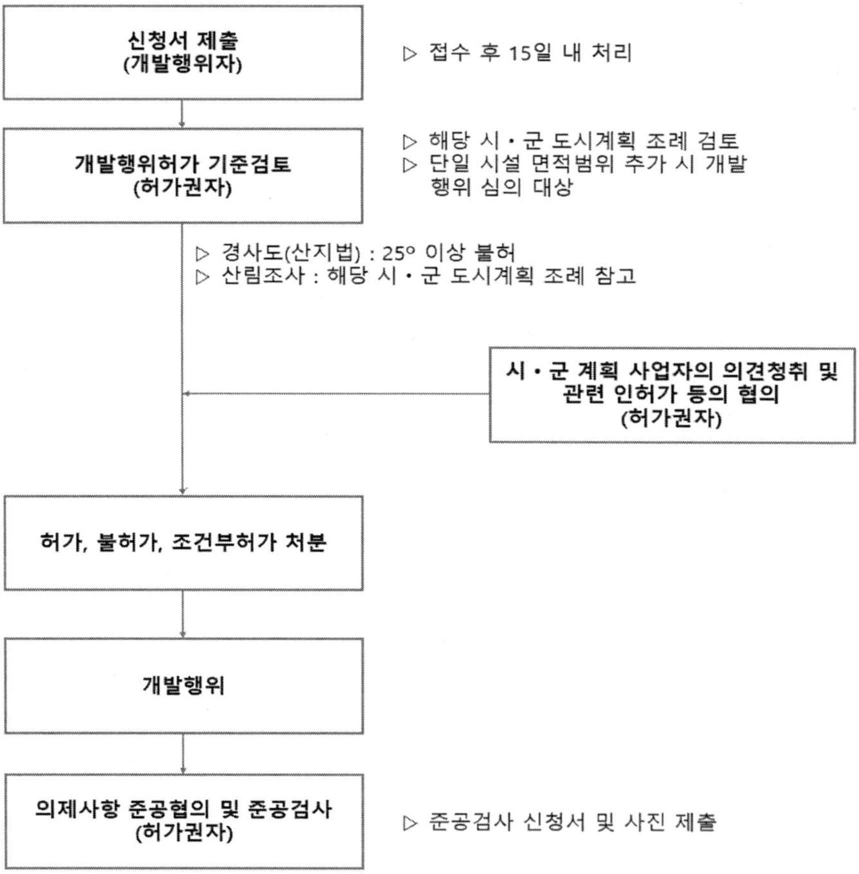

Figure 1-6. 개발행위허가 절차

Table 1-2. 개발행위허가 단계 구비서류

<table>
<tr><th colspan="2">구분</th><th>내용 및 작성기준</th><th>비고</th></tr>
<tr><td colspan="2">개발행위허가신청서</td><td>국토의 계획 및 이용에 관한 법률 시행규칙 별지 제5호 서식
※개발행위의 목적, 종류, 사업기간(착공 및 준공시기) 등을 명확히 기재하여야 함</td><td>공통</td></tr>
<tr><td colspan="2">토지의 소유·사용권 등의 증빙 서류</td><td>토지 소유권 또는 사용권 증명 서류</td><td>공통</td></tr>
<tr><td rowspan="13">공사 또는 사업 관련 도서</td><td rowspan="2">개요</td><td>공사 또는 사업의 개요 (위치, 목적, 면적, 규모 등)</td><td rowspan="2">공통</td></tr>
<tr><td>위치도</td></tr>
<tr><td rowspan="3">현황</td><td>현장실측도</td><td rowspan="2">공통</td></tr>
<tr><td>현장사진 (2매 이상, 전체 전경 사진 권장)</td></tr>
<tr><td>산림조사서, 경사분석도 등</td><td>토지형질변경, 토석채취</td></tr>
<tr><td rowspan="3">개발행위의 내용</td><td>토지이용계획도(시설 배치 계획도)</td><td rowspan="2">토지형질변경, 토석채취</td></tr>
<tr><td>공사계획평면도</td></tr>
<tr><td>대지 종/횡단면도(주요부)
※절/성토 또는 옹벽 설치시</td><td>토지형질변경, 토석채취</td></tr>
<tr><td>기반시설계획</td><td>기반시설계획도
※공사계획평면도상에 진입도로, 상/하수도 등 기반시설계획 내용이 표기되어 있는 경우에는 생략</td><td>공통</td></tr>
<tr><td>기타</td><td>녹지 및 공개공지 계획도, 주민 등 편의시설 계획도 등
※토지이용계획도, 공사계획평면도 등에 표기되어 있는 경우에는 생략</td><td>해당 계획 포함시</td></tr>
<tr><td>예산내역서</td><td>공사내역 및 예산서
※위해방지, 환경오염방지, 경관조경 등 위해방지계획, 공공시설 관련 계획 포함시 그 내역을 포함함</td><td>공통
(토지분할 제외)</td></tr>
<tr><td colspan="2">설계도서</td><td>상세도</td><td>공작물 설치</td></tr>
<tr><td colspan="2" rowspan="2">당해 건축물의 용도 및 규모를 기재한 서류</td><td>건축개요</td><td rowspan="2">토지형질변경
(건축물 건축 목적)</td></tr>
<tr><td>개략설계도서(배치도, 평면도, 입면도, 단면도 등)</td></tr>
<tr><td colspan="2">폐지/대체 또는 신설하는 공공시설의 종류·세목·소유자 등의 조서 및 도면</td><td>※해당 계획 포함시 작성</td><td>토지형질변경, 토석채취</td></tr>
<tr><td colspan="2">위해방지,환경오염방지,경관·조경 등을 위한 설계도서</td><td>피해방지계획도, 복구계획도
※「건설산업기본법 시행령」제8조제1항의 규정에 의한 경미한 건설공사를 시행, 옹벽 등 구조물의 설치등을 수반하지 않는 단순한 토지형질변경의 경우 개략설계서로 갈음</td><td>공통(토지분할 제외)</td></tr>
<tr><td colspan="2">기 타</td><td>관계 행정기관의 장과 협의에 필요한 서류</td><td>공통</td></tr>
</table>

1.6 전력수급계약 신청

- 전력시장을 통하지 않고 정부의 신재생에너지 거래지침에 따라 발전사업자와 한전간 전력거래계약을 체결하여 발전설비를 건설하고 계약에서 정한 내용으로 전력을 거래하는 제도 (PPA)에 대한 신청
- 각 지역별 한국전력공사에 신청관련 문의가 가능
- 접수 및 영업관련 문의 : 수요관리팀 또는 고객지원팀
- 설계 및 기술관련 문의 : 전력공급팀
- [신에너지 및 재생에너지 개발·이용·보급촉진법 제2조]에 규정되어 있는 발전유형 또는, 전기사업법상 한전에 직접 전력을 판매하고자 하는 발전설비용량 1,000kW이하 신재생에너지 발전 사업자 및 자가용 신재생에너지 발전설비 설치자만 신청 가능
- 신청 불가능한 경우는 다음과 같음
  - 1MW 초과 건
  - 개발행위허가가 없을 경우
  - 공급신뢰도, 품질저하 우려 시
  - 안전 등에 위해가 될 경우
  - 전기설비에 악영향 우려 시
  - 신재생에너지가 아닌 경우
  - 기타 법령, 기술적 사유에 의한 제한
  - 발전사업허가가 없을 경우 및 발전사업 준비기간이 만료된 경우
- PPA 체결 기준이 되는 계약의 단위로 1발전구역, 1발전허가, 1계약이 원칙임
- 발전사업 1허가 당 1계약을 체결해야 함
- 발전구역이 일치하지 않는 경우, 우선 발전허가 당 1계약을 체결하되, 연계전압은 분산형 전원 배전 계통연계 기술기준에 따라 결정

Table 1-3. 전력수급계약신청 단계 구비서류

<table>
<tr><th>구비서류</th><th>비고</th></tr>
<tr><td>① 전력구입계약(PPA)신청서</td><td>한전 표준양식으로 신청</td></tr>
<tr><td>② 발전사업자 허가증 사본</td><td>자가용은 공사계획신고필증 대체</td></tr>
<tr><td>③ 내선설계도면(발전시설)</td><td>동일인입여부 확인</td></tr>
<tr><td>④ 발전설비(인버터) 시험성적서 사본</td><td>설비의 적정성 여부 판단</td></tr>
<tr><td>⑤ 사업자등록증 사본</td><td>사업자 등록여부 확인</td></tr>
<tr><td>⑥ 개발행위허가서 사본(허가 대상일 경우</td><td>지자체 개발행위허가 확인</td></tr>
<tr><td>⑦ 전기사용신청서(소내 소비전력)</td><td>하단 설명 참조</td></tr>
<tr><td>① 전기사용 신청서</td><td rowspan="4">발전소 내 소비 전력 전기사용신청서류
PPA 신청서와 동시 신청</td></tr>
<tr><td>② 발전사업허가증 사본</td></tr>
<tr><td>③ 사업자등록증 사본</td></tr>
<tr><td>④ 사용자 신분증</td></tr>
<tr><td>⑤ 소유자 신분증</td><td rowspan="2">전기 사용장소의 사용자와 소유자가 다른 경우에만 작성</td></tr>
<tr><td>⑥ 임대차 계약서 또는 토지사용승락서</td></tr>
</table>

1.7 공사계획 신고

- 태양광 발전사업절차의 개발행위허가를 취득한 후, 발전소 설치공사 진행 전 공사계획에 대한 인가 또는 신고를 진행해야 함
- 공사계획신고에 대한 근거법령 :
  [전기사업법 제61조, 제62조]
  [동법 시행령 제42조]
  [동법 시행규칙 제28조, 제29조]
- 10,000kW 이상 사업자는 산업통상자원부를 통해 공사계획인가를 받아야 함
- 10,000kW 미만 사업자는 지자체에 공사계획신고를 해야 함

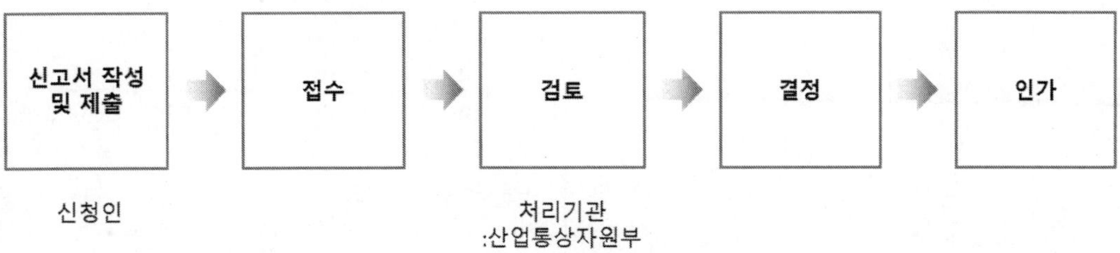

Figure 1-7. 공사계획신고 절차

Table 1-4. 공사계획신고 서류 작성 참고자료

<table>
<tr><th colspan="3">참고자료(「전기사업법」 시행규칙 별표 8의 제2호 기재사항 및 기술자료)</th></tr>
<tr><th>전기설비의 종류</th><th>기재사항</th><th>기술자료</th></tr>
<tr><td rowspan="2">발전소</td><td>발전소의 명칭 및 위치
(동, 리까지 적을 것)</td><td rowspan="2">-송전계통도
-발전소의 개요를 명시한 2만 5천분의 1 지형도
-주요설비의 배치사항을 명시한 평면도 및 단면도
-단선결선도</td></tr>
<tr><td>발전소의 출력</td></tr>
<tr><td rowspan="3">태양광설비</td><td>태양전지의 종류, 출력용량, 개방전압, 단락 전류 및 모듈의 수</td><td rowspan="3">-단선결선도
-용량계산서
-발전방식 설명서
-지지물의 설계도 및 구조계산서</td></tr>
<tr><td>전력변환장치의 종류, 용량</td></tr>
<tr><td>보호계전장치의 종류</td></tr>
</table>

Table 1-5. 공사계획신고 단계 구비서류

<table>
<tr><th colspan="2" rowspan="2">구분</th><th rowspan="2">서식</th><th rowspan="2">제출대상기관</th><th colspan="2">제출서류 공통</th></tr>
<tr><th>구분</th><th>비고</th></tr>
<tr><td colspan="2">법 제61조제1항 전단</td><td>별지 제25호</td><td>산업통상자원부 장관</td><td>공사계획신청서</td><td></td></tr>
<tr><td rowspan="7">법 제61조 제3항 전단</td><td rowspan="4">1만킬로와트 이상 발전설비 또는 전압 20만볼트 이상인 송전·변전설비</td><td rowspan="7">별지 제26호</td><td rowspan="4">산업통상자원부 장관</td><td>공사계획신청서</td><td></td></tr>
<tr><td>공사계획서</td><td></td></tr>
<tr><td>전기설비의 종류에 따라 「전기사업법」 시행규칙별표8의 제2호에 따른 사항을 적은 서류 및 기술 자료</td><td>공사계획서 포함내용</td></tr>
<tr><td>공사공정표</td><td></td></tr>
<tr><td rowspan="3">1만킬로와트 미만 발전설비 또는 전압 20만볼트 미만인 송전·변전설비</td><td rowspan="3">시 도지사</td><td>기술시방서</td><td></td></tr>
<tr><td>「전력기술관리법」 제12조의2제4항에 따른감리원 배치 확인서</td><td>공사감리대상만 해당 전기 안전관리자가 자체감리를 하는 경우 자체감리를 확인할 수 있는 서류</td></tr>
<tr><td>공사계획을 변경하는 경우, 변경이유서 및 변경내용을 적은 서류</td><td></td></tr>
</table>

1.8 사용전 검사

- 사용전 검사란 각종 전기설비의 설치공사를 완료하고, 그 전기설비가 전기설비기술기준에 적합한지 여부를 검사하는 단계
- 해당 절차는 한국전기안전공사에서 담당함
- 사용전 검사 대상 : 신재생에너지 발전 설비
- 사용전 점검 대상 : 한전에서 공급받는 발전소 소비전력용 설비

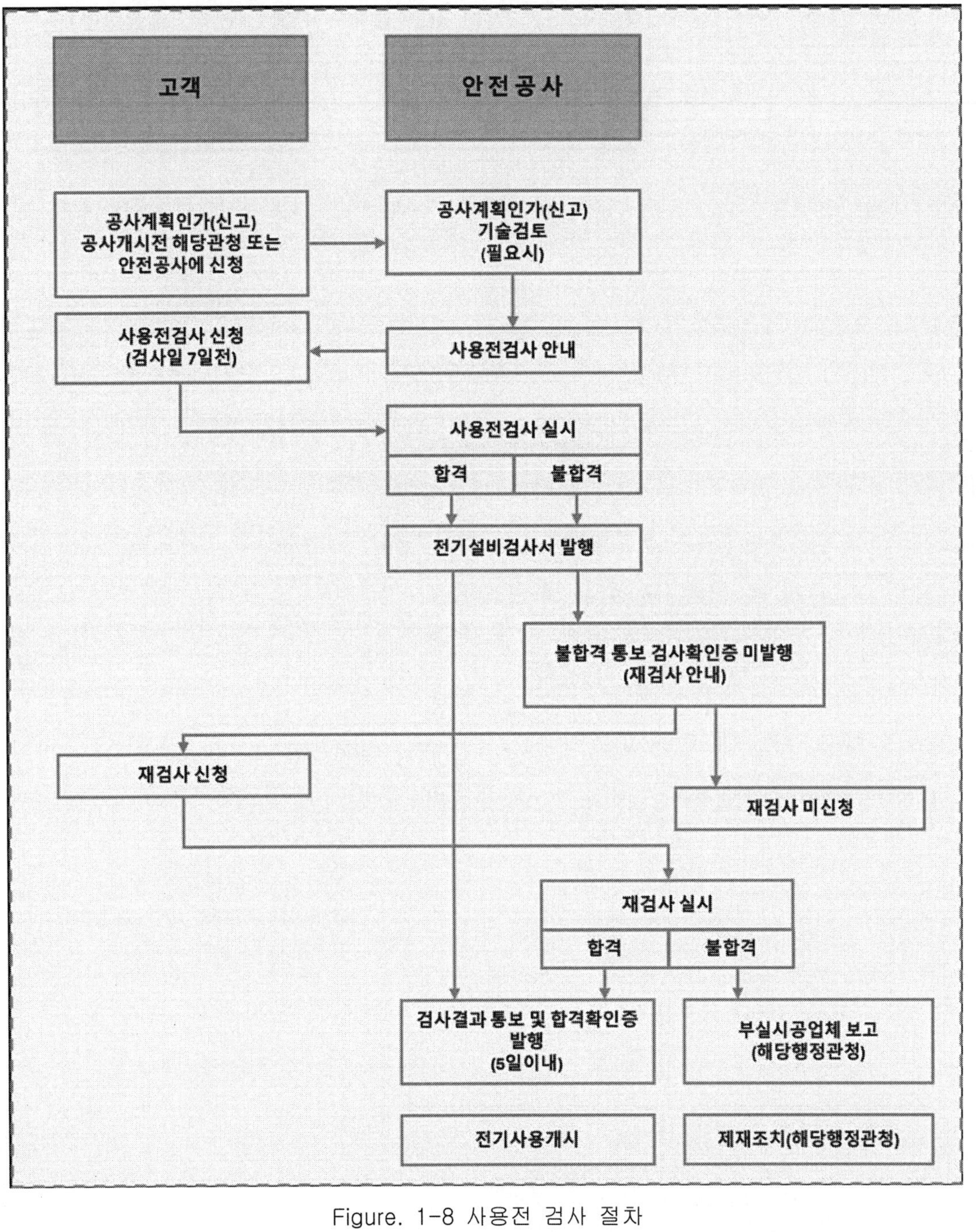

Figure. 1-8 사용전 검사 절차

Table 1-6. 사용전 검사 단계 구비서류

사업 단계	사용전검사 단계
제출 서류	① 사용전검사신청서 ② 공사계획인가서 또는 신고수리서 사본 ③ 「전력기술관리법」 제2조제3호에 따른 설계도서 및 「전력기술관리법」 제12조의2제4항에 따른 감리원배치확인서 ④ 자체감리를 확인할 수 있는 서류 ⑤ 전기안전관리자 선임신고증명서 사본

Table 1-7. 사용전 검사 분류

사용전검사 분류		
분류	사업용 사용전검사	자가용 사용전검사
업무 개요	사업용 전기설비(전기를 생산하여 판매하는 전기설비인 발전소·변전소·송전선로 등)의 설치 공사 또는 변경공사에 대해 그 설비가 공사 계획 인가 또는 신고 내용 및 전기설비 기술 기준에 적합하게 시공되었는지 여부를 검사	자가용 전기설비(아파트, 공장, 상가, 대형빌딩, 대형마트, 병원 등)의 설치공사 또는 변경공사에 대해 그 설비가 공사계획 인가 또는 신고 내용 및 전기설비 기술기준에 적합하게 시공되었는지 여부를 검사
대상	수력, 화력, 복합화력, 내연력, 태양광, 연료전지, 풍력, 전기저장장치 발전소	- 자가용 전기수용설비 - 자가용 발전설비(태양광, 풍력, 연료전지, 전기저장장치, 비상용 예비발전설비)
	변전소 및 송전선로	
	배전선로(500m 이상 공동구, 전력구에 한함)	

1.9 전력수급계약 체결

- 태양광발전소 건설이 완료되고 한국전기안전공사의 사용전 검사를 받은 후, 전력수급계약 체결을 진행
- 전력수급계약은 한국전력(1,000kW 이하) 또는 한국전력거래소(1,000kW 초과)와 체결
- 사용전 검사/점검이 끝난 후, 보호 장치 시설 설치 완료 후 계약체결 가능
- 고압고객은 보호협조 검토를 시행한 후, 보완조치 요구사항이 완료되면, 병렬운전조작합의서를 지역의 전력관리처(계통운영부서)에서 체결
- 병렬운전조작합의서를 체결한 뒤, 접수했던 부서에서 PPA 계약 체결

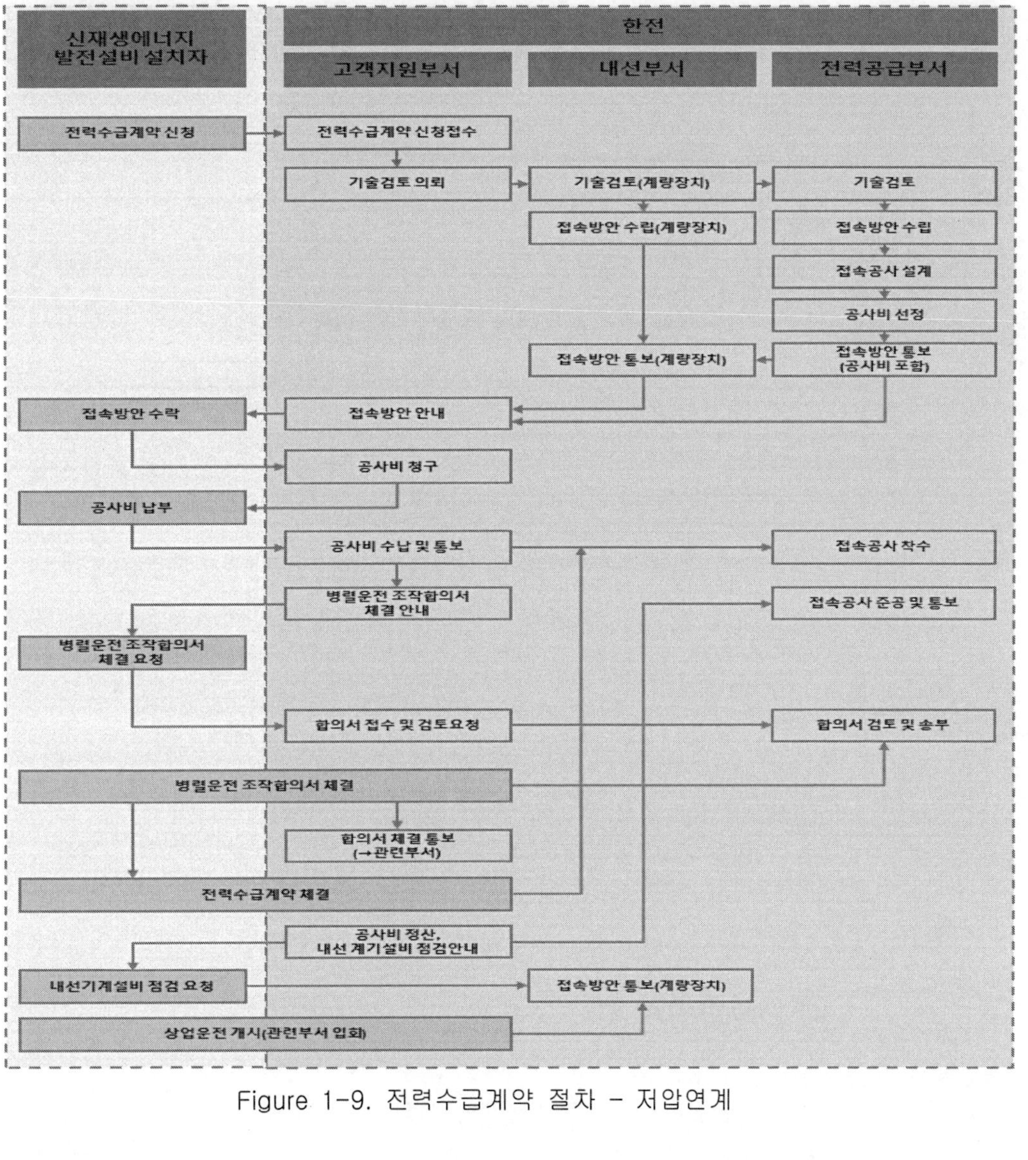

Figure 1-9. 전력수급계약 절차 - 저압연계

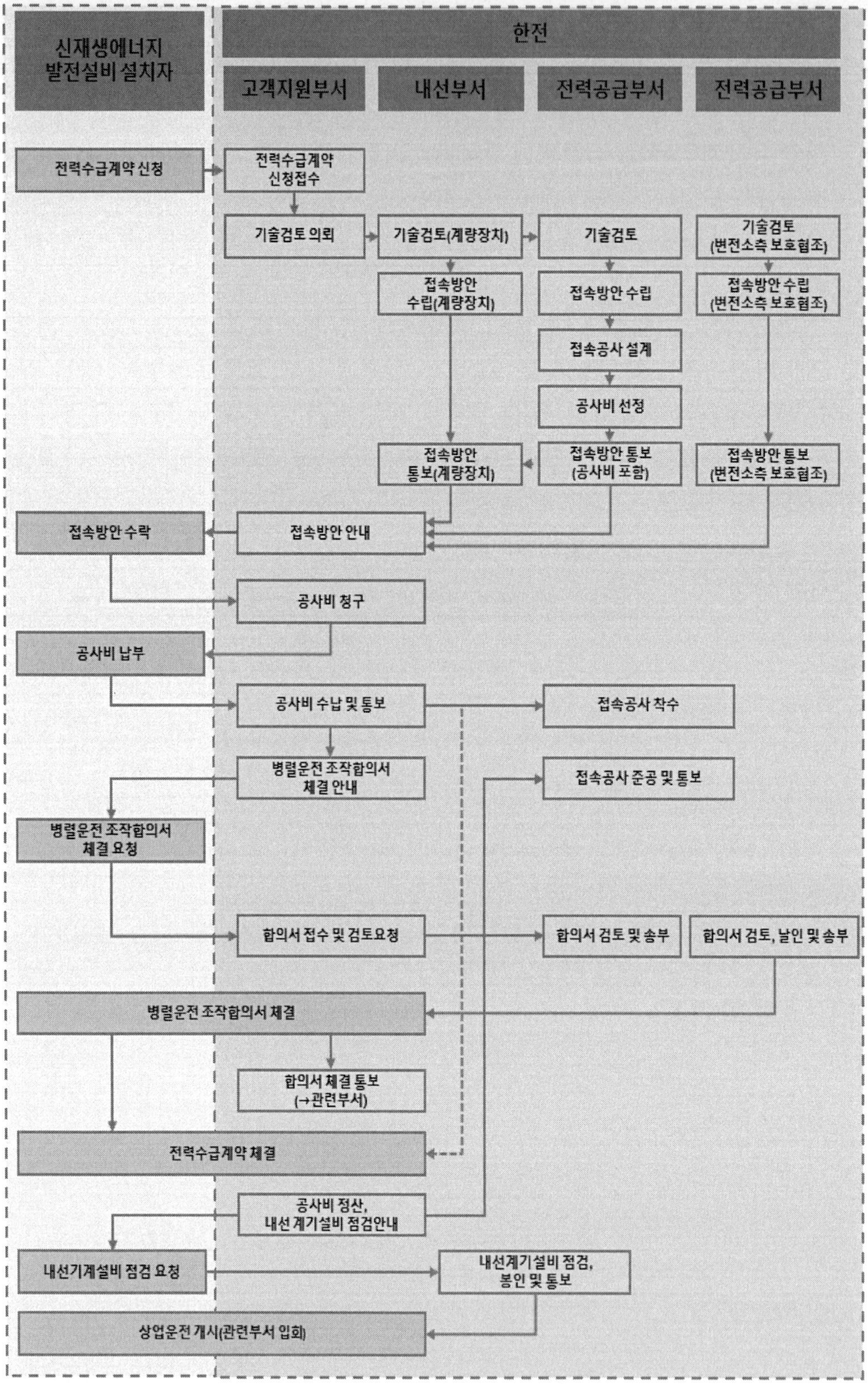

Figure 1-10. 전력수급계약 절차 - 특고압연계

Table 1-8. 전력수급계약 단계 구비서류

절차 구분	구비서류	비고
발전소 준공 시	① 사용전 검사 필증	사용전 검사 통과 여부 확인
	② 안전관리자 선임 필증	대상자만 수취
	③ 계기시험성적서 (18.04.30. 이전 접수분)	계기설비 적정성 여부 판단 CT부설시성적서 추가
계약 체결 시	① 표준전력구입계약서	계약서 2부 작성, 날인 후 각각 보관
	② 발전기 병렬운전조작합의서	2부 작성, 날인 후 각각 보관
	③ 계좌이체거래약정서	대금 지급을 위한 서류

1.10 준공검사

- 국토의 계획 및 이용에 관한 법률에 정하는 준공검사는 공작물의 설치(건축법 제 83조에 따라 설치되는 것은 제외한다), 토지의 형질변경 또는 토석채취를 위한 개발행위허가를 받은자가 그 개발행위허가를 완료하고 받아야 하는 검사
- 준공검사를 받아야 하는 자는 당해 개발행위를 완료한 때에는 지체없이 개발행위 준공검사 신청서에 준공사진, 지적측량성과도, 관계 행정기관의 장과 협의에 필요한 서류를 첨부하여 특별시장·광역시장·시장 또는 군수에게 제출해야 함

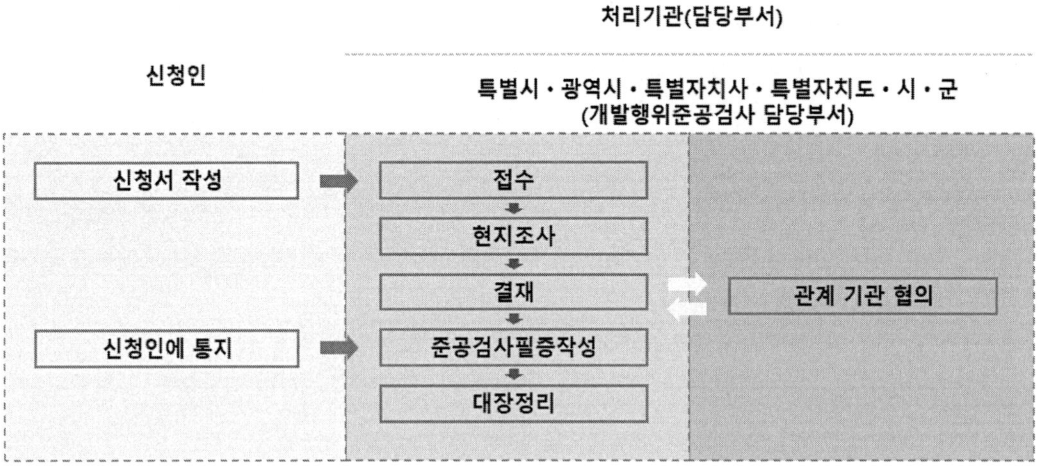

Figure 1-11. 준공검사 처리 절차

Table 1-9 준공검사 단계 구비서류

제출서류	비고
개발행위준공검사 신청서	
준공사진	
지적측량성과도	토지분할이 수반되는 경우와 임야를 형질변경하는 경우로서 ※지적법 제18조의 규정에 의하여 등록전환신청이 수반되는 경우에 한함
국토계획법 제62조제3항의 규정에 의한 관계행정기관의 장과의 협의에 필요한 서류	

※ 지적법 제18조 :

토지의 합병을 하고자 할 때에는 토지소유자는 이를 소관청에 신청하여야 한다. 다만, 합병되는 토지의 지번지역 · 지목 또는 소유자가 서로 다르거나 기타 대통령령이 정하는 경우에는 합병을 신청할 수 없다.

1.11 사업개시 신고

- 발전사업 사용전 검사가 완료되면 준공 이후 전기사업법에 의거하여 사업개시신고를 해야 함
- 신고기관은 발전사업허가 기관과 동일함
- 사업자는 사업개시신고를 하기 위해 사업개시를 증명할 수 있는 서류에 대한 준비가 필요함
- 사업개시신고가 완료되면 전기사업법상 발전사업을 위해 필요한 일련의 인허가 절차가 완료됨

Figure 1-12. 준공검사 처리 절차

Table 1-10. 제주도청 전기사업개시 신고정보

민원서식명	전기사업개시신고서		
민원분야	기업/경제		
접수방법	방문		
구비서류	1. 사업개시를 증명할 수 있는 서류(발전사업자의 경우에는 최초로 전력거래를 한 사실을 증명할 수 있는 서류)		
	2. 「산지관리법」 제39조제2항에 따른 중간복구명령(이에 따른 복구준공 검사를 포함합니다)의 이행을 전력거래 전에 완료하였음을 증명하는 서류(산지관리법」 제39조제2항에 따른 중간복구명령을 받은 발전사업자만 해당)		
처리기간	14일		
담당부서	에너지산업과	전화번호	064-710-2594

1.12 RPS 설비확인 신청

- 태양광발전소 건설이 완료되고 RPS 사업 참여를 원하는 사업자는 RPS 설비확인 신청을 진행함
- RPS 설비확인신청은 한국에너지공단에 신청서를 제출
- 14년 1월부터 온라인 입력사항으로 변경되었으며, 세부 절차는 다음과 같음
  - 한국에너지공단 홈페이지 접속
  - 우측 상단 '전자민원' 접속
  - 신재생에너지 카테고리 [12번 RPS제도] 클릭
  - RPS 설비 확인신청
- 신청 방법은 다음과 같음
  - '최초 사용시' 발전사업자 신규등록신청을 클릭하여 태양광 발전소의 기본정보를 입력
  - [RPS 종합지원시스템] 홈페이지에서 사업자 번호를 입력하고 공인인증서 로그인 진행 후, [RPS 대상설비관리] 탭의 [설비확인신청목록]의 맨 우측 [신규신청] 클릭
  - [설비확인 신청] 팝업 창에서 '설비확인 신청서'를 작성
  - [발전사업허가증]의 내용과 최종 [사용전 검사]의 내용에 맞게 작성

Table 1-11. RPS 설비확인 신청 단계 구비서류

서류명	발급처	필수여부	비고
발전사업허가증	지자체	필수	
사업자등록증	국세청	필수	
사용전검사 확인증	한국전기 안전공사	필수	
계약번호/상업운전개시일 (체결일자) 확인서류	한국전력공사 전력거래소	필수	
정보제공동의서		필수	
총사업비에 대한 무상지원비율확인서		필수	
견적서 / 비용산출 내역서 사본		필수	자체작성
설치현장사진		필수	자체작성
단선결선도		필수	자체작성
태양전지 모듈 인증서 사본	한국에너지공단	필수	
인버터 인증서 사본 또는 시험성적서	한국에너지공단 전력거래소	필수	
토지대장 및 지적도 등본	지자체	필수	
토지등기부등본	등기소	해당 시	
동일사업자의 인근지역 설치용량 확인서		해당 시	자체작성
태양광발전소 분할 여부 확인서		해당 시	자체작성
설치도면		필수	자체작성
건축물 관리대장		해당 시	자체작성

□ 태양광 발전사업 구비서류

1. 발전사업허가

1.1 전기사업 허가신청서

○ 전기사업을 하려는 신청자가 전기사업의 종류별로 시, 도지사, 산업통산자원부장관에게 신청하는 민원사무로, 전기사업법 제7조 제1항 및 같은 법 시행규칙 제4조의 [별지 제1호서식]을 따라 신청인 대표의 이름, 주민등록번호, 주소 등의 개인정보와 사업의 종류, 설치장소, 전기설비 등의 내용을 작성하는 서류

<서식 1-1> 전기사업 허가신청서

■ 전기사업법 시행규칙 [별지 제1호서식] <개정 2022. 1. 21.>

전기사업 허가신청서

※ 바탕색이 어두운 난은 신청인이 작성하지 않습니다.

접수번호	접수일자	처리기간 60일

구분		
신청인	대표자 성명	주민등록번호
	주소 서울특별시 종로구 홍지문 2길 20 상명대학교	
	상호 00태양광 발전소	전화번호 02-2287-5114
신청 내용	사업의 종류 발전사업(태양광)	
	설치장소 제주특별자치도 서귀포시 색달동 624-1	
	사업구역 또는 특정한 공급구역 제주특별자치도 서귀포시	
	전기사업용 전기설비에 관한 사항 설치용량 : 100.8kW, 공급전압(380V 또는 22,900V), 사용면적 : 1,302.4m^2	
	사업에 필요한 준비기간 허가일로부터 2년(24개월)	

「전기사업법」 제7조제1항 및 같은 법 시행규칙 제4조에 따라 위와 같이 전기사업의 허가를 신청합니다.

2024년 XX 월 XX 일

신청인 (서명 또는 인)

제주특별자치도지사 귀하

첨부서류	1. 「전기사업법 시행규칙」 별표 1의 작성방법에 따라 작성한 사업계획서(별표 1의2에 따른 서류를 첨부하여 제출합니다) 2. 정관 및 직전 사업연도말의 재무상태표・손익계산서(신청인이 법인인 경우만 해당하며, 신청인이 설립 중인 법인인 경우에는 정관만 제출합니다) 3. 신청자(발전설비용량이 3천킬로와트 이하인 신청자는 제외합니다)의 주주명부(신청자가 재무능력을 평가할 수 없는 신설법인인 경우에는 신청자의 최대주주를 신청자로 봅니다) 4. 「전기사업법 시행령」 제4조의2에 따른 의견수렴 결과(「신에너지 및 재생에너지 개발・이용・보급 촉진법」 제2조에 따른 태양에너지 중 태양광, 풍력, 연료전지를 이용하는 발전사업인 경우만 해당합니다) 5. 「전기사업법」 제7조의3제1항에 따라 의제받으려는 인・허가등에 관하여 해당 법률에서 정하는 관련 서류	수수료
산업통상자원부장관 또는 시・도지사 확인사항	법인 등기사항증명서	없음

처리절차

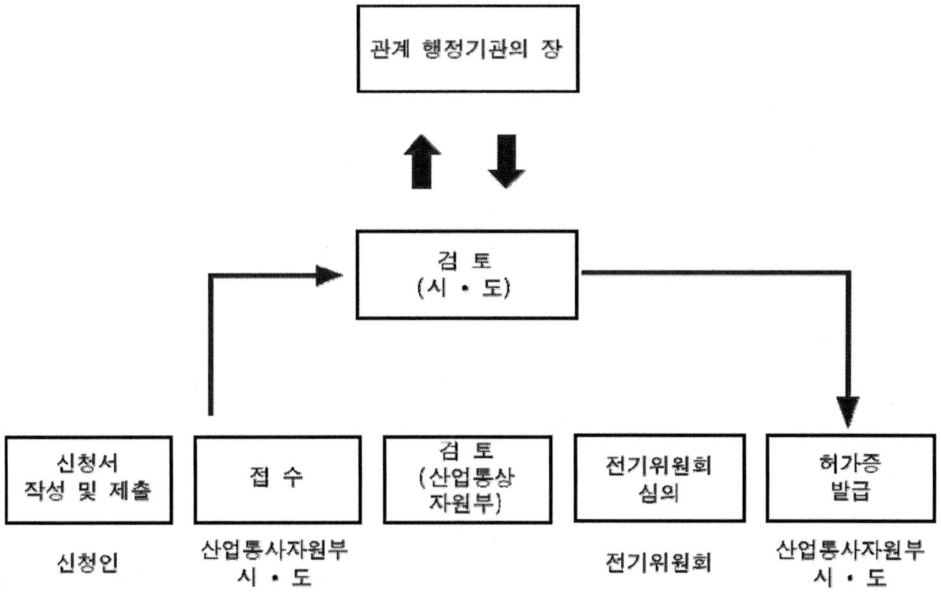

210㎜×297㎜[백상지(80g/㎡)]

1.2 사업계획서

○ 사업 계획에 대한 내용 (발전소 명칭, 발전소 위치, 설비용량, 전력수급방식, 총 사업비, 사업계획 기간 등), 설치할 전기설비의 규격, 운영 계획을 작성하는 서류

<서식 1-2> 사업계획서

가. 사업구분

○ 발전사업(태양광 발전사업)

나. 사업 계획개요

○ 발전소의 명칭 : 00태양광 발전소

○ 발전소의 위치 : 제주특별자치도 서귀포시 색달동 624-1

○ 설 비 용 량 : 100.8 kWp

○ 설 치 방 법 : 부지위 (사용면적 약 1,302.4㎡(300평~500평) / 전체면적 3,121㎡)

○ 발 전 방 식 : 고정식(경사고정형)

○ 전력수급방식 : 전압 22,900V / 교류 3상 4선식

○ 선 로 규 격 : 22.9kV CN/CV-W 60SQ/1C X 3L - 1회선 (22.9kV 한전표준 규격의 허용전류)

○ 사 용 연 료 : 태양광(별도연료 없음)

○ 건축물(관리동 및 건축면적) : 해당사항 없음

○ 총 사 업 비 : 245,680 천원 (내자.: 천원, 외자 : 천원)
(문의 결과, 1kW 당 약 120~180 만 원이므로 견적 최대 약 1.8억 원)

○ 사업개시의 예정일 : 허가일로부터 24개월

○ 연간전력생산량 : 154.285 MWh(완공시점)

월별	1월	2월	3월	4월	5월	6월
발전량 (kWh)	7,244	8,316	13,739	16,162	19,877	16,128
월별	7월	8월	9월	10월	11월	12월
발전량 (kWh)	16,701	15,666	14,332	12,562	7,598	5,960

다. 전기설비 개요

○ 발전설비

[태양광 패널]

- 규격명 : 태양광발전장치, 한빛이노텍, HBS(HE)-100K, 100.8kW, 계통연계형(나라장터 종합쇼핑몰 우선(의무) 구매제품- 녹색기술제품확인, 장애인기업제품)
- 가격 : 162,000,000 원
- 모듈 수 : 224
- 개회로전압 :49.97 V
- 단락회로전류 : 11.4 A
- 최고사용전류 : 10.72 A
- 무게 : 24.5 kg
- 정격전력 : 100.8 kW
- 종류 : 계통연계형 / 고정형
- 최고사용전압 : 42.01 V
- 모듈크기 (W x H x D) : 1,052 x 2,115 x 40 (mm)
- 모듈 당 정격전력 : 450 W

[태양광 어레이(배열)]

- 이격거리 : 전후 10mm, 좌우 : 10mm
- 어레이(배열) 용량 : 7.2㎾, 전압 672.2V / 전류 10.7A
- 태양광 모듈 : 450W × 224매(16직렬 × 14병렬)
- 설 치 면 적 : 1302.4㎡(모듈 면적 498.4㎡)

[인버터]

- 용 량 : 100kW(00kW × 1대)
- 주 파 수 : 60Hz
- 입력전압 : 550V ~ 830V(MPPT전압범위)
- 정격전압 : 1,000V
- 출력전압 : 3상 AC 370V(-10%~+10%)
- 크기(W*D*H) : 2,600mm × 2,125mm × 860mm
- 무 게 : 2,200kg

○ 송전, 변전설비

[배전선로]

- 배전선로 명칭 : 탐라
- 배전선로 접속기준용량 : 13,000kW
- 한전계통연계 전선규격 : 22.9kV CN/CV-W 60SQ/1C X 3L - 1회선

[변전설비]

- 변전소의 명칭 : 신** 변전소
- 변전소 접속기준용량 : 150,000kW
- 주변압기 접속기준용량 : 50,000kW

라. 전기설비 건설 계획

내 용	태양광 발전소 건설기간 (6개월)					
	4월	5월	6월	7월	8월	9월
1. 사업허가	━	━				
2. 발·변전 시스템 설계 - 자재 및 설비 도면 설계 - 송 · 변전 설계 - 배전반 설계		━	━			
3. 발전설비 및 설치 공사 - 지지대 제작 - 태양광 어레이 제작 - 인버터 설치			━	━		
4. 발전소 건축 및 부대설비 공사 - 발전소 건축공사 - 발전소 부대 설비공사				━	━	
5. 송전설로 공사 - 수배전반 설치 - 전기배선 공사					━	━
6. 시운전 및 준공검사 - 설비성능 평가 - 시운전 - 현장 최종정리						━
7. 상업 발전 개시						━

○ 건설인력 관련 계획

- 태양광발전 100.8kW

구 분	세부 내용	인원(명)
건설	1단계 : 태양광 모듈, 인버터, 접속함 제작	8
	2단계 : 구조물공사(구조물설치에서 주기기 현장도착 전까지)	10
	3단계 : 본 공사(주기기 현장도착 후부터 수전까지)	10
시운전	4단계 : 계통 병입	3
	5단계 : 시운전(계통병입부터 준공까지)	2

마. 전기설비 운영 계획

○ 기술인력 확보 기준(전기안전관리자 : 선임대상)

- 전기안전 관리자의 대행 및 선임 여부
  - 전기사업법 제73조에 의하여 전기안전 관리자 대행
  - 전기안전관리법 시행규칙 제 26조 1항에 따르면 본 태양광발전 시스템 100.8kW는 안전관리 대행 가능

○ 기술인력 확보계획

- 태양광발전 100.8kW

구 분	세부 내용	인원(명)
유지관리	전기안전관리 대행사에 의해 유지관리	1

바. 소요금액 및 재원조달 계획

○ 공사비 계산서

<table>
<tr><th>항</th><th>목</th><th>절</th><th>공 사 비 (원)</th><th>비 고</th></tr>
<tr><td rowspan="11">자동전기
공급설비</td><td rowspan="11">태양광
발전설비</td><td>태양광 발전기기</td><td>162,000,000</td><td>모듈당 정격전력
450 W</td></tr>
<tr><td>케이블 기자재</td><td>9,800,000</td><td>10m*2</td></tr>
<tr><td>100kW 거치대,
HBS-C100K,
ㅁ형지지대</td><td>18,680,000</td><td>크기 (W,H,D)
65640×7255×4234
mm</td></tr>
<tr><td>전기공사</td><td>하루당 최소
1,467,047</td><td>24년 상반기
노임단가 기준
(내선전공,
배전전공,통신케이블공,
저압케이블전공,
특별인부, 보통인부 등)</td></tr>
<tr><td>인버터</td><td>6,300,000</td><td>한화큐셀(효율 98.7%)
Q.VOLT P110TB</td></tr>
<tr><td>토목공사</td><td>약 11,000,000</td><td>매립, 배수로공사,
진입로공사, 펜스공사</td></tr>
<tr><td>분전함 및 접속반</td><td>5,500,000</td><td></td></tr>
<tr><td>통신 설비</td><td>3,000,000</td><td></td></tr>
<tr><td>무형고정자산</td><td></td><td></td></tr>
<tr><td>기타비용</td><td></td><td></td></tr>
<tr><td>계</td><td>245,680,000</td><td>전기공사 노임단가
20일로 계산</td></tr>
</table>

○ 소요자금 및 그 조달 방법

- 소요자금 ⇒ 245,680 천원
  - 태양광발전설비 : 162,000 천원
  - 부대전기설비 : 5,500 천원
  - 구조 및 구조물 : 28,480 천원
  - 토목, 부대공사 : 11,000 천원
  - 보안통신설비 : 3,000 천원

- 소요자금 조달방법(자기자금 48.84%, 타인자금 51.16%)
  - 자기자금 : 120,000 천원
  - 타인자금 : 125,680 천원(금융기관 등) ⇒ 대출확약서

<세부자금조달계획> (단원 : 천원)

구 분	자금조달	내 용	금 액	비 고
자기자금	현금	은행통장잔고	120,000	
타인자금	금융기관대출	금융기관대출	125,680	
계			245,680	

○ 소요자금 투입시기 (단원 : 천원)

연 도 별	투 입 자 금	비 고
1차년도	245,680	
계	245,680	

사. 연도별 공급계획

○ 전력 공급계획

- 전기사업의 개시일로부터 5년간 연도별공급계획

구분	발 전 량(MWh)						송 전 량(MWh)					
	1차 년도	2차 년도	3차 년도	4차 년도	5차 년도	계	1차 년도	2차 년도	3차 년도	4차 년도	5차 년도	계
1호기	154.25	153.05	151.82	150.61	149.41	759.14						
계	154.25	153.05	151.82	150.61	149.41	759.14						

○ 연도별 건설 예정량

연 도 별	건설 예정량	연간 발전량	비 고
1차년도	100.8 kWp	154.25 MWh	
2차년도			
3차년도			
계	100.8 kWp	154.25 MWh	

1.3 추가구비서류

1.3.1 신원조회 동의서

○ 신청자의 개인정보를 바탕으로 전기사업허가 신청에 있어서 전기사업법 제8조의 결격사유조회(피성년후견인, 파산선고를 받고 복권되지 아니한 자, 전기에 관한 죄 및 법률 위반 등에 해당)를 동의함을 나타내는 서류

<서식 1-3> 신원조회 동의서

신원조회 동의서

성 명 : xxx

주민등록번호 : xxxxxx-xxxxxxx

주 소 : 서울특별시 종로구 홍은동 2길 20 상명대학교

등 록 기 준 지 : 제주특별자치도 서귀포시 색달동 624-1

전 화 번 호 : 02-2287-5114

상기인의 (전기사업허가) 신청에 따른 전기사업법 제8조의 결격사유조회에 동의합니다.

신청인 : xxx (인)

붙임: 신분증 사본1 부.

1.3.2 토지이용계획 확인서

토지이용계획확인서 - 발급가능서류 (링크 : 정부 24)

○ 토지이용규제 기본법 제10조 1항에 따라 신청자의 토지에 사용여부 결정 사항과 도시계획구역내의 행위의 허가제한 등을 확인하기 위해 작성하는 서류

<서식 1-4> 토지이용계획확인서

토지이용계획확인서				처리기간 1일
신청인	성명		주소	
			전화번호	
신청토지	소재지	지번	지목	면적(㎡)
	세종특별자치시 소담동	550	대	82,706.0
지역·지구등 지정여부	「국토의 계획 및 이용에 관한 법률」에 따른 지역·지구등	제2종일반주거지역, 시가지경관지구(중심), 지구단위계획구역, 광로3류(폭 40M-50M)(접함), 대로3류(폭 25M-30M)(접함), 중로1류(폭 20M-25M)(접함) [이하공란]		
	다른 법령 등에 따른 지역·지구등	가축사육제한구역(전부제한구역)<가축분뇨의 관리 및 이용에 관한 법률>, 상대보호구역<교육환경 보호에 관한 법률>, 예정지역<신행정수도 후속대책을 위한 연기·공주지역 행정중심복합도시 건설을 위한 특별법> [이하공란]		
「토지이용규제 기본법 시행령」 제9조제4항 각 호에 해당되는 사항		중점경관관리구역((금강 주변) 세종특별자치시고시 제2020-341호) [이하공란]		
확인도면	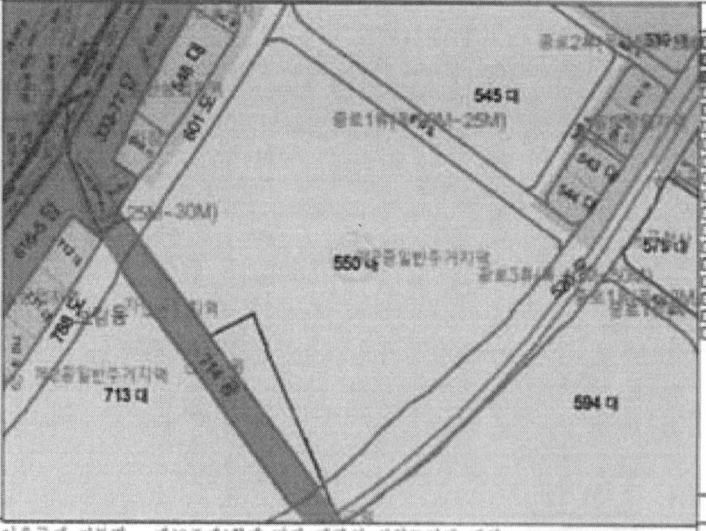			범례 축척 1/5100
「토지이용규제 기본법」 제10조제1항에 따라 귀하의 신청토지에 대한 현재의 토지이용계획을 위와 같이 확인합니다. 2021/ 01/ 26 세 종 특 별 자 치 시 장		세종특별자치시장인		수입증지 붙이는곳 수수료 전자결제 민원

1.3.3 주민동의서

○ 공사 전, 태양광발전사업 신청자가 공사에 관한 정보(공사명, 공사일정, 공사내용)를 명시하여 인근 주민에게 공사에 대한 동의를 받는 서류

<서식 1-5> 주민동의서

OO공사 주민동의서

공 사 명 : 제주특별자치도 서귀포시 색달동 624-1 태양광발전사업부지 공사
공사일정 : 2024. 04. 15 ~ 2024. 11. 01 (약 7개월)
공사내용 : 위에 명기한 주소지에 대해 태양광 발전사업부지 공사를 진행함

위와 같이 OOO 공사를하고자 주민의 동의를 얻어 최대한 빠르게 공사를 진행하고자 동의서를 구합니다

연번	성명(세대주)	주 소	주민등록번호	서명(인)	비고

1.3.4 토지대장부

○ 태양광발전사업을 위한 개발행위 전, 토지 사용에 대해 임야, 전, 답 등 지목과 함께 자세한 내용(생산관리지역, 농업진흥구역 등)을 바탕으로 개발행위에 제한 여부를 파악하기 위한 서류로 정부24에 접속하여 발급이 가능함

<서식 1-6> 토지대장부

■ 공간정보의 구축 및 관리 등에 관한 법률 시행규칙 [별지 제63호서식] <개정 2017. 1. 31.>

토 지 대 장

고유번호	5013011900-10624-0001		
토지소재	제주특별자치도 서귀포시 색달동		
지 번	624-1	축 척	1:1200

도면번호	29	발급번호	
장 번 호	1-1	처리시각	
비 고		발 급 자	

토지 표시: 지 목	면 적 (㎡)	사 유	소유자: 변동일자 / 변동원인	주 소 / 성명 또는 명칭	등록번호
(05) 임야	*3121*	(20) 2006년 07월 01일 제주도 서귀포시에서 행정관할구역변경	2014년 07월 07일	제주특별자치도 제주시 연화로 16, 102동 801호 (노형동, 해오름아파트)	
			(03) 소유권 이전	부숙경 외 1인	680110-2******
		--- 이하 여백 ---		--- 이하 여백 ---	

등급수정 연월일	1987.08.01. 수정	1989.01.01. 수정	1990.01.01. 수정	1991.01.01. 수정	1992.01.01. 수정	1993.01.01. 수정	1994.01.01. 수정	1995.01.01. 수정
토지등급 (기준수확량등급)	72	75	88	97	105	109	114	120
개별공시지가 기준일	2018.01.01	2019.01.01	2020.01.01	2021.01.01	2022.01.01	2023.01.01	2024.01.01	용도지역 등
개별공시지가(원/㎡)	29,200	36,300	41,000	44,500	51,000	47,200	47,000	

■ 공간정보의 구축 및 관리 등에 관한 법률 시행규칙 [별지 제63호서식] <개정 2017. 1. 31.>

고유번호	5013011900-10624-0001		
토지소재	제주특별자치도 서귀포시 색달동		
지 번	624-1	축 척	1:1200

공유지 연명부

도면번호	29	발급번호	
장 번 호	1-1	처리시각	
비 고		발 급 자	

순 번	변 동 일 자 변 동 원 인	소유권 지분	소유자 주소	소유자 등록번호 성명 또는 명칭
000001	2014년 07월 07일 (03) 소유권이전	2625/3121	제주특별자치도 제주시 연화로 16,102동801호 (노형동, 해오름아파트)	680110-2****** 부숙경
000003	2014년 07월 07일 (03) 소유권이전	496/3121	제주특별자치도 제주시 연화로 16,102동801호 (노형동, 해오름아파트)	930817-2****** 김윤슬
000004	2024년 05월 10일 (03) 소유권이전	1325/3121	제주특별자치도 제주시 연화로 16,102동801호 (노형동, 해오름아파트)	680110-2****** 부숙경
			--- 이하 여백 ---	

270㎜×190㎜[백상지(150g/㎡)]

1.3.5 가족관계증명서

○ 발전자에 있어서 본적을 확인하기 위한 준비서류로 정부 24에서 발급 가능

<서식 1-7> 가족관계증명서

가족관계증명서(일반)

등록기준지	서울특별시 영등포구 여의도동 1번지의 1234

구분	성 명	출생연월일	주민등록번호	성별	본
본인	김본인(金本人)	1965년 01월 01일	650101-1******	남	金海

가족사항

구분	성 명	출생연월일	주민등록번호	성별	본
부	김영권(金[illegible])	1940년 04월 01일	400401-1******	남	金海
모	이은미(李恩美)	1942년 04월 02일	420402-2******	여	全州
배우자	박여인(朴予[illegible])	1968년 02월 02일	680202-2******	여	博仁
자녀	김상민(金上[illegible])	2003년 02월 01일	030201-3******	남	金海

위 가족관계증명서(일반)는 가족관계등록부의 기록사항과 틀림없음을 증명합니다.

2020년 11월 04일

법원행정처 전산정보중앙관리소 전산운영책임관 홍길동

※ 위 증명서는 「가족관계의 등록 등에 관한 법률」 제15조제2항에 따른 등록사항을 현출한 일반증명서입니다.

발급시각 : 16시 56분
신청인 : 김본인

발행번호 : 0000-0000-0000-0000 1 / 1

※ 전자가족관계등록시스템(https://efamily.scourt.go.kr)의 증명서 진위확인 메뉴에서 발급일부터 3개월까지 위변조 여부를 확인할 수 있습니다.

1.3.6 인감증명서

○ 태양광발전사업에 있어, 발전사업허가 신청자의 본인 확인을 하기 위한 서류로 해당 동, 읍 사무소에서 직접 발급 가능 및 정부 24를 통한 온라인 발급 가능

<서식 1-8> 인감증명서

진본 2024/09/30 09:21:01 KST

문서확인번호 : 1727-3100-2689-6664

정부24

문서확인번호	문서 상단에 표기
신청인 : 홍길동 (생년월일 : 1981.01.23.), 담당자 :	(전화:)

주민등록번호	8	1	0	1	2	3	-
	1	2	3	4	5	6	7

인감증명서(전자민원창구용)

성명(한자)	홍길동 (洪吉童)	인감	홍길동인
국적			
주소	행복특별시 행복구 행복로 123, 123동 1234호(행복동, 행복아파트)		

일반용	발급용도	인·허가 및 면허 신청	제출처	행복구청
	위의 기재사항을 확인합니다. (발급신청자) (서명)			
비고				

1. 인감증명서(전자민원창구용)는 인감을 신고한 자 본인(대리인은 신청할 수 없습니다)이 전자민원창구(www.gov.kr)를 통해 부동산 매도용 또는 자동차(「자동차관리법」제5조에 따라 등록된 자동차를 말합니다) **매도용이 아닌 용도의 인감증명서만 신청할 수 있고, 다음의 경우에는 발급을 신청할 수 없습니다.**
   가. 송무, 등기(「후견등기에 관한 규칙」 제47조에 따라 인감증명을 제출하려는 경우는 제외합니다), 공탁 또는 집행 등을 위해 법원에 제출하려는 경우
   나. 예금, 대출, 보험, 증권 또는 그 밖의 금융상품 거래 등을 위해 금융기관에 제출하려는 경우
2. 주민등록번호란에는, 미주민등록 재외국민의 경우에는 여권번호를, 국내거소신고자의 경우에는 국내거소신고번호를, 외국인의 경우에는 외국인등록번호를 기재하되, 주민등록번호가 있는 경우 그 아래에 ( )를 하고 주민등록번호를 기재할 수 있습니다.
3. 주소란에는 인감대장에 기재되어 있는 주소지(거소지, 체류지)를 기재하며, 신청인이 원하는 경우 주소이동사항을 포함해 발급합니다.
4. 전자민원창구(www.gov.kr)를 통해 인감증명서(전자민원창구용)를 발급하는 경우에는 발급용도 및 제출처를 반드시 기재해 신청해야 하고, 본인이 최종적으로 발급내용을 확인하고 출력된 용지에 직접 서명 후 제출처에 제출해야 하며, 발급용도와 제출처 등이 사실인지 여부에 대해서는 발급기관이 책임을 지지 않습니다.
5. 발급용도란에는 '행정기관 제출용', '경력 증명' 등 자유롭게 기재할 수 있습니다.
6. 전자민원창구 인터넷 홈페이지(www.gov.kr) 또는 정부24 애플리케이션을 통해 위 문서확인번호로 내용의 진위여부를 발급일부터 90일 이내에 확인할 수 있습니다. 또한 문서 하단의 바코드로도 진위확인(정부24 애플리케이션 또는 스캐너용 문서확인 프로그램 사용)을 하실 수 있습니다.
7. 직인의 날인은 「행정업무의 운영 및 혁신에 관한 규정」에 따른 전자이미지관인을 인쇄하는 것으로 갈음할 수 있습니다. 이 경우 직인의 색상은 적색 또는 흑색으로 할 수 있습니다.

발급번호	No.4725	위 인감은 신고되어 있는 인감임을 증명합니다.

2024 년 09 월 30 일

행복특별시장 행복특별시장

[42004700871205114061101~411297625220504500110] 주소지 증명청 : 행복동 (3/3)

◆ 본 증명서는 인터넷으로 발급되었으며, 정부24(gov.kr)의 인터넷발급문서진위확인 메뉴를 통해 위·변조 여부를 확인할 수 있습니다. (발급일로부터 90일까지)
또한 문서하단의 바코드로도 진위확인(정부24 앱 또는 스캐너용 문서확인프로그램)을 하실 수 있습니다.

1.3.7 도면(모듈배치평면도, 단선결선도, 송전관계일람도)

- 태양광발전소 발전자 사업허가시 제출해야하는 모듈배치평면도, 단선결선도, 송전관계일람도는 직접 작성하는 것이 어려움으로 발전소 시공을 하기위해 선정한 업체에게 요청

○ 모듈배치 평면도(업체 연계 발급)

■ 모듈배치 평면도는 태양광 패널(모듈)의 위치와 배열을 상세하게 나타낸 도면으로 태양광 발전소의 효율성과 안전성을 보장하기 위해 필수적으로 요구

- 모듈의 배열 방식: 태양광 패널이 어떻게 배치될 것인지, 직렬 또는 병렬 연결 방식, 각 모듈 사이의 간격 등을 나타냄
- 위치: 각 태양광 패널의 정확한 위치, 방향, 경사각 등을 표시
- 현장 정보: 설치할 부지의 지형, 주변 구조물, 접근 도로 등 현장 상황을 반영
- 안전 관련 사항: 패널 사이의 최소 거리, 소방 안전 거리 등 법적 요구사항을 준수하는지 확인할 수 있는 정보가 포함
- 기타 장비 배치: 인버터, 배터리, 전기 계통 등 다른 주요 장비의 위치도 함께 표시

※ 참고. 모듈배치평면도 예시

<서식 1-9> 모듈배치평면도 예시

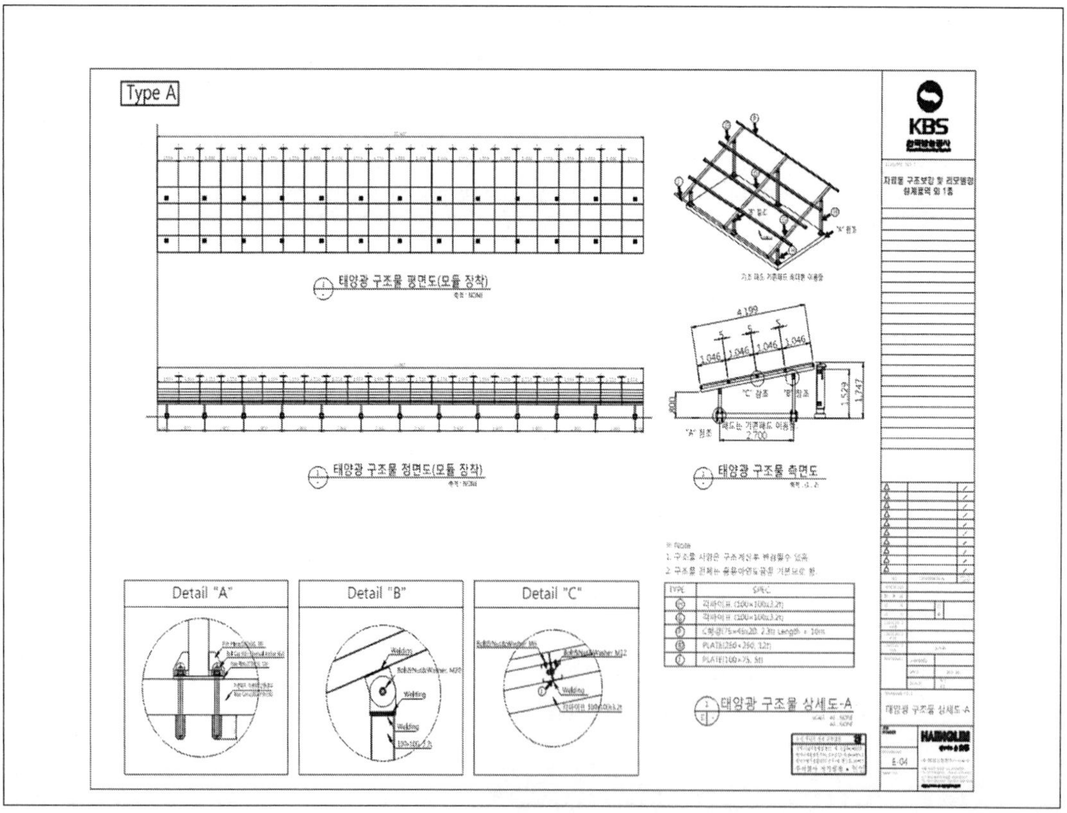

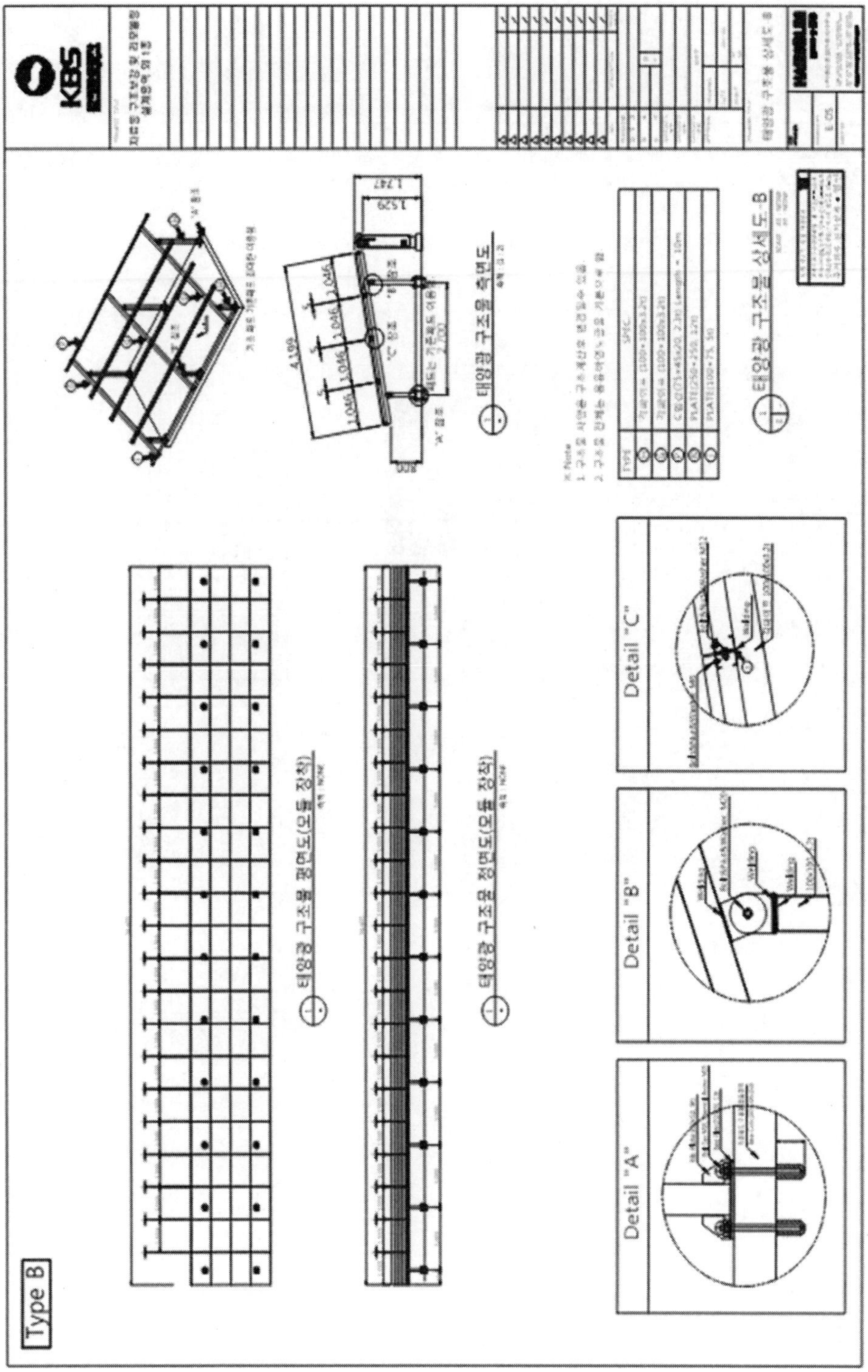
Type B
태양광 구조물 평면도(모듈 장착)
태양광 구조물 정면도(모듈 장착)
태양광 구조물 측면도
태양광 구조물 상세도 B
Detail "A"
Detail "B"
Detail "C"
KBS

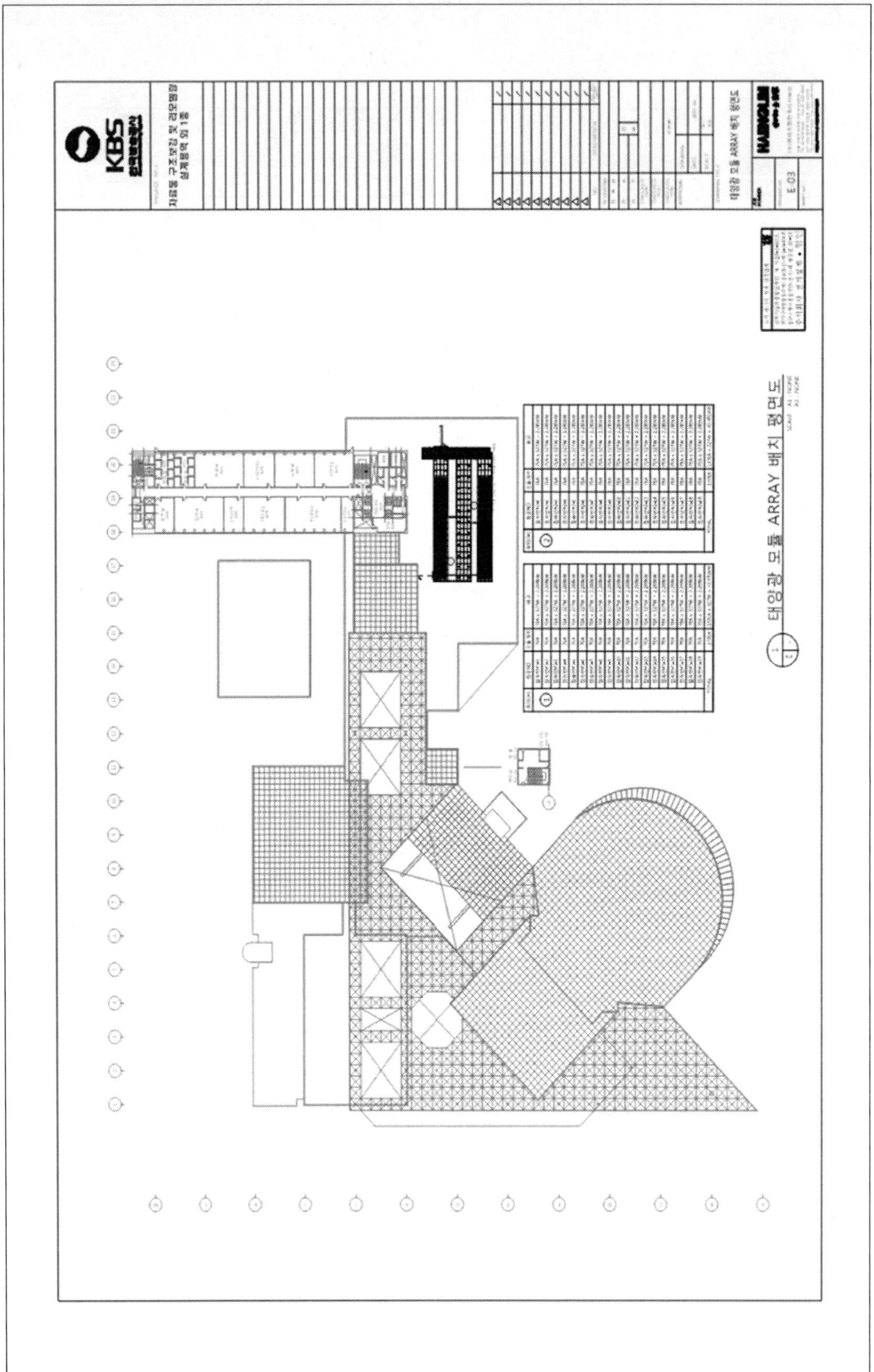

KBS 한국방송공사
자료동 구조보강 및 리모델링 설계용역 외 1종
태양광 모듈 ARRAY 배치 평면도
E-03

○ 단선결선도(업체 연계 발급)

- 삼상 평형 정현파 시스템에서 삼상 또는 삼선을 단순히 하나의 선으로 표시하고, 전기 기기의 존재와 상호 접속 관계를 단선으로 간단히 나타낸 그림
- 되도록 직선을 이용하고, 각 회로의 간격은 넓게, 기호와 문자는 깨끗하게 하여 이해하기에 편리하도록 나타냄

<서식 1-10> 단설결선도 예시

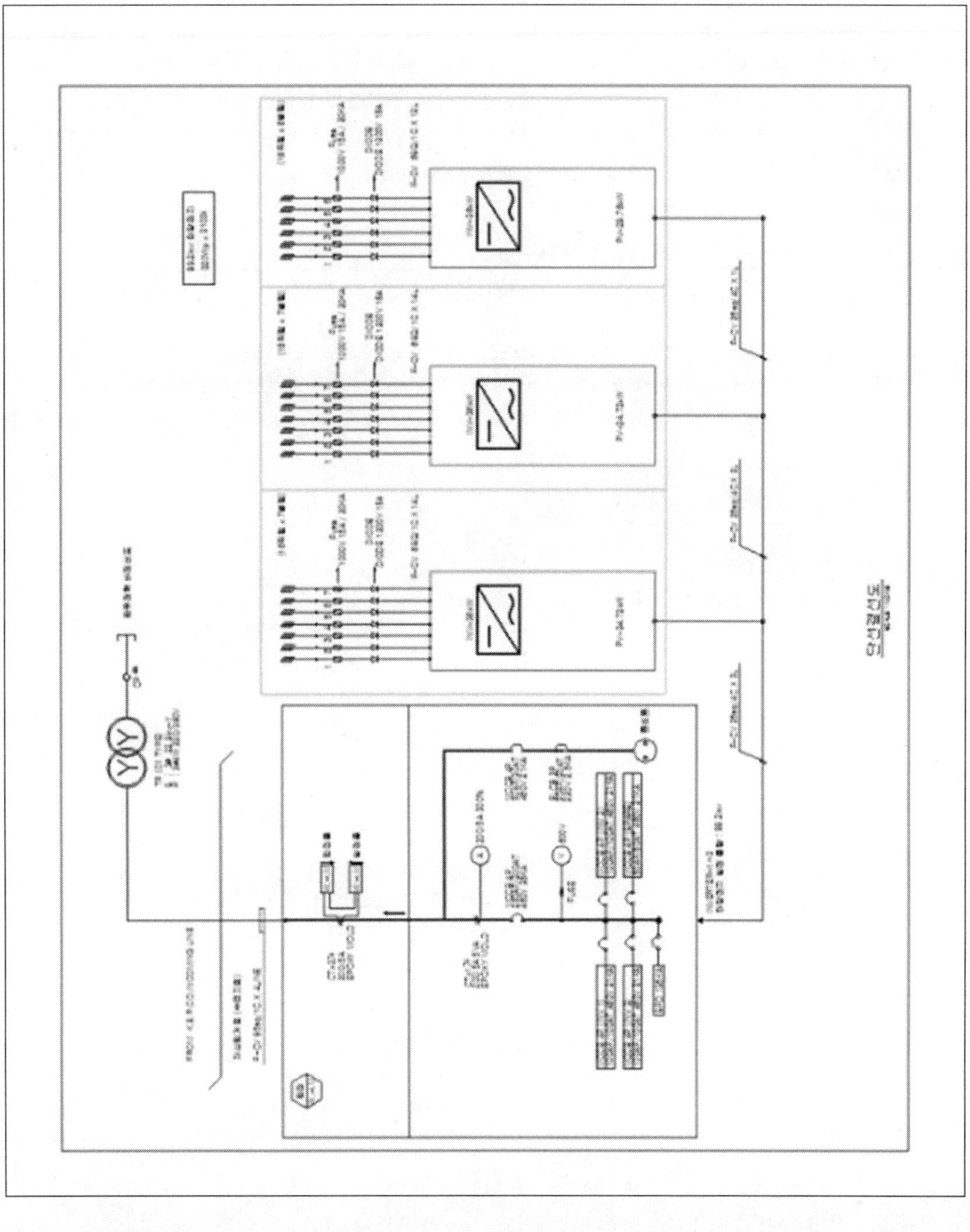

○ 송전관계일람도(업체 연계 발급)

■ 연계점 및 접속점, 접속설비의 선로 등을 나타낸 계통도
- 연계점 : 접속설비와 공용송전망이 연결되는 지점
- 접속점 : 접속설비와 고객측 전기설비가 연결되는 지점

<서식 1-11> 송전관계일람도 예시

가. 한국전력설비 연계도면

- 본 태양광 발전설비는 99.2kW급 태양전지를 이용하여 발생된 전력을 저압 선로에 연계 운전적용 및 평가를 하고자 하는 발전설비로서 배전선로 일람관계는 다음과 같다.

변전소　　　　　　　　홍길동 태양광발전소(99.2kW)
S/S

수급지점 : 8074

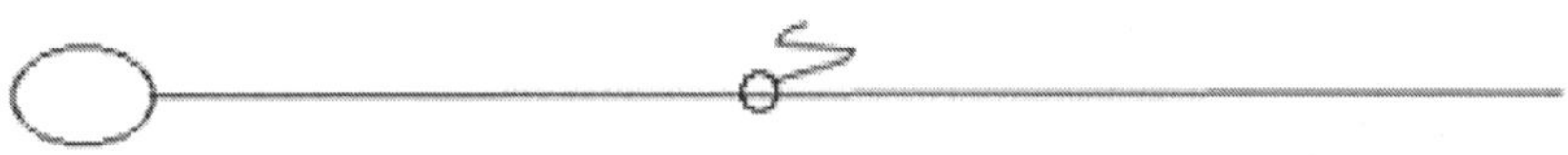

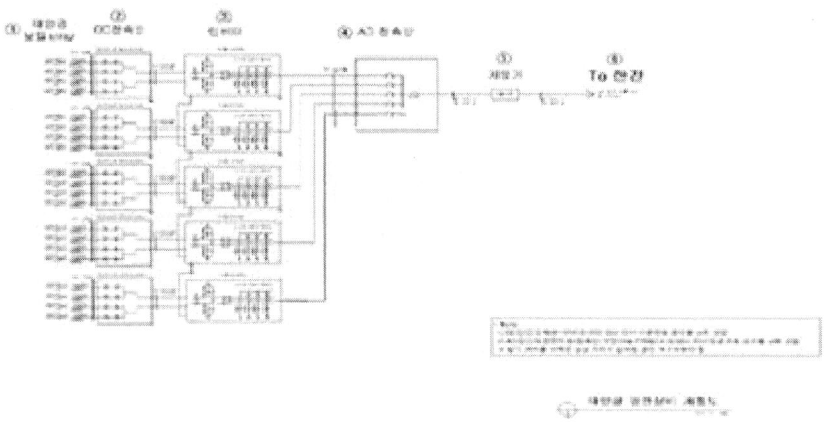

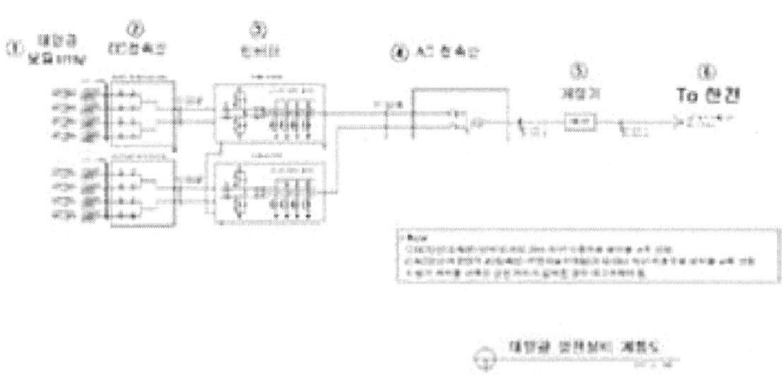

2. 개발행위 허가

2.1 개발행위허가신청서

○ 발전사업허가 단계 이후, 태양광 발전소 설치를 위해 국토계획법 제 57조 제1항 같은 법 시행규칙 제 9조에 따라 신청인의 개인정보, 개발행위지역의 정보(위치, 용도지역 및 지구 등)를 포함한 신청 내용을 작성하는 서류

<서식 2-1> 개발행위허가신청서

■ 국토의 계획 및 이용에 관한 법률 시행규칙[별지 제5호서식] <개정 2023. 1. 27.>

개발행위(변경) 허가신청서

※ [ ]에는 해당되는 곳에 √표를 합니다. (앞쪽)

접수번호	접수일	처리기간	15일
[ ] 공작물설치	[ ] 토지형질변경	[ ] 토석채취	[ ] 토지분할 [✓] 물건적치

구분		내용	
신청인		성명(법인명 및 대표자 성명) 000	생년월일(법인등록번호) xxxx년 xx월 xx일
		주소 서울특별시 종로구 홍지문2길 20 상명대학교 (전화번호 : 02-2287-5114)	
		창업자 해당 여부: [✓] 해당 [ ] 미해당 ※ 신청인은 뒷쪽의 '작성방법 안내' 를 확인하고, 창업자 해당 여부에 √표를 합니다.	
	전자우편 송달동의	「행정절차법」 제14조에 따라 정보통신망을 이용한 개발행위허가 신청결과 등의 문서송달에 동의여부	
		[✓] 동의함	[ ] 동의하지 않음
		전자우편 주소 sangmyung123@sangmyung.kr	

(변경)허가신청 사항

위치(지번)	제주특별자치도 서귀포시 색달동 624-1	지목	임야
용도지역	자연녹지지역	용도지구	지하수자원 특별관리구역

신청 내용	공작물 설치	신청면적		무게	
		공작물구조		부피	
	토지형질 변경	토지현황	경사도	토질	
			토석매장량		
		입목식재 현황	주요수종		
			입목지	무입목지	
		신청면적			
		입목벌채	수종	나무 수	그루
	토석채취	신청면적		부피	
	토지분할	종전면적		분할면적	
	물건적치	무게	5,746kG	부피	4,717.804m^3
		품명	계통연계형 태양광 발전장치, 100.8Kw (HBS-100K)	평균적치량	
		적치기간	2024년 10월 1일 부터 2044년 09월 1일까지 (360 개월간)		
개발행위목적 (변경사유)		100kW급 태양광 발전단지 개발			
사업기간		착공 2024년 8월 1일, 준공 2024년 10월 1일			

「국토의 계획 및 이용에 관한 법률」 제57조제1항 및 같은 법 시행규칙 제9조에 따라 위와 같이 허가를 신청합니다.

2024년 xx월 xx일

신청인 XXX (서명 또는 인)

특별시장 · 광역시장 · 특별자치시장 · 특별자치도지사 · 시장 · 군수 귀하

첨부서류	뒤쪽 참조	수수료 없음

210㎜×297㎜[백상지(80g/㎡) 또는 중질지(80g/㎡)]

2.2 토지대장부

○ 개발행위허가 단계에서 토지의 소유권 또는 사용권 등 신청인이 당해 토지에 개발행위를 할 수 있음을 증명하기 위한 서류로 정부24에 접속하여 발급이 가능함

<서식 2-2> 토지대장부

■ 공간정보의 구축 및 관리 등에 관한 법률 시행규칙 [별지 제63호서식] <개정 2017. 1. 31.>

토 지 대 장

고유번호	5013011900-10624-0001		
토지소재	제주특별자치도 서귀포시 색달동		
지 번	624-1	축 척	1:1200

도면번호	29	발급번호	
장 번 호	1-1	처리시각	
비 고		발 급 자	

토지표시: 지 목	면 적 (㎡)	사 유	소유자: 변동일자 / 변동원인	주소 / 성명 또는 명칭	등록번호
(05) 임야	*3121*	(20) 2006년 07월 01일 제주도 서귀포시에서 행정관할구역변경	2014년 07월 07일	제주특별자치도 제주시 연화로 16, 102동 801호 (노형동, 해오름아파트)	
			(03) 소유권 이전	부숙경 외 1인	680110-2******
		--- 이하 여백 ---		--- 이하 여백 ---	

등급수정 연월일	1987.08.01. 수정	1989.01.01. 수정	1990.01.01. 수정	1991.01.01. 수정	1992.01.01. 수정	1993.01.01. 수정	1994.01.01. 수정	1995.01.01. 수정
토지등급 (기준수확량등급)	72	75	88	97	105	109	114	120
개별공시지가 기준일	2018.01.01	2019.01.01	2020.01.01	2021.01.01	2022.01.01	2023.01.01	2024.01.01	용도지역 등
개별공시지가(원/㎡)	29,200	36,300	41,000	44,500	51,000	47,200	47,000	

■ 공간정보의 구축 및 관리 등에 관한 법률 시행규칙 [별지 제63호서식] <개정 2017. 1. 31.>

고유번호	5013011900-10624-0001		
토지소재	제주특별자치도 서귀포시 색달동		
지 번	624-1	축 척	1:1200

공유지 연명부

도면번호	29	발급번호	
장 번 호	1-1	처리시각	
비 고		발 급 자	

순 번	변 동 일 자 / 변 동 원 인	소유권 지분	소유자 주소	소유자 등록번호 / 성명 또는 명칭
000001	2014년 07월 07일 (03) 소유권이전	2625/3121	제주특별자치도 제주시 연화로 16,102동801호 (노형동, 해오름아파트)	680110-2****** 부숙경
000003	2014년 07월 07일 (03) 소유권이전	496/3121	제주특별자치도 제주시 연화로 16,102동801호 (노형동, 해오름아파트)	930817-2****** 김윤슬
000004	2024년 05월 10일 (03) 소유권이전	1325/3121	제주특별자치도 제주시 연화로 16,102동801호 (노형동, 해오름아파트)	680110-2****** 부숙경
			--- 이하 여백 ---	

270㎜×190㎜[백상지(150g/㎡)]

2.3 공사 또는 사업관련 도서

2.3.1 공사 또는 사업 개요 서류

○ 공사 또는 사업 허가권자가 개발행위의 적정성을 검토하고 판단할 수 있도록 하기 위해 작성하는 서류 (사업계획서 참고)

<서식 2-3> 공사 또는 사업 개요 서류

가. 사업구분

○ 발전사업(태양광 발전사업)

나. 사업 계획개요

○ 발전소의 명칭 : 00태양광 발전소
○ 발전소의 위치 : 제주특별자치도 서귀포시 색달동 624-1
○ 설 비 용 량 : 100.8 kWp
○ 설 치 방 법 : 부지위 (사용면적 약 1,302.4㎡(300평~500평) / 전체면적 3,121㎡)
○ 발 전 방 식 : 고정식(경사고정형)
○ 전력수급방식 : 전압 22,900V / 교류 3상 4선식
○ 선 로 규 격 : 22.9kV CN/CV-W 60SQ/1C X 3L - 1회선 (22.9kV 한전표준 규격의 허용전류)
○ 사 용 연 료 : 태양광(별도연료 없음)
○ 건축물(관리동 및 건축면적) : 해당사항 없음
○ 총 사 업 비 : 245,680 천원 (내자.: 천원, 외자 : 천원) *(문의 결과, 1kW 당 약 120~180 만 원이므로 견적 최대 약 1.8억 원)*
○ 사업개시의 예정일 : 허가일로부터 24개월
○ 연간전력생산량 : 154.285 MWh(완공시점)

월별	1월	2월	3월	4월	5월	6월
발전량 (kWh)	7,244	8,316	13,739	16,162	19,877	16,128
월별	7월	8월	9월	10월	11월	12월
발전량 (kWh)	16,701	15,666	14,332	12,562	7,598	5,960

다. 전기설비 개요

○ 발전설비

[태양광 패널]

- 규격명 : 태양광발전장치, 한빛이노텍, HBS(HE)-100K, 100.8kW, 계통연계형(나라장터 종합쇼핑몰 우선(의무) 구매제품- 녹색기술제품확인, 장애인기업제품)
- 가격 : 162,000,000 원
- 모듈 수 : 224
- 개회로전압 :49.97 V
- 단락회로전류 : 11.4 A
- 최고사용전류 : 10.72 A
- 무게 : 24.5 kg
- 정격전력 : 100.8 kW
- 종류 : 계통연계형 / 고정형
- 최고사용전압 : 42.01 V
- 모듈크기 (W x H x D) : 1,052 x 2,115 x 40 (mm)
- 모듈 당 정격전력 : 450 W

[태양광 어레이(배열)]

- 이격거리 : 전후 10mm, 좌우 : 10mm
- 어레이(배열) 용량 : 7.2㎾, 전압 672.2V / 전류 10.7A
- 태양광 모듈 : 450W × 224매(16직렬 × 14병렬)
- 설 치 면 적 : 1302.4㎡(모듈 면적 498.4㎡)

[인버터]

- 용 량 : 100kW(00kW × 1대)
- 주 파 수 : 60Hz
- 입력전압 : 550V ~ 830V(MPPT전압범위)
- 정격전압 : 1,000V
- 출력전압 : 3상 AC 370V(-10%~+10%)
- 크기(W*D*H) : 2,600mm × 2,125mm × 860mm
- 무 게 : 2,200kg

○ 송전, 변전설비

[배전선로]

- 배전선로 명칭 : 탐라
- 배전선로 접속기준용량 : 13,000kW
- 한전계통연계 전선규격 : 22.9kV CN/CV-W 60SQ/1C X 3L - 1회선

[변전설비]

- 변전소의 명칭 : 신** 변전소
- 변전소 접속기준용량 : 150,000kW
- 주변압기 접속기준용량 : 50,000kW

라. 전기설비 건설 계획

내 용	태양광 발전소 건설기간 (6개월)					
	4월	5월	6월	7월	8월	9월
1. 사업허가	━━	━━				
2. 발·변전 시스템 설계 - 자재 및 설비 도면 설계 - 송 · 변전 설계 - 배전반 설계		━━	━━			
3. 발전설비 및 설치 공사 - 지지대 제작 - 태양광 어레이 제작 - 인버터 설치			━━	━━		
4. 발전소 건축 및 부대설비 공사 - 발전소 건축공사 - 발전소 부대 설비공사				━━	━━	
5. 송전설로 공사 - 수배전반 설치 - 전기배선 공사					━━	━━
6. 시운전 및 준공검사 - 설비성능 평가 - 시운전 - 현장 최종정리						━━
7. 상업 발전 개시						━━

○ 건설인력 관련 계획

• 태양광발전 100.8kW

구 분	세부 내용	인원(명)
건설	1단계 : 태양광 모듈, 인버터, 접속함 제작	8
	2단계 : 구조물공사(구조물설치에서 주기기 현장도착 전까지)	10
	3단계 : 본 공사(주기기 현장도착 후부터 수전까지)	10
시운전	4단계 : 계통 병입	3
	5단계 : 시운전(계통병입부터 준공까지)	2

마. 전기설비 운영 계획

○ 기술인력 확보 기준(전기안전관리자 : 선임대상)

• 전기안전 관리자의 대행 및 선임 여부

- 전기사업법 제73조에 의하여 전기안전 관리자 대행

- 전기안전관리법 시행규칙 제 26조 1항에 따르면 본 태양광발전 시스템 100.8kW는 안전관리 대행 가능

○ 기술인혁 확보계획

• 태양광발전 100.8kW

구 분	세부 내용	인원(명)
유지관리	전기안전관리 대행사에 의해 유지관리	1

바. 소요금액 및 재원조달 계획

○ 공사비 계산서

항	목	절	공 사 비 (원)	비 고
자동전기 공급설비	태양광 발전설비	태양광 발전기기	162,000,000	모듈당 정격전력 450 W
		케이블 기자재	9,800,000	10m*2
		100kW 거치대, HBS-C100K, ㅁ형지지대	18,680,000	크기 (W,H,D) 65640×7255×4234 mm
		전기공사	하루당 최소 1,467,047	24년 상반기 노임단가 기준 (내선전공, 배전전공,통신케이블공, 저압케이블전공, 특별인부, 보통인부 등)
		인버터	6,300,000	한화큐셀(효율 98.7%) Q.VOLT P110TB
		토목공사	약 11,000,000	매립, 배수로공사, 진입로공사, 펜스공사
		분전함 및 접속반	5,500,000	
		통신 설비	3,000,000	
		무형고정자산		
		기타비용		
		계	245,680,000	전기공사 노임단가 20일로 계산

○ 소요자금 및 그 조달 방법

- 소요자금 ⇒ 245,680 천원
  - 태양광발전설비 : 162,000 천원
  - 부대전기설비 : 5,500 천원
  - 구조 및 구조물 : 28,480 천원
  - 토목, 부대공사 : 11,000 천원
  - 보안통신설비 : 3,000 천원

- 소요자금 조달방법(자기자금 48.84%, 타인자금 51.16%)
  - 자기자금 : 120,000 천원
  - 타인자금 : 125,680 천원(금융기관 등) ⇒ 대출확약서

<세부자금조달계획> (단원 : 천원)

구 분	자금조달	내 용	금 액	비 고
자기자금	현금	은행통장잔고	120,000	
타인자금	금융기관대출	금융기관대출	125,680	
계			245,680	

○ 소요자금 투입시기 (단원 : 천원)

연 도 별	투 입 자 금	비 고
1차년도	245,680	
계	245,680	

사. 연도별 공급계획

○ 전력 공급계획

- 전기사업의 개시일로부터 5년간 연도별공급계획

구분	발 전 량(MWh)						송 전 량(MWh)					
	1차 년도	2차 년도	3차 년도	4차 년도	5차 년도	계	1차 년도	2차 년도	3차 년도	4차 년도	5차 년도	계
1호기	154.25	153.05	151.82	150.61	149.41	759.14						
계	154.25	153.05	151.82	150.61	149.41	759.14						

○ 연도별 건설 예정량

연 도 별	건설 예정량	연간 발전량	비 고
1차년도	100.8 kWp	154.25 MWh	
2차년도			
3차년도			
계	100.8 kWp	154.25 MWh	

2.3.2 현장실측도 및 현장사진 (2매 이상, 전체전경사진 권장)

○ 현장실측도(업체 연계 발급)

■ 실제 사업부지와 주변현황(위치, 면적, 지형, 지물 등)을 측량한 후, 도면화한 서류

■ [건축법]

행정규칙

건축물의 설계도서 작성기준

2.2 "설계"라 함은 건축사가 자기책임하에(보조자의 조력을 받는 경우를 포함한다) 건축물의 건축·대수선, 용도변경, 리모델링, 건축설비의 설치 또는 공작물의 축조를 위한 설계도서를 작성하고 그 설계도서에서 의도한 바를 설명하며 지도·자문하는 행위를 말함

<서식 2-4> 공사 또는 사업 개요 서류 예시

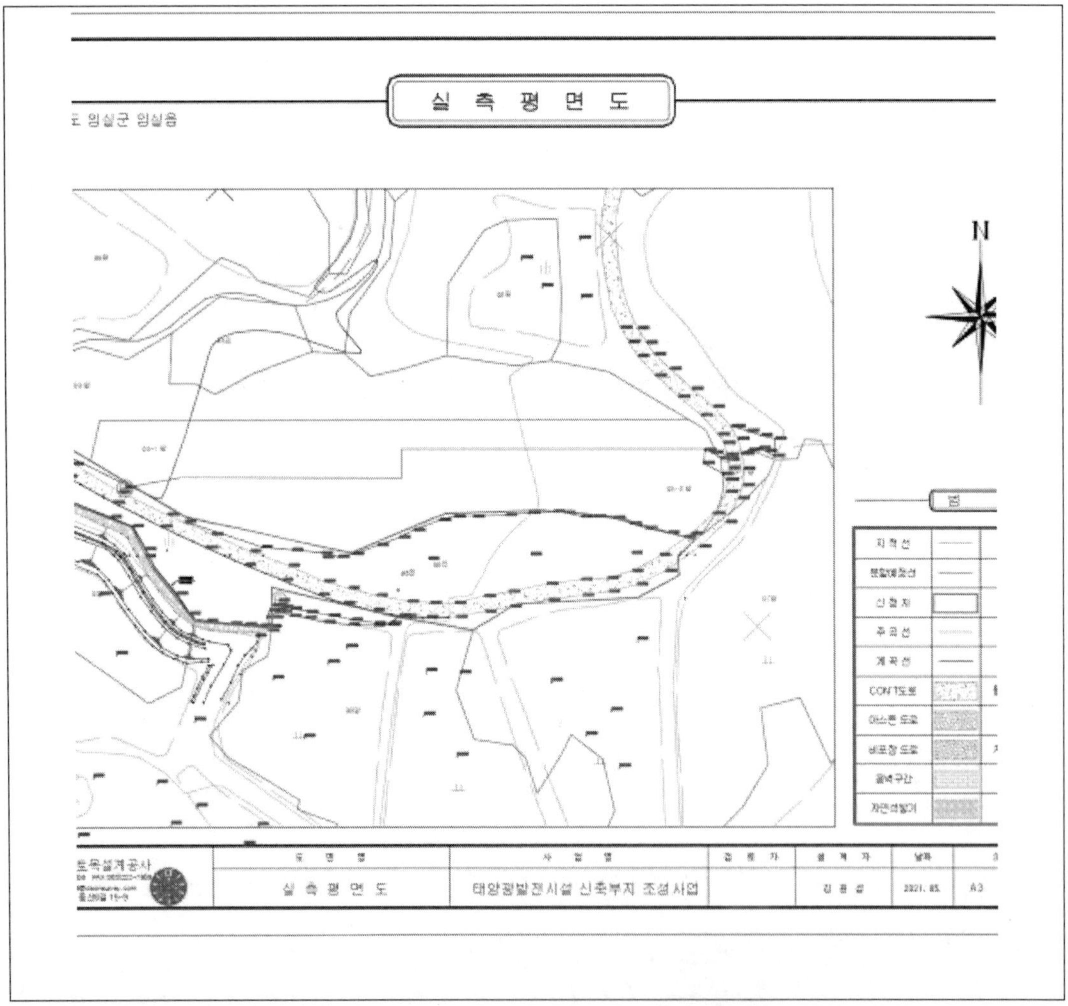

2.3.3 산림조사서, 경사분석도

○ 산림조사서(업체 연계 발급)

- ■ 실산지 전용 대상 임야에 수목이 있는 경우, 그 수목의 임종, 수종, 임상, 평균 수고, 입목 축적에 대한 조사자료
- ■ 수목 및 임목 등에 대한 현황을 통해 수목 피해를 최소화하기 위함

- ■ [산지관리법]

산지관리법 시행령

제3절 산지전용허가

제20조의3(산지전용타당성조사의 절차 및 기준)

② 제1항에 따라 신청을 받은 산지보전협회 또는 한국치산기술협회는 제5항에 따라 고지한 수수료 납부 여부를 확인한 후 수수료가 납부된 경우에는 별표 4의3의 기준에 따라 산지전용타당성조사를 실시해야 한다. 이 경우 산림 및 표고 등에 대한 조사·분석은 다음 각 호의 기준에 따른다. <개정 2013. 3. 23., 2016. 12. 30., 2017. 6. 2., 2018. 10. 30., 2018. 11. 27., 2019. 7. 2., 2021. 12. 16.>

1. 입목축적, 숲의 나이 등에 대한 산림조사·분석: 「산림기술 진흥 및 관리에 관한 법률 시행령」 별표 3에 따른 기술고급 이상의 산림경영기술자가 실시할 것

2. 표고 및 평균경사도 등에 대한 조사·분석: 「산림기술 진흥 및 관리에 관한 법률 시행령」 별표 3에 따른 산림공학기술자 또는 농림축산식품부령으로 정하는 산림·토목·측량 분야의 국가기술자격을 소지한 자가 실시할 것

3. 그 밖에 산지경관 유지 및 재해방지 등의 조사·분석: 농림축산식품부령으로 정하는 산림·환경·산지 분야의 전문가가 실시할 것

<서식 2-5> 산림조사서

산 림 조 사 서

1. 일반 현황

<table>
<tr><td>소재지</td><td colspan="10">읍(면) 리(동) 산 번지</td></tr>
<tr><td colspan="3">지 종 별 면적</td><td colspan="3">소 유 별 면적</td><td colspan="3">산지구분별 면적</td><td colspan="2">법정지정림 현황</td></tr>
<tr><td rowspan="2">합 계</td><td rowspan="2">입목지</td><td rowspan="2">무 립
목 지</td><td rowspan="2">국유지</td><td rowspan="2">공유지</td><td rowspan="2">사유지</td><td colspan="2">보전산지</td><td rowspan="2">준보전
산 지</td><td rowspan="2">지정
사항</td><td rowspan="2">면적</td></tr>
<tr><td>임업용</td><td>공익용</td></tr>
<tr><td></td><td></td><td></td><td></td><td></td><td></td><td></td><td></td><td></td><td></td><td></td></tr>
</table>

2. 산림 현황

임종	임상	수종	혼효율 (%)	임령	영급	평균수고 (m)	평균경급 (cm)
천연림							
인공림							

3. 입목 축적

입목축적조사				소 재 지 (시군구) ha당 평균 입목축적 (B)	입목축적 대비(%) (A/B×100)	비 고
주요수종	ha당입목축적(A)	50년이상 활엽수				
		수 종	점유면적 비율(%)			

4. 산림의 특성조사

구분	수형목(秀型木), 보호수 등 보호가치가 있는 산림	희귀하거나 자연성이 높은 산림	다양한 구조를 가지는 산림	습지주변 산림	임연부 산림	역사적, 문화적 가치를 가지는 산림	자연형상물과 조화를 이루는 산림	보존가치가 있는 천이단계 산림
면적								

붙 임 1. 입목축적조사서
2. 사업자등록증 사본
3. 산림경영기술자 자격증 사본
4. 현지조사 사진

년 월 일

◦ 제출인 : (인)

◦ 작성자 : 산림경영기술자(00시장.도지사, 번호 :) (인)

귀하

입 목 축 적 조 사 서

조사년월일 :

산림소재지 :　　　　　　　　　　　　조 사 자 :

표준지 번 호	표준지면적 (ha)	입목본수 (본)	표준지입목 재적(㎥)	ha당 입목 재적(㎥)	비 고
1					
2					
3					
4					
5					
6					
7					
8					
9					
10					
.					
.					
.					
합 계					

○ 경사분석도(업체 연계 발급)

■ 산지관리법에 따라, 산지복구를 진행할 시, 평균경사도에 근거하여 허가를 받기 위한 사전 경사도 분석

■ [산지관리법]

산지관리법 시행령

제3절 산지전용허가

제20조의3(산지전용타당성조사의 절차 및 기준)

1. 입목축적, 숲의 나이 등에 대한 산림조사·분석: 「산림기술 진흥 및 관리에 관한 법률 시행령」 별표 3에 따른 기술고급 이상의 산림경영기술자가 실시할 것

2. 표고 및 평균경사도 등에 대한 조사·분석: 「산림기술 진흥 및 관리에 관한 법률 시행령」 별표 3에 따른 산림공학기술자 또는 농림축산식품부령으로 정하는 산림·토목·측량 분야의 국가기술자격을 소지한 자가 실시할 것

3. 그 밖에 산지경관 유지 및 재해방지 등의 조사·분석: 농림축산식품부령으로 정하는 산림·환경·산지 분야의 전문가가 실시할 것

<서식 2-6> 평균경사도 조사서

[산지전용지 / 토석채취지] 평균경사도 조사서

ㅇ 소 재 지 :

ㅇ 신청면적 :

ㅇ 평균 경사도

구 분	면적(m²)	구성비(%)	평균경사도	비 고
10°미만				
10°이상 15°미만				
15°이상 20°미만				
20°이상 25°미만				
25°이상 30°미만				
30°이상 35°미만				
35°이상 40°미만				
40°이상				

붙 임 : 1. 평균경사분석도

2. 원본파일 CD(수치지형도를 이용하여 산출하는 경우에 한함)

3. 작성자 자격증 사본

2006년 월 일

ㅇ 제 출 인 : (인)

ㅇ 작 성 자 : (인)

귀하

평균경사분석도 작성방법

1. 실측으로 산출하는 경우

(1) 평균경사분석도는 현황 측량도면을 바탕으로 한다.
(2) 평균경사분석도에 축척과 방위를 표시한다.
(3) 10m×10m 격자를 기준으로 평균경사도를 산출한다.
(4) 측량점은 변곡점 및 경사가 급하게 변하는 경계선을 포함한다.
(5) 평균경사도의 산출근거와 절차를 구체적으로 제시한다.

2. 수치지형도를 이용하여 산출하는 경우

(1) 국토지리정보원에서 발급한 1/5,000 지형도의 수치전산파일을 이용하여 분석한다.
(2) 평균경사분석도에 축척과 방위를 표시한다.
(3) 10m×10m 격자를 기준으로 평균경사도를 산출한다.
(4) 수치전산파일의 등고선 단위나 수치를 변경할 수 없다. 다만, 필요한 경우 2.5m 간격의 간곡선 또는 1.25m 간격의 조곡선을 추가할 수 있다.
(5) 평균경사도의 산출근거와 절차를 구체적으로 제시한다. 이 경우 사용프로그램, 좌표범위, 분석절차를 포함하여 작성한다.
(6) 평균경사도 조사도의 범례는 5°단위로 구분한다.
(7) 수치전산파일 작성 고시일 이후 현지의 지형이 변경된 경우 변경된 지형의 평균경사도는 실측으로 산출한다.

2.3.4 토지이용계획도

○ 토지이용계획도(업체 연계 발급)

- 지리 대상 지역의 토지를 앞으로 어떻게 이용할 것인가에 대하여 도시 계획(용도지역, 용도지구, 용도구역 등) 기법에 따라 작성한 도면
- 개발행위허가 신청 시, 토지이용계획도를 제출하여 해당 토지의 개발 가능성, 개발행위가 토지이용계획에 부합 여부, 환경 보전 등 공공의 이익에 부합하는지 확인 및 검토 가능

- [전력기술관리법]

  제3장 전력시설물의 설계 · 감리

  제11조(전력시설물의 설계도서의 작성 등)

  ① 전력시설물의 설계도서는 「국가기술자격법」에 따른 전기 분야 기술사가 작성하여야 한다. 다만, 산업통상자원부령으로 정하는 표준설계도서와 신공법(新工法) · 특수공법을 적용한 설계도서는 그러하지 아니하다. <개정 2013. 3. 23.>

<서식 2-8> 토지이용계획도 예시

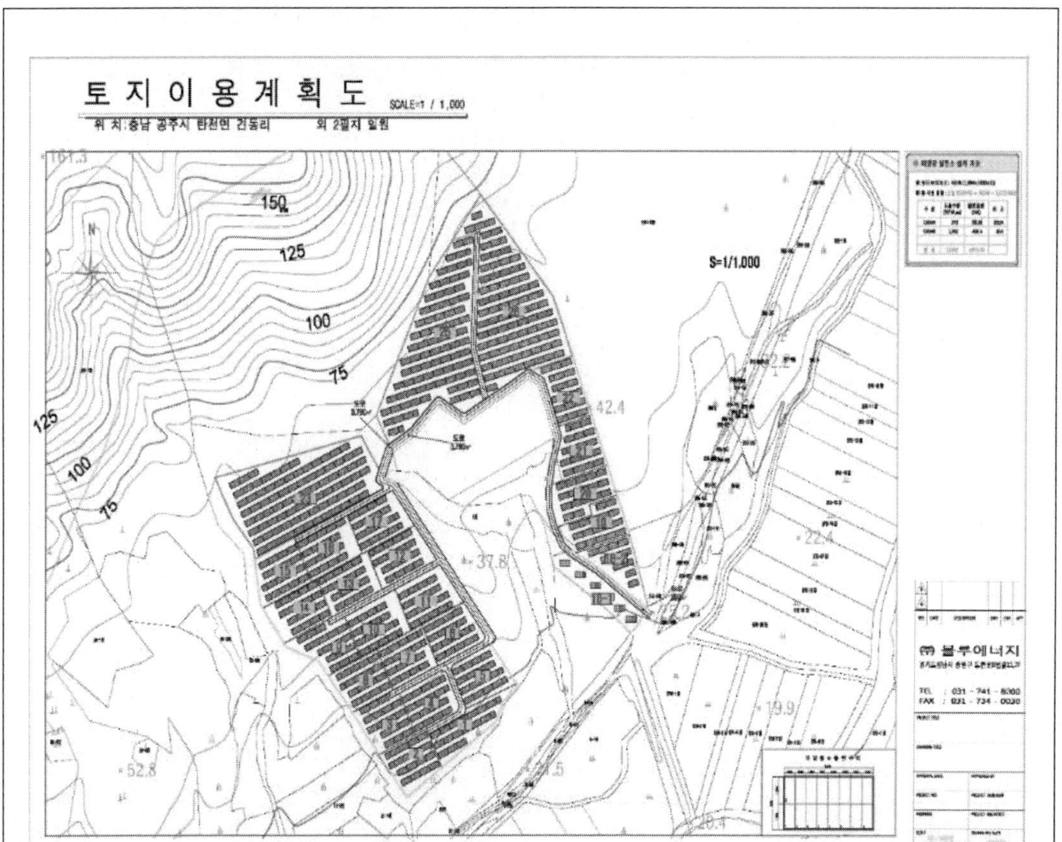

2.3.5 공사계획평면도

○ 공사계획평면도(업체 연계 발급)

■ 특정 공사의 계획, 배치, 진행 상황을 시각적으로 표현한 도면. 이 도면은 공사 현장의 전체적인 배치를 나타내어 개발행위의 구체적인 내용, 범위, 방법 등을 확인할 수 있음

■ [전력기술관리법]

제3장 전력시설물의 설계 · 감리

제11조(전력시설물의 설계도서의 작성 등)

① 전력시설물의 설계도서는 「국가기술자격법」에 따른 전기 분야 기술사가 작성하여야 한다. 다만, 산업통상자원부령으로 정하는 표준설계도서와 신공법(新工法) · 특수공법을 적용한 설계도서는 그러하지 아니하다. <개정 2013. 3. 23.>

■ [건축법]

행정규칙

건축물의 설계도서 작성기준

2.2 "설계"라 함은 건축사가 자기책임하에(보조자의 조력을 받는 경우를 포함한다) 건축물의 건축·대수선, 용도변경, 리모델링, 건축설비의 설치 또는 공작물의 축조를 위한 설계도서를 작성하고 그 설계도서에서 의도한 바를 설명하며 지도·자문하는 행위를 말함

<서식 2-9> 공사계획평면도 예시

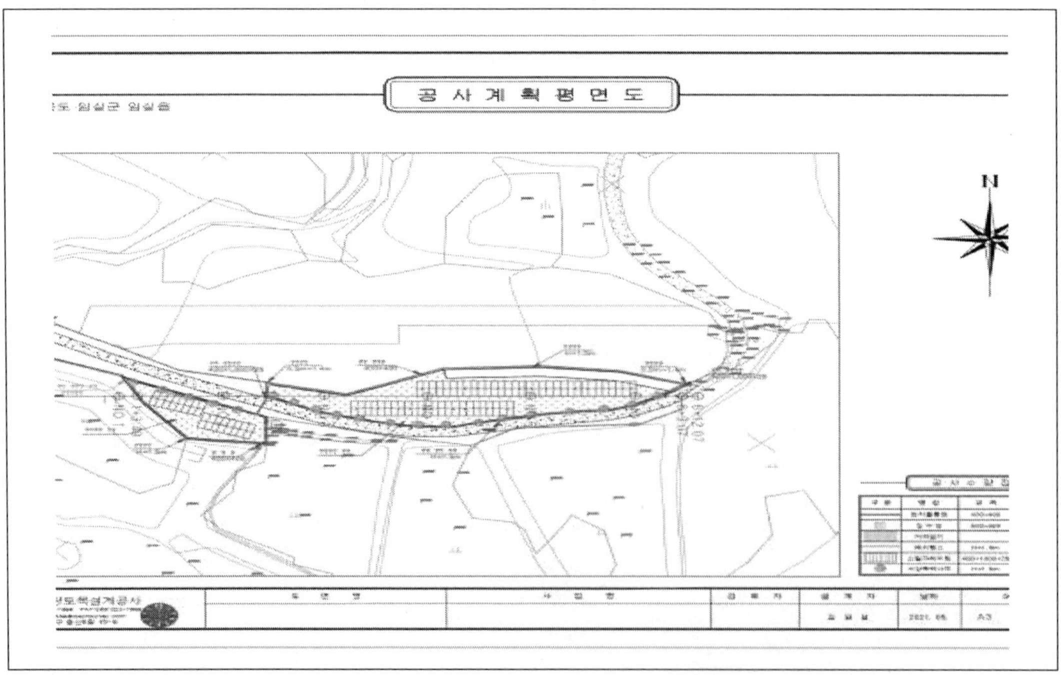

2.3.6 대지 종횡단면도 (주요부)

○ 종/횡단면도(업체 연계 발급)

■ 전체 건물 및 대지와의 연관 형태를 가로, 세로 절취 방향으로 단면을 보여 줌으로써, 건물 높이제한에 따른 접촉여부, 주변 대지와의 연결상태, 각 지점의 레벨 등을 표현하는 도서

■ 개발 후 변경될 지형을 확인하여 개발행위 허가 여부에 검토 자료로 활용

■ [전력기술관리법]

제3장 전력시설물의 설계·감리

제11조(전력시설물의 설계도서의 작성 등)

① 전력시설물의 설계도서는 「국가기술자격법」에 따른 전기 분야 기술사가 작성하여야 한다. 다만, 산업통상자원부령으로 정하는 표준설계도서와 신공법(新工法)·특수공법을 적용한 설계도서는 그러하지 아니하다. <개정 2013. 3. 23.>

■ [건축법]

행정규칙

건축물의 설계도서 작성기준

2.2 "설계"라 함은 건축사가 자기책임하에(보조자의 조력을 받는 경우를 포함한다) 건축물의 건축·대수선, 용도변경, 리모델링, 건축설비의 설치 또는 공작물의 축조를 위한 설계도서를 작성하고 그 설계도서에서 의도한 바를 설명하며 지도·자문하는 행위를 말함

<서식 2-10> 공사계획평면도 예시

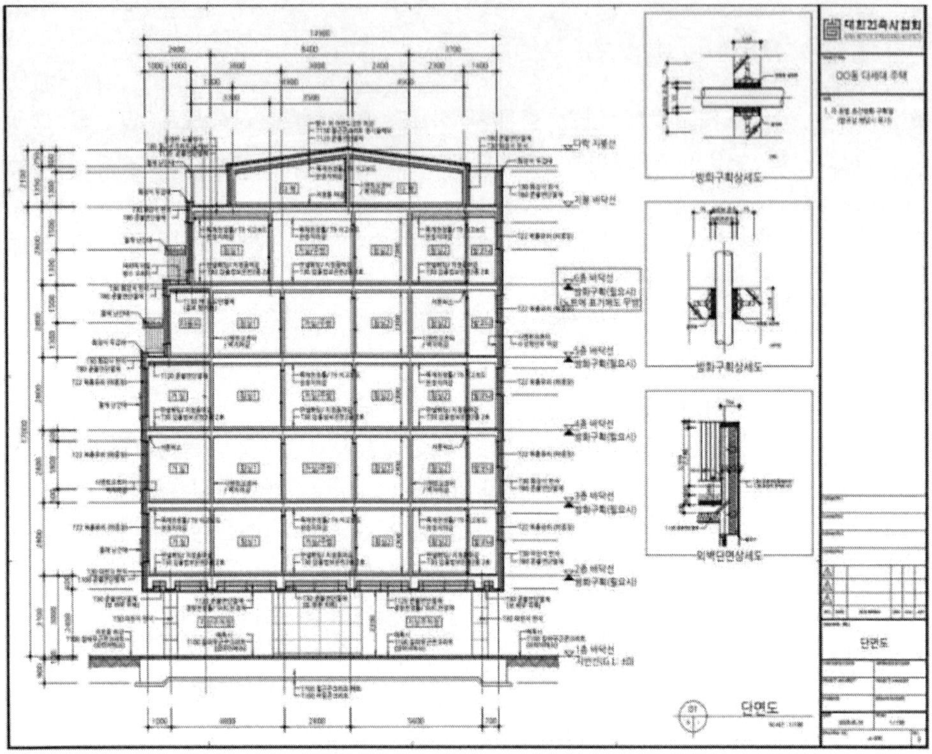

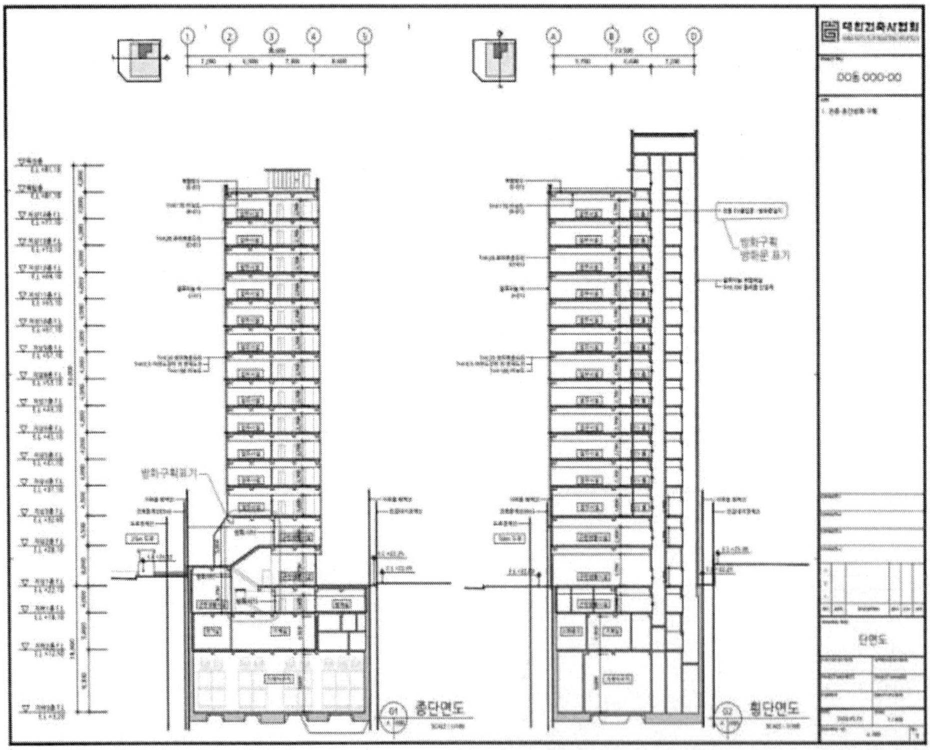

2.3.7 기반시설계획도

○ 기반시설계획도(업체 연계 발급)

■ 개발행위허가 단계에서 기반시설계획도를 통해 개발 사업에 필요한 기반시설의 위치와 규모, 설치 계획 기반으로 관련 법규 및 기준에 부합하는 지 확인하는 서류

■ 기반시설이란 「국토의 계획 및 이용에 관한 법률」 제2조 6호에서 정하고 있는 기반시설1)의 종류는 아래와 같음

- 교통시설
  도로 · 철도 · 항만 · 공항 · 주차장 · 자동차정류장 · 궤도 · 운하 , 자동차 및 건설기계검사시설 , 자동차 및 건설기계운전학원

- 공간시설
  광장 · 공원 · 녹지 · 유원지 · 공공공지

- 유통·공급시설
  유통업무설비, 수도 · 전기 · 가스 · 열공급설비 , 방송 · 통신시설 , 공동구 · 시장 , 유류저장 및 송유설비

- 공공·문화·체육시설
  학교 · 운동장 · 공공청사 · 문화시설 · 공공필요성이 인정되는 체육시설 · 도서관 · 연구시설 · 사회복지시설 · 공공직업훈련시설·청소년수련시설

- 방재시설
  하천 · 유수지 · 저수지 · 방화설비 · 방풍설비 · 방수설비 · 사방설비 · 방조설비

- 환경기초 시설
  하수도 · 폐기물처리시설 · 수질오염방지시설 · 폐차장

■ 부지 내의 기반시설계획을 담은 도면을 구비 해야하므로, 설계사와 연계하여 발급받아야 함

<서식 2-11> 기반시설계획도 예시

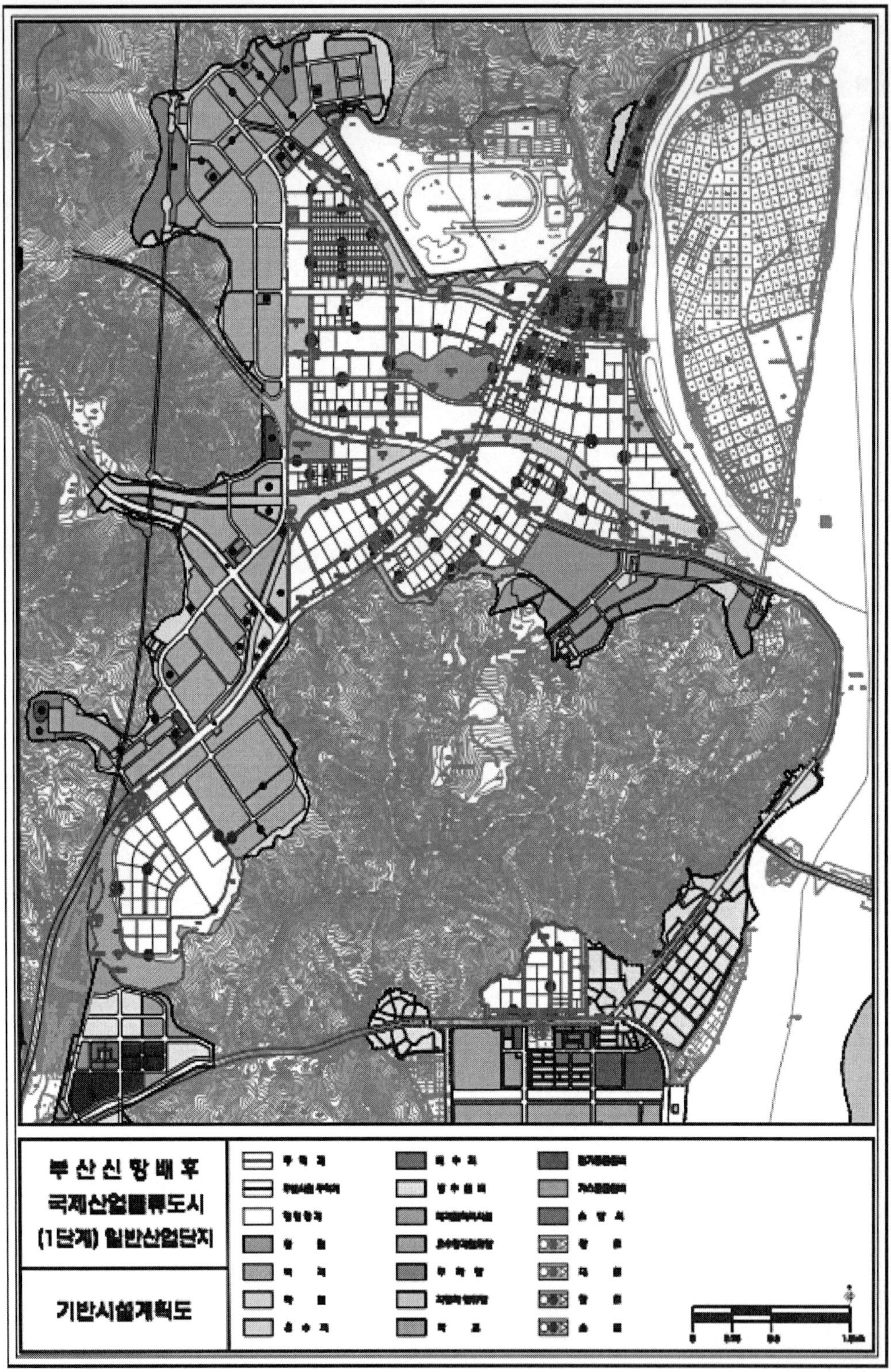

2.3.8 녹지 및 공개공지 계획도, 주민 등 편의시설 계획도

○ 녹지 및 공개공지 계획도(업체 연계 발급)

- 태양광발전단지의 장래의 공원녹지체계를 계통별, 시설별로 파악하기 위해 작성하는 도면

- 해당 계획 포함 시 첨부

- 토지이용계획도, 공사계획평면도 등에 표기되어 있는 경우에는 생략

- [도시공원 및 녹지 등에 관한 법률]
  도시공원 및 녹지 등에 관한 시행령
  도시공원 및 녹지 등에 관한 시행규칙
  공원녹지 기본계획 수립지침
  별첨 2

<서식 2-12> 녹지 및 공개공지 계획도 예시

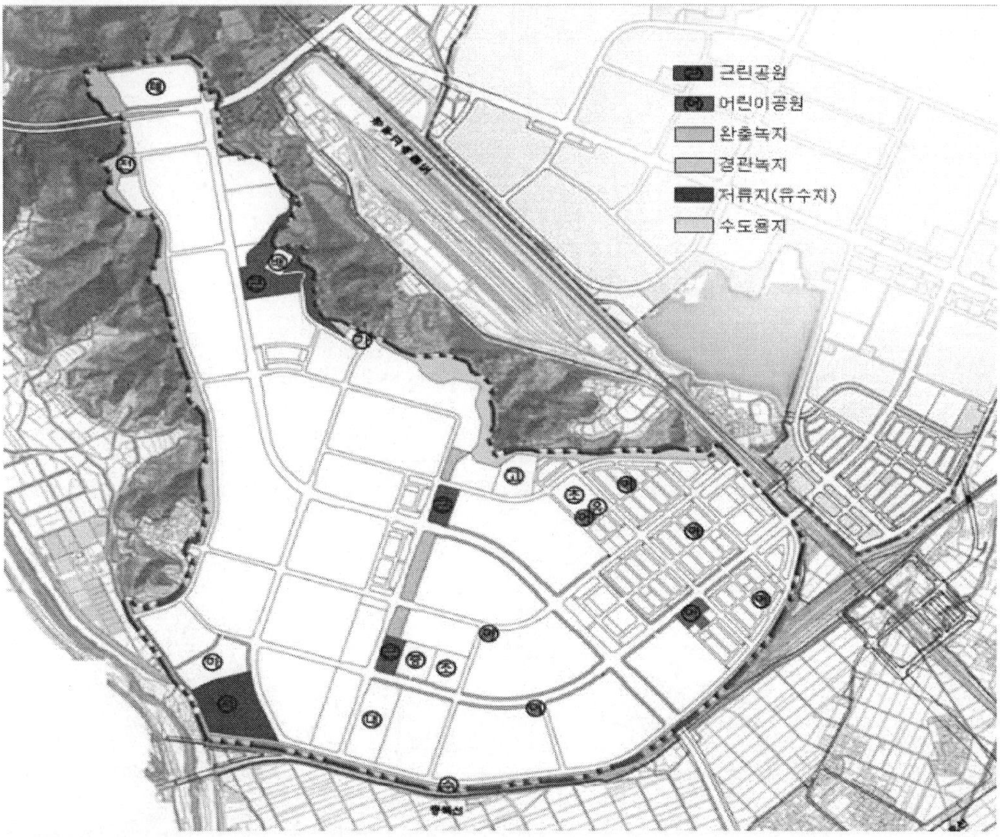

○ 주민 등 편의시설 계획도(업체 연계 발급)

■ 태양광발전단지의 공원 및 녹지 인근 주민의 불편함 혹은 요청에 알맞은 편의시설의 계획 도면

■ [장애인・노인・임산부 등의 편의증진 보장에 관한 법률]
제2조(정의)
2. “편의시설”이란 장애인등이 일상생활에서 이동하거나 시설을 이용할 때 편리하게 하고, 정보에 쉽게 접근할 수 있도록 하기 위한 시설과 설비를 말한다.

※예시자료로, 보건복지부에서 제공하는 ‘장애인 편의시설 표준상세도’를 첨부함(아래 상세도 중 미리보기 자료)

<서식 2-13> 주민 등 편의시설 계획도 예시

구 분	Ⅱ. 내부시설	관련 페이지
항 목	Ⅱ.8. 장애인등의 통행이 가능한 계단	47~50

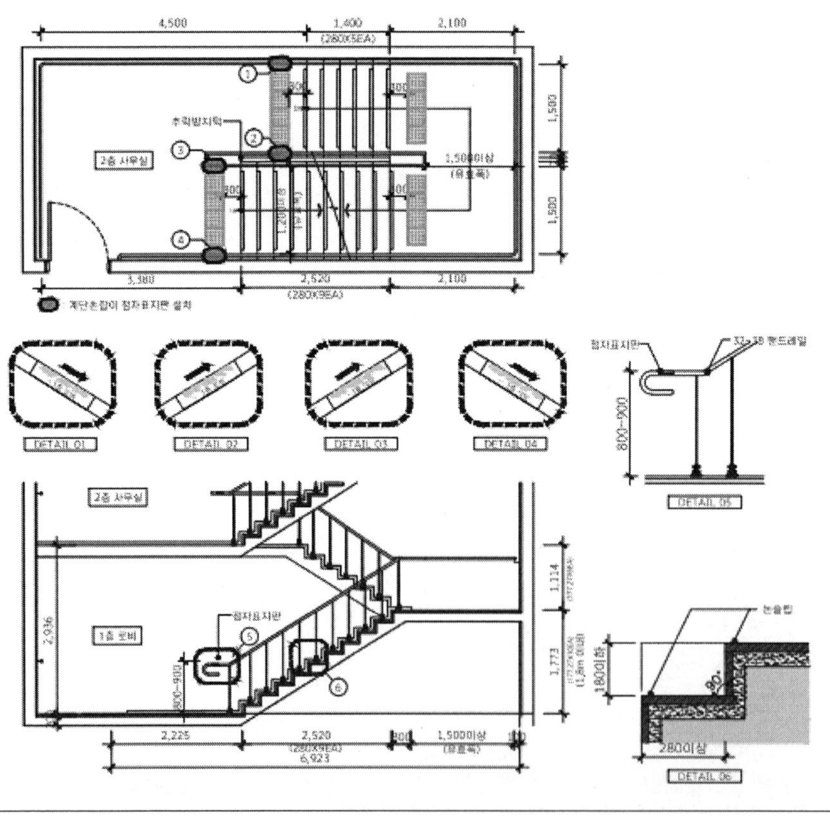

2.4 설계도서 (상세도)

○ 설계도서 상세도(업체 연계 발급)

■ 태양광발전사업에 있어서 공작물인 경우 설계도서 상세도를 통해 전반적인 구조물의 설계의도를 보여주기 위한 서류

■ 구조물을 기본배치하기 위해 설치방법을 고려한 후에 구조물 상세도를 작성

■ [국토의 계획 이용에 관한 법률]

제 5장 개발행위 허가 등

제1절 개발행위의 허가

제56조(개발행위의 허가)

① 다음 각 호의 어느 하나에 해당하는 행위로서 대통령령으로 정하는 행위(이하 "개발행위"라 한다)를 하려는 자는 특별시장・광역시장・특별자치시장・특별자치도지사・시장 또는 군수의 허가(이하 "개발행위허가"라 한다)를 받아야 한다. 다만, 도시・군계획사업(다른 법률에 따라 도시・군계획사업을 의제한 사업을 포함한다)에 의한 행위는 그러하지 아니하다. <개정 2011. 4. 14., 2018. 8. 14.>

1. 건축물의 건축 또는 공작물의 설치

■ [건축법]

행정규칙

건축물의 설계도서 작성기준

2.2 "설계"라 함은 건축사가 자기책임하에(보조자의 조력을 받는 경우를 포함한다) 건축물의 건축·대수선, 용도변경, 리모델링, 건축설비의 설치 또는 공작물의 축조를 위한 설계도서를 작성하고 그 설계도서에서 의도한 바를 설명하며 지도·자문하는 행위를 말함

<서식 2-14> 설계도서 상세도 예시

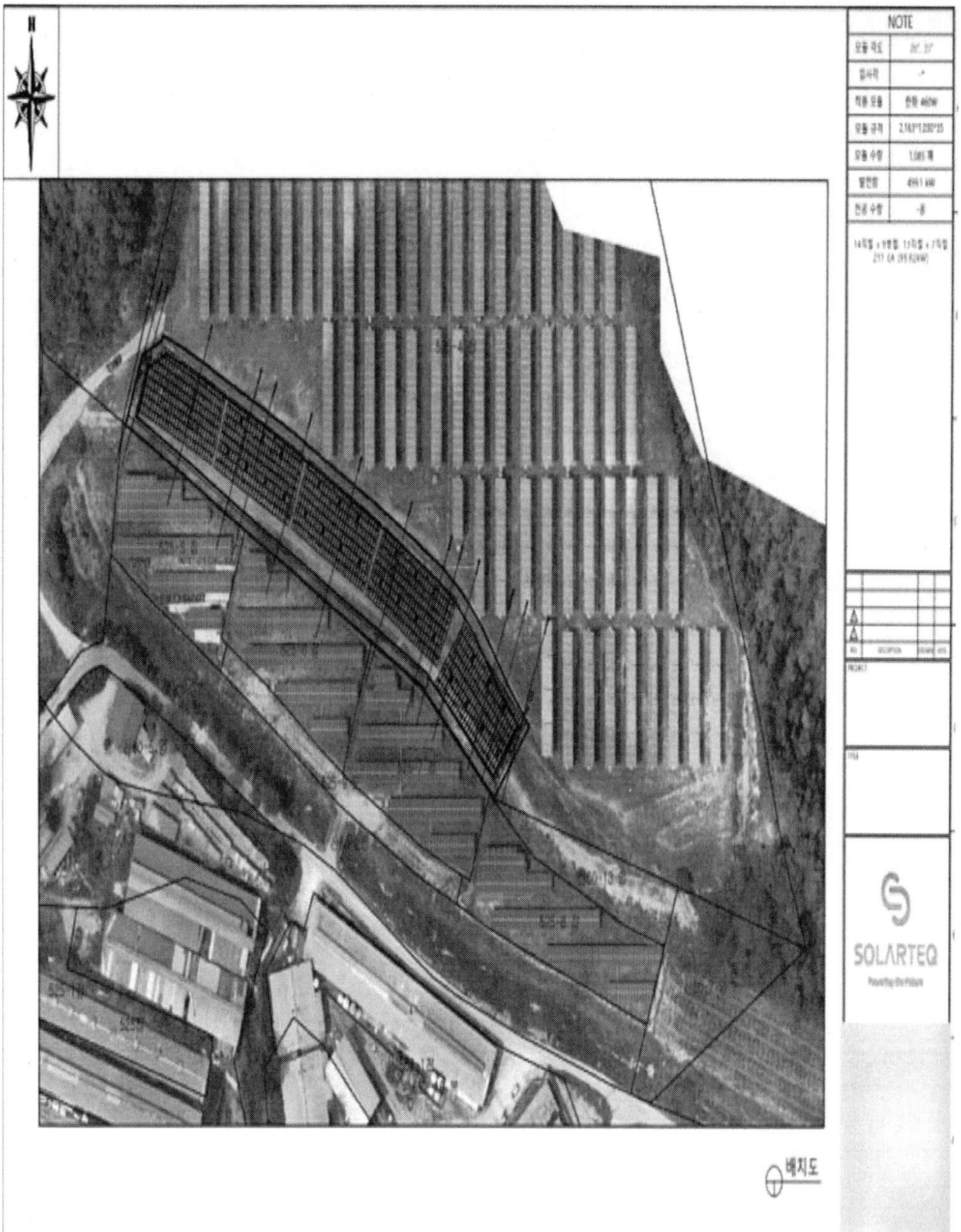

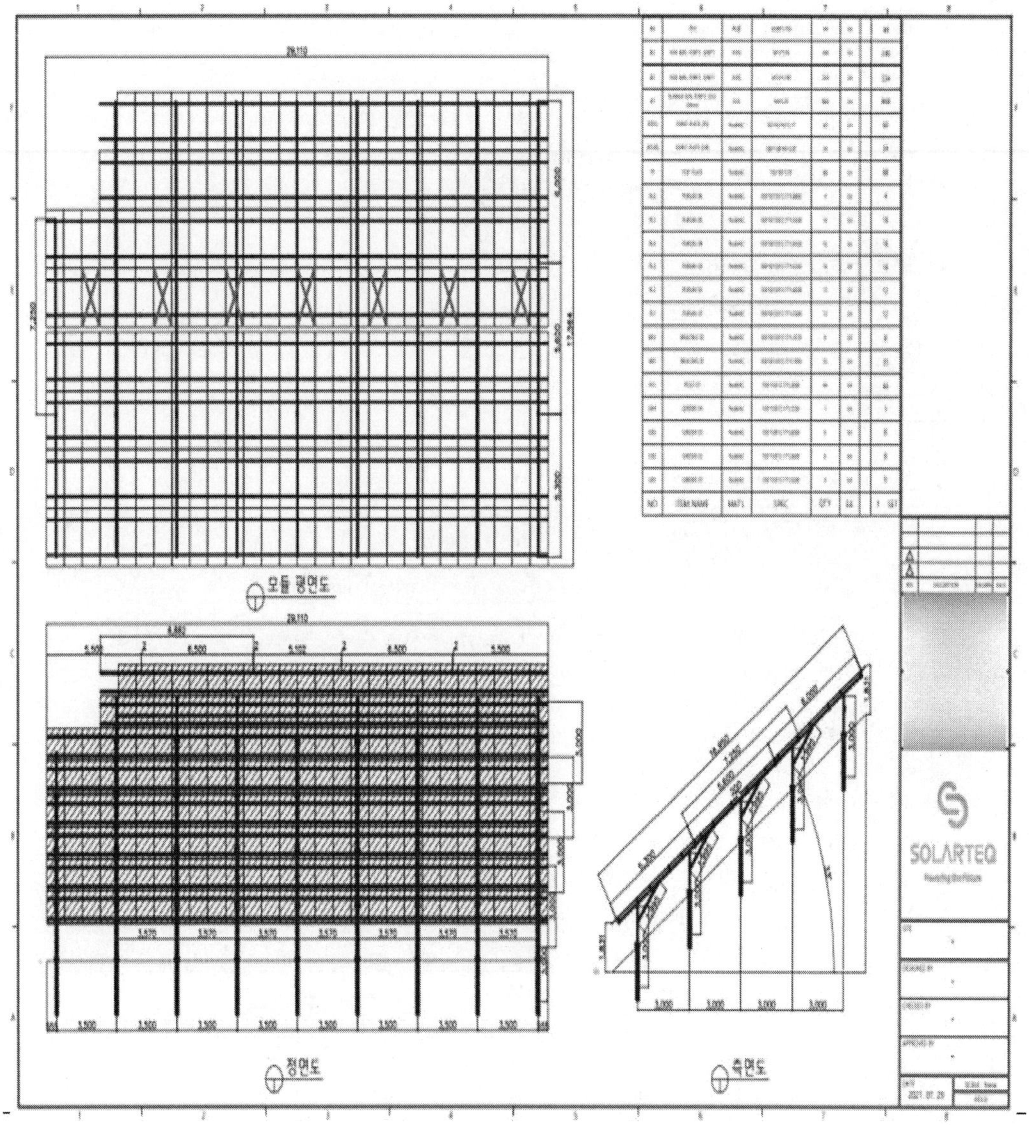

28,110
모듈 평면도
정면도
측면도
NO. ITEM NAME MAT'L SPEC QTY EA 1 SET
SOLARTEQ
2021. 07. 29

2.5 건축물의 연도 및 규모를 기재한 서류 (배치도, 평면도, 입면도, 단면도)

○ 건축물의 연도 및 규모를 기재한 서류(업체 연계 발급)

■ 태양광 발전설비 도면

- 태양광 모듈 배치도

- 태양광 모듈 ARRAY 배치 평면도

- 태양광 구조물 측면도

- 태양광 구조물 정면도

■ 태양광 발전 설비의 설계와 관련된 정보를 담고있음 (관련 법령은 하단과 같음)

■ [전력기술관리법]

제3장 전력시설물의 설계・감리

제11조(전력시설물의 설계도서의 작성 등)

① 전력시설물의 설계도서는 「국가기술자격법」에 따른 전기 분야 기술사가 작성하여야 한다. 다만, 산업통상자원부령으로 정하는 표준설계도서와 신공법(新工法)・특수공법을 적용한 설계도서는 그러하지 아니하다. <개정 2013. 3. 23.>

■ [건축법]

행정규칙

건축물의 설계도서 작성기준

2.2 "설계"라 함은 건축사가 자기책임하에(보조자의 조력을 받는 경우를 포함한다) 건축물의 건축·대수선, 용도변경, 리모델링, 건축설비의 설치 또는 공작물의 축조를 위한 설계도서를 작성하고 그 설계도서에서 의도한 바를 설명하며 지도·자문하는 행위를 말함

<서식 2-15> 건축물의 연도 및 규모를 기재한 서류(태양광 발전설비 도면)

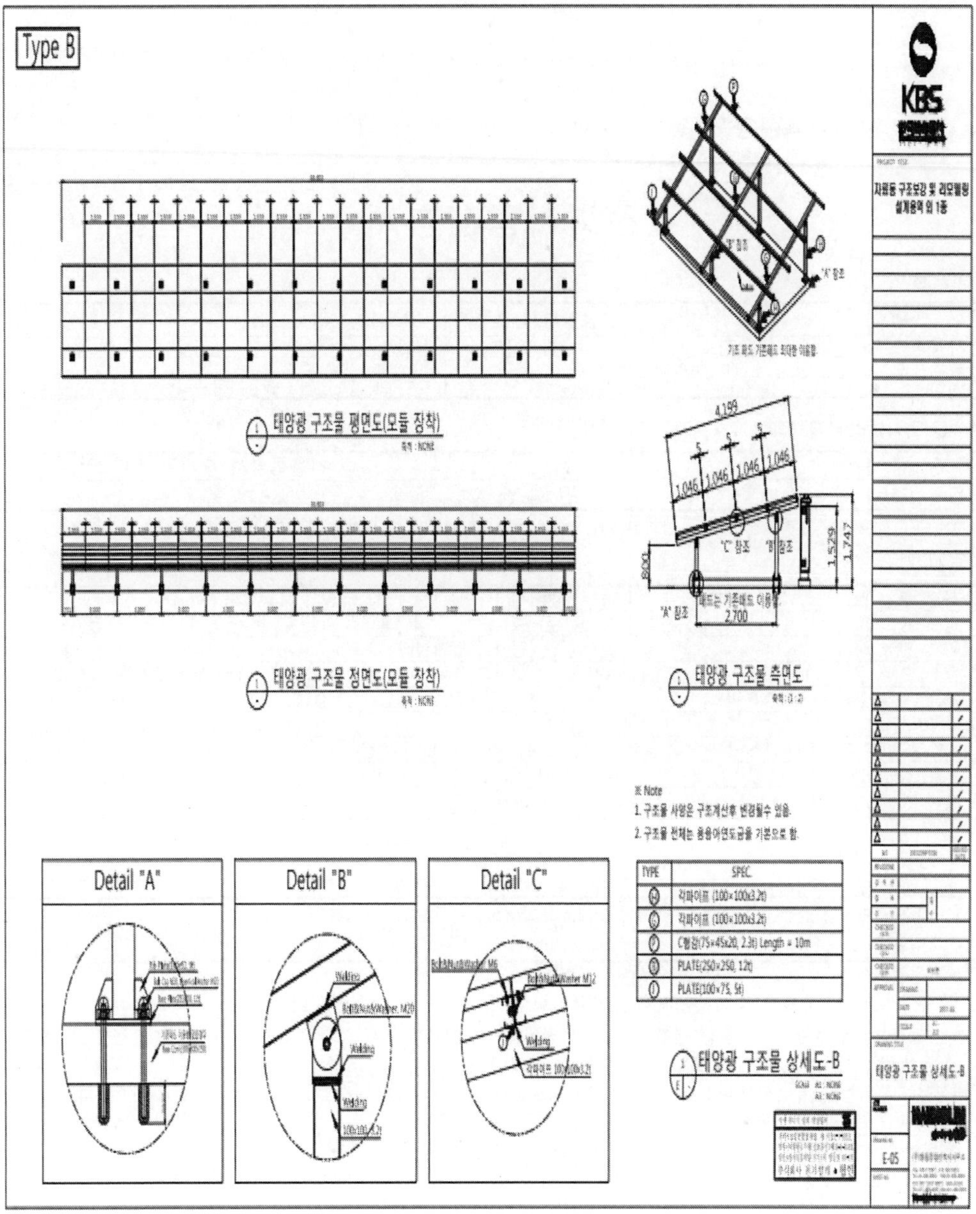

3. 전력수급계약 신청

3.1 전기사용신청서

○ 태양광발전사업에서 공급받을 전기를 사용하기 위해 제출하는 서류로 전기사용자, 건축물(토지) 소유자, 계약사항(공급내용 등)을 작성

<서식 3-1> 전기사용신청서

전기사용신청서

□ **전기사용자**

성 명*	000	신청일자/접수번호	2024. XX. XX. /
전기사용장소*	제주특별자치도 서귀포시 색달동 624-1	상호(공동주택)	00태양광발전소
주민등록번호*	xx0508 - 1xxxxxx	전 화 번 호*	( ) -
e-mail	sangmyung123@sangmyung.kr	휴 대 전 화*	- -

□ **건축물(토지) 소유자** (이하 "소유자"라 합니다.)

소 유 자 명*		주 소*	서울특별시 홍지문 2길 20
주민등록번호*	-	전 화 번 호*	,

"*" 표시는 개인정보 필수입력사항입니다. 법인은 법인명 및 법인등록번호를 기재하여 주시기 바랍니다.

□ **계약사항**

신 청 구 분	신설	공 급 방 식	3상4선식220/380V	사용희망일	20 . . .
계 약 종 별	주택용 전력	사 용 용 도	상업용	주 생 산 품	전기
계 약 전 력	3 kW	설 비 용 량	변압기설비 kVA, 사용설비 kW		
선 택 요 금	I□, II□, III□, IV□	APT 계약방법	단일계약 □, 종합계약 □, 변압기설비 공동이용계약 □		
세 금 계 산 서 발 행	사업자등록번호:	상 호: 00태양광발전소	업태: 건설업	종목: 태양광발전소	
청구방법 모바일 □	- -	이 메 일 □	sangmyung123@sangmyung.kr		
※ 청구방법 미선택 시 전기사용자의 휴대전화 번호로 모바일 청구가 기본 선택됩니다.					
우편청구 □	우편 수령주소 (서울특별시 홍지문 2길 20)				
자 동 이 체	은행명 : 00은행 예금주 : 000 계좌번호 :		생년월일 : 00.00.00		
전기공사업체명	00전기 (인)	면 허 번 호	전기공사업 등록증 상단 왼쪽 번호		
		전 화 번 호			
전 주 관 리	변압기설치 전주번호 :		인입전주 번호 :		

전기공사업체가 대리신청하는 경우 유자격 내선공사 업체명을 기재하고 공사업체의 인감을 날인하여야 합니다

※ 아래 밑줄 및 회색글씨는 직접 자필로 기재하여 주시기 바랍니다.

귀 공사의 약관을 준수할 것을 동 의 하며, 위와 같이 전기사용을 신청합니다.

- 한전 전기설비에 대한 시공, 수리, 변경 등 공사의 안전한 작업환경을 위해 정전작업이 발생할 경우, 정전작업에 협조하고 사전조치를 통해 피해가 발생하지 않도록 주의하겠습니다.
- 비상용 자가발전기, 무정전전원공급장치(UPS), 결상보호장치, 정전경보장치 등의 자체보호장치를 설치하지 않아 발생하는 피해는 한전의 손해배상 대상에서 제외될 수 있으므로, 부득이한 사유로 전기공급이 중지될 경우 발생할 피해를 예방하기 위해 적절한 자체보호장치를 시설하여 피해가 발생하지 않도록 주의하겠습니다.
- 전기사용신청은 실제 사용자 명의로 신청하며, 매매(임대차) 등으로 전기사용계약자가 변경되는 경우에는 그 변경내용을 14일 이내에 한전에 통지하겠습니다.
- 사용설비 용량 또는 전기사용 용도가 변경되어 계약전력 또는 계약종별의 변경이 있는 경우 1개월 이내에 한전에 알리겠으며, 변경내용을 알리지 않아 발생하는 한전의 손해배상 청구(위약금 등)에 대해서는 이의신청을 하지 않겠습니다.

2024 년 XX 월 XX일

전기사용자 (서명 / 인)

【개인정보 수집, 이용 동의서】

한국전력은 전기사용계약 관련 서비스제공에 필요한 개인정보의 수집·이용을 위하여 개인정보보호법 제15조(개인정보의 수집 · 이용), 제22조(동의를 받는 방법)에 따라 귀하의 동의를 받고자 합니다.

1. 수집 및 이용 목적

① 전기사용계약신청, 시설부담금 · 전기요금의 청구 및 납부처리, 전기사용과 관련한 정보제공

② 고지사항 전달, 본인의사 확인, 업무처리 만족도 조사 등 원활한 의사소통 경로확보

③ 기타 한전의 개인정보처리방침에 따른 계약의 이행에 필요한 업무의 위탁

2. 수집 및 이용 항목

구 분	< 전 기 사 용 자 >	< 소 유 자 >
필수항목	성명, (*)주민등록번호, 주소, 전화번호, 휴대전화번호	성명, (*)주민등록번호, 주소, 전화번호
선택항목	이메일 주소, 은행명, 예금주명, 계좌번호, 예금주 생년월일	없 음
(*) 전기사업법 시행령 제62조의3(고유식별정보의 처리)에 의거 전기공급 및 전기요금 부과·징수에고객님의 주민등록번호 등 개인 고유식별정보가 포함된 자료를 처리할 수 있습니다		

3. 보유 및 이용기간

특정법률에 정한 경우를 제외하고는 전기사용계약 해지 후 최장 10년까지 보유합니다. 다만, 채권 · 채무 잔존 시에는 채권 · 채무 정산시까지 보유합니다.

4. 동의거부 권리 및 불이익 고지

고객은 개인정보 수집 동의를 거부할 수 있습니다. 다만, 필수정보를 입력하지 않는 경우 전기사용신청 등이 제한되며, 선택정보를 입력하지 않는 경우 전기사용정보제공 및 자동이체가 제한됩니다. 또한, 수집 · 이용된 개인정보는 위의 목적 외 다른 목적으로 활용하지 않으며, 정보주체가 열람, 정정 · 삭제, 처리정지 하고자 할 때에는 개인정보보호책임자를 통해 요구할 수 있으며, 개인정보침해시 한전의 개인정보처리방침 제10조(정보주체의 권익침해에 대한 구제방법)를 통해 구제받을 수 있습니다.

구 분	필수 개인정보 수집 및 이용 동의(✓표시)	선택 개인정보 수집 및 이용 동의(✓표시)
전기사용자	동의함 ☐ 동의하지 않음 ☐	동의함 ☐ 동의하지 않음 ☐
소 유 자	동의함 ☐ 동의하지 않음 ☐	동의함 ☐ 동의하지 않음 ☐

5. 법정대리인 동의

만 14세 미만 가입자만 해당, 개인정보보호법 제22조 제5항에 의거 법정대리인 동의를 받습니다.

법정대리인 성명	연락처	관계
위의 내용에 동의합니다. 동의함 ☐ 동의하지 않음 ☐		

위와 같이 개인정보 수집, 이용 동의여부를 확인합니다.

20 년 월 일

전기사용자 (서명 / 인)

소 유 자 (서명 / 인)

위와 같이 전기사용 신청함을 동의합니다.

소 유 자 (서명 / 인)

【행정정보 공동이용에 대한 사전동의서】

본인은 전기사용 신청업무의 처리를 위하여 「전자정부법」제36조에 따른 행정정보의 공동이용을 통해 한국전력의 업무 처리 담당자가 전자적으로 본인의 구비서류를 확인하는 것에 동의합니다.

공동이용 행정정보(구비서류)	동의여부(동의시 서명 또는 날인)
건축허가서, 건축물대장, 토지대장	**소 유 자** (서명 / 인)
주민등록등(초)본	**전기사용자** (서명 / 인)

※ 건축물 대장 및 토지(임야)대장은 공시성 행정정보이므로 행정정보 공동이용에 대한 사전동의 불요

【개인정보 제3자 제공 동의서(TV수상기 등록과 수신료 납부 관련)】

한국전력은 개인정보보호법 제17조 1항에 따라 방송법 제64조의 업무수행을 위하여 필요한 일부 개인정보 등을 한국방송공사에 제공할 수 있습니다. **본 동의서는 선택사항이며, 전기사용계약과는 무관합니다.**

[정보제공 동의내용]

1. **제공받는 자** : **한국방송공사**
2. **제공받는자의 이용목적** : **방송법 제64조(텔레비전 수상기의 등록과 수신료 납부)의 관리**
3. **제공할 개인정보 항목** : 성명, 전화번호, 주소, TV수신료 관리에 필요한 전기사용정보
4. **제공받는 자의 보유 및 이용기간**

특정법률에 정한 경우를 제외하고는 **전기사용계약 해지 후 최장 10년**까지 보유합니다. 다만, 채권·채무 잔존시에는 채권·채무 정산시까지 보유합니다.

5. **동의거부 권리 및 불이익**

고객은 개인정보 제공 동의를 거부할 수 있습니다. 이 경우 실사결과에 의하여 개인정보가 취득될 수 있으며 말소, 면제 등도 고객이 직접 KBS에 신청하여야 합니다.

[수신료 제도 안내(방송법 및 방송법 시행령)]

1. **수신료 징수근거** : TV수상기 소지만으로 납부의무 발생(방송법 제64조)
2. **수상기의 등록** : 소지자가 30일 이내에 등록신청을 하여야 함(시행령 제38조)
   ※ 30일 이내에 등록을 하지 않은 경우 1년분(3만원)의 추징금 부과(방송법 제66조)
3. **수상기 등록변경** : 장소, 소지대수의 변경 등은 2주일내에 신고하여야 함(시행령 제40조)
4. **수상기 등록말소** : 양도, 파손, 멸실 발생시 2주일내에 신고하여야 함(시행령 제41조)
   ※ 수상기를 폐기하더라도 등록말소 전까지는 수신료 납부의무가 유지됨(시행령 제40조)
5. **수신료의 징수** : 수신료를 납부하지 아니한 때에는 3%의 가산금 부과(시행령 제47조)

위와 같이 개인정보 제3자 제공 동의여부를 확인합니다.

제3자(KBS) 제공동의(✓표시)
동의함 ☐ 동의하지 않음 ☐

20 년 월 일

전 기 사 용 자 (서명 / 인)

【개인신용정보의 조회 및 이용 동의서】

※ 본 동의서는 소유자가 아닌 사용자 명의로 전기사용신청(변경)시 보증조치가 필요한 경우에 자신의 신용정보에 따라 보증금 면제를 희망하는 고객이 작성합니다. 신용정보를 조회한 기록은 신용등급에 영향을 주지 않습니다.

「신용정보의 이용 및 보호에 관한 법률」 제32조 제2항에 따라 한국전력이 아래와 같은 내용으로 신용정보회사, 신용정보집중기관 등에 본인의 신용정보를 조회 및 이용하는 것에 대하여 동의합니다.

- **조회할 신용정보** : 신용거래정보, 신용능력정보, 공공기관 보유정보, 신용등급·평점정보 및 기타 신용도 판단에 필요한 개인신용정보 등
- **조회 목적** : 보증금 설정 및 유지여부 등의 판단
- **동의서 유효기간** : 제출한 시점부터 전기수급계약 해지 시까지

전 기 사 용 자 (서명 / 인)

【전기사용신청 위임장】

전기사용신청서의 작성내용이 틀림없음과 신청서상의 서명·날인은 본인이 직접 하였음을 확인하고 전기사용신청 업무 일체를 위임합니다.

<table>
<tr><td rowspan="2">위임하는 사람</td><td>성명(법인명)</td><td>(서명 / 인)</td><td>주민등록번호
(법인번호)</td><td></td></tr>
<tr><td>주 소</td><td colspan="3"></td></tr>
<tr><td rowspan="2">위임받는 사람</td><td>성명(법인명)</td><td>(서명 / 인)</td><td>주민등록번호
(법인번호)</td><td></td></tr>
<tr><td>주 소</td><td colspan="3"></td></tr>
</table>

1. 다른 사람의 인장·서명 도용 등에 의해 허위로 위임장을 작성 신청한 경우에는 형법 제231조와 제232조의 규정에 의하여 사문서 위·변조죄로 5년 이하의 징역 또는 1천만원 이하의 벌금에 처하게 됩니다.
2. 전기사용신청을 위임받은 자는 「개인정보보호법」제 59조에 따라 **전기사용신청 목적 외 용도로 위임인의 개인정보를 수집할 수 없으며,** 동법 제21조 및 시행령 제16조에 전기사용신청 후 **위임인의 개인정보를 지체없이 파기**하여야 합니다. 이를 어길 경우 관계 법령에 의해 처벌받게 됩니다.

※ 대리인은 신분증과 전기공사업 등록증 원본을 모두 제시하기 바랍니다.

<table>
<tr><td rowspan="2">대리인</td><td>성명(법인명)</td><td>(서명 / 인)</td><td>주민등록번호
(법인번호)</td><td></td></tr>
<tr><td>주 소</td><td colspan="3"></td></tr>
</table>

【기본공급약관 주요내용】

1. **(소유자 동의)** 소유자가 아닌 사용자 명의로 전기사용을 신청하거나 변경하고자 할 경우에는 소유자의 동의를 받고, 기본공급약관 제79조(요금의 보증)에 따라 전기요금에 대한 보증을 해야 합니다.
2. **(계약해지 조건)** 소유자는 전기사용자의 동의를 얻어야 전기사용자의 전기사용계약 해지를 신청할 수 있으며, 이 경우 전기사용자가 계속해서 전기를 사용하고자 할 경우에는 전기사용자가 전기요금에 대한 보증조치를 해야 합니다. 한전은 고객이 요금을 납기일부터 2개월이 되는 날까지 납부하지 않을 경우에는 전기사용계약을 해지할 수 있습니다. 다만 주거용 주택용 고객은 별도로 정하는 바에 따릅니다.
3. **(해지 희망일)** 고객이 전기사용계약을 해지하고자 할 경우 해지희망일을 정해 1일전까지 한전에 통지하여야 합니다.
4. **(해지후 재사용)** 전기사용계약 해지일로부터 3년 경과 후 전기를 재사용하는 경우 설계시설부담금과 재사용수수료를 합산한 금액과 표준시설부담금 중 적은 금액을 납부하여야 하며(10년 이후는 신규시설부담금 납부), 전기사용계약을 해지한(계약전력의 감소 포함) 고객과 동일한 고객이 1년 이내에 동일 전기사용장소에서 동일한 공급조건으로 전기를 재사용하는 경우 고객은 기본공급약관 제16조에 따라 해지기간의 기본요금을 부담하여야 합니다.
5. **(재사용수수료)** 전기사용계약이 해지되거나 공급이 정지된 장소에서 전기를 재사용하는 고객은 재사용수수료를 부담합니다.
6. **(수급지점)** 고객과 한전간의 전기설비에 대한 안전 및 유지보수의 책임한계는 수급지점으로 하며, 전원측은 한전이 고객측은 고객이 각각 책임집니다.
7. **(배상책임 한계)** 한전의 직접적인 책임이 아닌 사유로 전기공급을 중지하거나 사용을 제한한 경우 및 누전·기타 사고가 발생한 경우 고객이 받은 손해에 대해 배상책임을 지지 않습니다.
8. **(요금적용전력)** 최대수요전력계 설치한 고압이상의 고객은 검침당월을 포함한 직전 12개월 중 12, 1, 2, 7, 8, 9월분 및 당월분의 최대수요전력 중 가장 큰 최대수요전력을 요금적용전력으로 합니다.(최대수요전력이 계약전력의 30% 미만 시 계약전력의 30%를 요금적용전력으로 함)
9. **(역률요금)** 계약전력 20kW 이상 일반용·산업용·농사용·임시전력(을) 및 교육용 고압고객은 역률에 따라 요금을 추가 또는 감액합니다. 9시부터 23시까지는 지상역률에 대하여 적용하며, 평균역률이 90%에 미달하는 경우에는 역률 60%까지 미달하는 역률 매 1%당 기본요금의 0.2%를 추가하고, 평균역률이 90%를 초과하는 경우에는 역률 95%까지 초과하는 역률 매 1%당 기본요금의 0.2%를 감액합니다. 23시부터 익일 9시까지는 진상역률에 대하여 적용하며, 평균역률이 95%에 미달하는 경우에는 역률 60%까지 미달하는 역률 매 1%당 기본요금의 0.2%를 추가하여 부과되므로 적정용량의 콘덴서를 개별기기별로 설치하시기 바랍니다.
10. **(선택요금)** 고압이상의 전압으로 공급받는 일반용전력(갑)·교육용전력·산업용전력(갑) 고객은 고객의 희망에 따라 선택(Ⅰ)요금 또는 선택(Ⅱ)요금을 적용하고, 일반용전력(을), 산업용전력(을) 고객은 고객의 희망에 따라 선택(Ⅰ)요금, 선택(Ⅱ)요금 또는 선택(Ⅲ)요금을 적용합니다. 이 경우 고객이 선택한 요금은 1년이 경과해야 다른 선택요금으로 변경할 수 있습니다. (월간 사용시간이 200시간 이하인 경우에는 선택(Ⅰ)요금이, 200시간을 초과할 경우에는 선택(Ⅱ)요금이 유리하며, 500시간 초과 사용시에는 선택(Ⅲ)요금이 유리함)
11. **(1주택수가구 요금)** 1주택에 2가구 이상이 거주하는 경우 관할 읍·면·동사무소에 1주택수가구 전기요금의 적용을 신청할 수 있습니다.
12. **(전기요금 할인)** 장애인복지법에 의한 장애의 정도가 심한 장애인 등 기본공급약관 제67조 6항 2호에 해당하는 고객이 전기요금 할인을 신청하면 세칙이 정하는 바에 따라 주택용 전기요금을 감액합니다.(기타계절 월 8~16천원, 여름철 월 1~2만원 한도) 또한, 주택용전력 고객으로서 가구원 중 자녀가 3인 이상인 가구, 가구원수가 5인 이상인 가구, 호흡기 장애 또는 희귀난치성질환으로 산소발생기, 인공호흡기 등 생명유지장치를 사용하는 가구, 출산가구에 대하여는 해당월 전기요금의 30%를 감액합니다.(월 16천원 한도. 단, 생명유지장치 사용 가구는 할인한도 없음)
13. **(최저요금)** 주택용전력 저압고객 및 임시전력(갑) 고객은 월간 전기요금이 1천원 미만시 최저요금 1천원이 부과됩니다.
14. **(연체료)** 고객이 납기일을 경과하여 전기요금을 납부하는 경우 처음 1개월과 다음 1개월에 대하여 각각 미납요금의 1.5%를 연체료로 부과합니다.(2개월 누계 최대 3% 부과)
15. **(초과사용부가금)** 계약전력을 요금적용전력으로 하는 일반용·교육용·산업용·농사용(을)·가로등(을) 및 임시전력(을) 고객이 계약전력 1kW마다 월간 450kWh를 초과하여 사용하는 경우 첫 번째 초과하는 달에는 초과사용부가금의 부과를 예고하고 두 번째 달부터 초과 사용전력량에 대하여 초과 사용횟수에 따라 전력량요금, 기후환경요금 및 연료비조정요금을 합산한 단가의 150%~250%를 부과합니다. 계약전력 1kW마다 월 720kWh 초과사용시 전력량요금, 기후환경요금 및 연료비조정요금을 합산한 단가의 300%를 부과합니다.
16. **(위약금)** 고객이 약관을 위반하여 요금이 정당하게 계산되지 않았을 경우, 한전은 정당하게 계산되지 않은 금액의 3배를 한도로 위약금을 부과합니다. 단, 직전 위약금 부과일로부터 1년 이내 약관을 다시 위반하는 경우 정당하게 계산되지 않은 금액의 5배를 한도로 위약금을 부과합니다.
17. **(휴지)** 농사용전력 등 기본공급약관 제81조 제1항에 해당하는 고객은 사용하지 않는 기간 동안 한전에 휴지를 신청할 수 있으며, 휴지기간 중에는 전기요금이 부과되지 않습니다.
18. **(소용량고객 계약변경)** 계약전력 5㎾ 이하 일반용전력, 교육용전력, 산업용전력은 주택용전력으로 계약종별 변경을 신청할 수 있습니다.
19. **(약관준수 의무)** 기타 명시되지 않은 사항은 기본공급약관 및 기본공급약관시행세칙을 참고하시기 바라며, 약관 및 시행세칙이 변경된 경우에는 변경된 내용을 따릅니다. [한전 사이버지점(http://cyber.kepco.co.kr)에서 확인 가능]

상기내용을 읽고 이해하였음을 확인합니다.

전기사용자 (서명 / 인)

전기사용신청서 작성방법

□ 전기사용자

1. 성명 : 실제 전기사용자의 성명을 기재합니다. (법인은 법인명 기재)
2. 신청일자 및 접수번호 : 신청일자는 전기사용을 신청하는 날을 기재하며, 접수번호는 한전의 접수담당자가 기재합니다.
3. 전기사용장소 : 실제 전기를 사용하고자 하는 건물(장소)의 법정동 지번을 기재합니다. (건물이 없는 경우 토지 지번 기재)
4. 상호(공동주택) : 사업자등록증상의 상호 또는 공동주택의 경우 공동주택명을 기재합니다.
5. 주민등록번호 : 실제 전기사용자의 주민등록번호를 기재합니다. (법인의 경우 법인등록번호 기재)
6. 전화번호 : 실제 사용자의 전화번호를 기재합니다.
7. e-mail : e-mail이 있는 경우 기재합니다.
8. 휴대전화 : 실제 전기사용자의 휴대전화번호를 기재합니다.

□ 건축물(토지) 소유자

9. 소유자명 : 건물(또는 토지) 소유자의 성명을 기재합니다. (법인인 경우에는 법인명 기재)
10. 주소 : 소유자의 주소지를 기재합니다.
11. 주민등록번호 : 소유자의 주민등록번호를 기재합니다.
12. 전화번호 : 건축물(토지) 소유자와 연락 가능한 전화번호를 기재합니다.(휴대전화 포함)

□ 계약사항

13. 신청구분 : 신설, 증설, 일부해지, 공급방식 변경(증설), 계약단위 합병, 계약단위 분할, 공급선로 변경, 수급지점 변경, 인입선 위치 변경, 해지후 재사용 중 해당 사항을 기재합니다.
14. 공급방식 : 1상 2선식 220V, 3상 4선식 220/380V 또는 3상 4선식 22,900V, 154kV, 345kV 중 하나를 기재합니다.
15. 사용희망일 : 전기를 실제로 사용하고자 하는 날을 기재합니다. (공급설비의 공사유무에 따라 한전의 공급준비 기간이 소요되므로 사전에 한전과 협의하시기 바랍니다.)
16. 계약종별 : 실제 전기사용용도에 따라 주택용, 일반용, 교육용, 산업용, 농사용, 가로등, 예비전력, 임시전력 중 하나를 기재하며, 기본공급약관 및 동 시행세칙의 구분에 따라 결정합니다.
17. 사용용도 : 실제 전기사용용도를 구체적으로 기재합니다. (예시 : 주거용, 상업용, 관공용, 농사용, 가로등용, 광공업용, 공공용, 국군용 등)
18. 주생산품 : 주거용고객 이외의 고객이 작성하며 영업목적물 기재(예시 : 휴대폰 판매, 슈퍼, PC방, 농산물 건조, 자동차제조 등)
19. 계약전력 : 전기사용계약상 사용할 수 있는 최대전력을 의미하며, 사용설비 또는 변압기설비의 합계 중 고객이 신청한 것을 기준으로 결정합니다.
20. 설비용량 : 변압기설비와 사용설비 중 계약전력 결정기준으로 선택한 설비의 용량을 기재합니다.
21. 선택요금 : 월 사용시간에 따라 선택할 수 있는 요금종류입니다. (기본공급약관 주요내용 10번 참조)
22. APT 계약방법 : 아파트고객의 경우 선택하는 계약방법입니다. (자세한 내용은 직원과 상담하시기 바랍니다.)
23. 세금계산서 발행 : 전기요금 및 시설부담금에 대한 세금계산서를 발행받고자 하는 경우에 작성하며, 이 경우 사업자등록증 사본을 제출하셔야 합니다.
24. 청구방법 : 전기요금청구서 수령방법을 선택합니다. 탄소배출 저감을 위해 모바일·이메일 청구서를 우선 선택하고 불가피하게 종이청구서로 수령하고자 할 경우 수령할 주소지를 기재합니다.
25. 자동이체 : 금융기관을 통해 전기요금을 자동으로 계좌이체하고자 할 경우 작성합니다.
26. 전기공사업체명 : 전기공사가 수반되는 전기사용신청의 경우 적법한 면허가 있는 전기공사업체명을 기재하고, 공사업체의 인감을 날인합니다.
27. 전주관리 : 한전이 작성합니다.

□ 기타사항

28. 전기사용자 날인 : 실제 전기를 사용하고자 하는 고객이 신청사항을 확인하고 서명(날인)합니다.
29. 소유자 날인 : 실제 사용자와 소유자가 다른 경우 소유자가 사용자의 전기사용에 관한 동의 의사표현을 위해 서명(날인)합니다.
30. 개인정보 수집·이용 및 제3자 제공 동의 : 전기사용신청서에 기재된 개인정보의 수집 목적, 수집항목, 이용·보유기간 및 제3자 제공 조건을 전기사용자 및 소유자가 확인하고 동의하기 위해 각각 서명(날인)합니다.
31. 행정정보 공동이용에 대한 사전동의 : 전기사용자와 소유자의 전기사용신청 구비서류 제출에 따른 불편을 해소하기 위해 전자정부를 통해 한전이 관련 서류를 직접 열람하는 것을 희망할 경우 각각 서명(날인)합니다.
32. 개인신용정보의 조회 및 이용 동의 : 소유자가 아닌 사용자 명의로 전기사용 신청하여 전기사용자의 신용정보에 따라 보증금 면제를 희망하는 경우 개인신용정보의 조회 및 이용에 동의함을 서명(날인)합니다.
33. 전기사용신청 위임장 : 전기공사업체를 통해 신청할 경우 전기사용신청 업무를 위임했음을 확인하기 위해 서명(날인)합니다.

※전기사용신청서 작성시 전기공사업체의 면허번호를 확인하기 위해 필요(공사업체에 요청)

<서식 3-2> 전기공사업 등록증

제 광주-[illegible] 호 면허번호

전기공사업 등록증

상 호 주식회사 지구솔라에너지

대 표 자 황범연

법인등록번호(생년월일) [illegible]

영 업 소 소 재 지 광주광역시 광산구 하남산단9번로 199, 202호(도천동)

등록연월일 2018 년 11 월 13 일

「전기공사업법」 제4조제1항에 따라
위와 같이 등록하였음을 증명합니다.

2018 년 11 월 13 일

광 주 광 역 시 장

3.2 전력거래계약 신청

3.2.1 전력거래계약 신청서

○ 태양광발전을 통해 얻은 전력을 한국전력 또는 전력거래소와 거래계약을 하기 위해 작성하는 서류로 발전사업자에 대한 정보, 발전사업허가서에 관한 사항 등을 작성

<서식 3-3> 전력거래계약 신청서

제3자간 전력거래계약 신청서

접수번호 :

접수일자 : 2024년 XX월 XX일

1. 발전사업자 기재사항

<table>
<tr><td rowspan="7">발
전
사
업
자</td><td>성 명(상호)</td><td colspan="2">000(00태양광발전소)</td><td>상업운전
희 망 일</td><td>2024. 10. xx.</td></tr>
<tr><td>신청인거주지</td><td colspan="2">서울시 종로구 홍지문 2길 20</td><td>전화번호</td><td>010-0000-0000</td></tr>
<tr><td>거래대금 통보</td><td>휴대폰</td><td>010-0000-0000</td><td>이메일 주소</td><td>sangmyung123@sangmyung.kr</td></tr>
<tr><td>대표자 성명</td><td colspan="2">000</td><td>주민등록번호</td><td> - </td></tr>
<tr><td>사업자등록사항</td><td colspan="4">등록번호 :
업 태 : 건설업
상 호 : 00태양광발전소
종 목 : 태양광 발전소</td></tr>
<tr><td>정부지원내역</td><td colspan="4">정부무상지원금액 : 총 설비투자액 : 245,680,000원</td></tr>
<tr><td>계약체결(예정)일</td><td colspan="2"></td><td>상업운전개시(예정)일</td><td>2024. 10. xx.</td></tr>
</table>

2. 발전사업허가서에 관한 사항(발전자 사업허가 단계에서 발급된 발전사업허가서를 바탕으로 작성)

<table>
<tr><td>발전사업허가번호</td><td></td><td rowspan="10">※ 발전설비 현장약도</td></tr>
<tr><td>허 가 일 자</td><td>20xx년 xx월 xx일</td></tr>
<tr><td>설 치 장 소</td><td>제주특별자치도 서귀포시 색달동 624-1</td></tr>
<tr><td>발 전 원</td><td>태양광</td></tr>
<tr><td>발 전 방 식</td><td>고정식</td></tr>
<tr><td>허가용량(kW)</td><td>100.8kW</td></tr>
<tr><td>시설용량(kW)</td><td>100.8kW</td></tr>
<tr><td>공 급 전 압</td><td>380V</td></tr>
<tr><td>공 급 방 식</td><td>3상 4선(220/380V)</td></tr>
<tr><td>주 파 수</td><td>60Hz</td></tr>
</table>

3. 제3자간 전력거래계약에 관한 사항(별도첨부 가능, 택 1)

계 약 방 식	□ 실제 시간대별 발전량	□ 발전량 균등화 (□ 월간, □ 연간)

4. 기타 사항

<table>
<tr><td rowspan="2">공급 설비
공사업체명</td><td rowspan="2">00에너지서비스(인)</td><td rowspan="2">공사업체
면허번호</td><td rowspan="2">공사업체
등록증을 통해
확인가능</td><td rowspan="2">공사업체
전화번호</td><td rowspan="2">070-8255-xxxx</td><td>개발행위허가대상</td></tr>
<tr><td>□ 대상 □ 비대상</td></tr>
</table>

* 공사업체명에는 유자격 업체명을 기재하고 공사업체(또는 대표자)의 인감을 날인하여야 합니다.
* 접수 시 제출한 개발행위허가 비대상 여부가 변경되었을 경우 이전 접수는 효력을 잃고, 전력구입계약 신청을 재접수해야합니다.

5. **가족관계 사항** (4촌 이내 친족 및 그 배우자가 한전에 근무하는 경우 작성)

한전근무직원* 유무	성명	관계	근무부서
있음( ), 없음( )			

* 한전근무직원이란, 4촌 이내 친족 및 그 배우자 중에 한국전력공사에 재직중인 임직원을 의미하며, 이에 해당하는 신청자는 해당 내용에 대한 자율적인 정보제공 및 수집·이용에 동의

귀사와 상기와 같이 제3자간 전력거래계약 체결을 신청합니다.

제3자간 전력거래계약 체결 신청자 : 000 (인)

붙임서류 : **신·재생에너지 발전전력의 제3자간 전력거래계약에 관한 지침에 따라 체결한 [별지 제1호 서식] 합의서 1부**

사업자등록증 사본 1부

발전사업허가증 사본 1부

내선설계도면 1부

발전설비(인버터) 시험성적서 사본 1부

개발행위허가서 사본 1부(해당시)

위임장 1부

「소규모 신·재생에너지발전전력 등의 거래에 관한 지침」에 따라 계약한 전력구입계약 해지 신청서 1부 (해당시)

전력거래소 회원탈퇴 또는 발전기 말소신청 접수 확인서(해당시)

신재생에너지 공급인증서 잔여량 확인서(해당시)

별첨 1 1부(해당시)

【개인정보 수집 및 이용 동의서】

한국전력은 제3자간 전력거래계약과 관련된 서비스제공에 필요한 개인정보의 수집·이용을 위하여 개인정보보호법 제15조(개인정보의 수집·이용), 제22조(동의를 받는 방법)에 따라 귀하의 동의를 받고자 합니다.

1. 수집.이용 항목

구분	< 발 전 사 업 자 >	< 제3자간 전력거래계약 신청 위임자 >
필수 항목	성명, (*)주민등록번호, 전화번호, 주소, 휴대전화번호, 이메일주소	- 위임받는 사람 : 성명, (*)주민등록번호, 주소 - 대리인 : 성명, 주민번호 앞 6자리, 연락처
선택	가족 중 한전근무직원 유무, 성명, 관계, 근무부서	없음
(*) 주민등록번호는 전기사업법 시행규칙 제62조의3(고유식별정보의 처리)에 의해 수집		

2. 수집.이용 목적

- 제3자간 전력거래계약 신청, 계약 체결, 공사비의 청구 및 납부처리, 요금의 지급 등 계약의 이행과 관련한 정보 이용
- 제3자간 전력거래계약 체결 및 이행과정의 부적절한 관여여부 조사 또는 기타 내부감사 목적

3. 이용.보유기간

- 특정 법률에 정한 경우를 제외하고는 전력거래계약 해지후 최장 10년간 보관합니다. [관련근거 : 민법 제162조(채권, 재산권의 소멸시효)], 다만, 채권.채무 잔존시에는 채권.채무 정산시까지로 합니다.

4. 동의거부 권리 및 불이익 고지

- 귀하는 개인정보 수집 동의를 거부하실 수 있습니다. 다만 미동의시 제3자간 전력거래계약 신청 등이 제한됩니다.

구분	동의자 (성명)	개인정보 수집 및 이용 (해당란에 ✓ 표시)
발전사업자		위의 내용에 동의합니다. □동의함 □동의하지 않음
위임받는 사람		위의 내용에 동의합니다. □동의함 □동의하지 않음
대리인		위의 내용에 동의합니다. □동의함 □동의하지 않음

상기 본인은 위와 같이 개인정보 수집 및 이용에 동의합니다.

년 월 일

(발전사업자)성 명 : (인/서명)

(위임받는사람)성 명 : (인/서명)

(대리인)성 명 : (인/서명)

【제3자간 전력거래계약 신청 · 전기사용신청 위임장】

제3자간 전력거래계약 신청·전기사용신청서의 작성내용이 틀림없음과 신청서상의 서명・날인은 본인이 직접하였음을 확인하고 위 업무 일체를 위임합니다.

위임하는 사람	성명(법인명) (인)	주민등록번호 (법인번호)
	주 소	
위임받는 사람	성명(법인명) (인)	주민등록번호 (법인번호)
	주 소	

1. 다른 사람의 인장・서명 도용 등에 의해 허위로 위임장을 작성 신청한 경우에는 형법 제231조와 제232조의 규정에 의하여 사문서 위・변조죄로 5년 이하의 징역에 처하게 됩니다.
2. 제3자간 전력거래계약 신청을 위임받은 자는 「개인정보보호법」제59조에 따라 제3자간 전력거래계약 **신청 목적 외 용도로 위임인의 개인정보를 수집할 수 없으며** 동 법 제21조 및 시행령 제16조에 전기사용신청 후 **위임인의 개인정보를 지체없이 파기**하여야 합니다. 이를 어길 경우 관계 법령에 의해 처벌받게 됩니다.

※ 대리로 오신분은 신분증 원본을 제시하시기 바랍니다.

대리인 성명 : , 주민번호(앞 6자리) : , 연락처 :

【제3자간 전력거래계약 주요내용 및 유의사항】

제1조【제3자간 전력거래계약 주요내용】

1. 한전과 신청자는 정부가 고시한 "신·재생에너지 발전전력의 제3자간 전력거래계약에 관한 지침"(이하 "지침"이라 합니다)을 근거로 하여 제3자간 전력거래계약을 체결합니다.
2. 신청자는 제1호의 지침 [별지 제1호서식]에 따라 이 신청서 제3조의 [발전량 계약방식]의 방법 중 하나를 택해 발전량을 계약합니다.
3. 2개 이상의 발전사업허가를 합산하여 신청하는 경우, 대표사업자 외 발전사업자는 계통연계 등을 위한 관련 서류 등을 제출하여야 하며, 이 경우 대표사업자는 다른 발전사업자들이 제출하는 서류 등을 확인하여야 합니다.
4. 발전량에 대한 요금정산은 제1호 지침 제13조 및 제14조에 따라 계량된 값에 제5조에 따라 신청자가 제출한 합의서에 기재된 가격을 적용합니다.
5. 요금은 제1호의 지침 제16조 및 제17조에 따라 지급합니다. 2개 이상의 발전사업허가를 합산하여 제3자간 전력거래계약을 신청하는 경우 지침 제15조에 따른 거래 수수료는 각 전력량계별로 산정 및 합산하여 요금에서 차감합니다.
6. 계약의 효력은 제1호의 지침에 따라 전기위원회 심의 후 산업통상자원부장관의 인가일로부터 발생합니다.
7. 계약의 유효기간은 제1호의 지침 제7조 및 제8조에 따릅니다.

제2조【발전량 계약 및 정산방식】

1. 발전사업자의 실제 시간대별 발전량으로 요금계산을 원하는 경우, 신청자는 시간대별 계량이 가능한 전력량계를 설치하여야 하며, 발전량은 시간대별 전기계기에 시현된 계량값으로 합니다. 이 경우 발전량으로 요금을 정산합니다.
2. 발전사업자가 연간 예상발전량을 산정 후 8,760시간으로 나누어 시간당 평균 발전량을 산정해 계약하는 경우, 계량은 매월 1회 실시함을 원칙으로 하며, 발전량은 검침일에 전력량계에 시현된 계량값으로 합니다. 이 경우 월 발전량을 해당 월의 총 시간으로 나누어 발전량을 확정한 후, 요금을 정산합니다. 매년 12월 31일 이후에 연간 예상 발전량과 실제 발전량의 차이를 추가로 정산합니다.
3. 발전사업자가 월평균 발전량으로 계약하는 경우, 계량은 매월 1회 실시함을 원칙으로 하며, 발전량은 검침일에 전력량계에 시현된 계량값으로 합니다. 이 경우 월발전량을 해당 월의 총 시간으로 나누어 발전량을 확정한 후, 요금을 정산합니다.

제3조【접수가 불가한 경우】

1. "신에너지 및 재생에너지 개발.이용.보급 촉진법" 제2조 제1호의 규정에 의한 재생에너지를 이용한 발전설비가 아닌 경우
2. 공급신뢰도 및 전기품질(전압, 주파수, 역률 등) 측면에서 한전 전력계통 및 다른 사람에 대한 전력공급에 악영향을 미치는 경우
3. 한전 및 다른 사람의 전기설비에 악영향을 미치는 경우
4. 공중의 안전 및 다른 사람의 생명.신체에 위해를 미치는 경우
5. 제4조 (접수가 취소되는 경우) 2~5호에 따라 제3자간 전력거래계약 신청이 취소된 신청자가, 취소일자로부터 1개월 이내에 동일한 발전사업 허가로 제3자간 전력거래계약을 재신청하는 경우.
6. 기타 법령 및 규정, 기술적 사유에 의해 제3자간 전력거래계약을 접수하지 못하는 경우

제4조【접수가 취소되는 경우】

1. 신청자가 희망하는 경우
2. 발전사업자가 개발행위허가 대상임에도 비대상으로 허위 접수한 경우
3. 준공일로부터 6개월이 경과했음에도 신청자의 사유로 계약이 체결되지 않을 경우
4. 발전사업허가 용량과 실제시설용량의 차이가 10%를 초과하였으나, 신청자가 사업허가용량이나 실제시설용량을 변경하지 않는 경우
5. 발전사업허가의 사업준비기간이 만료되었을 경우

제5조【전력량계 설치 관련】

1. 전기사용자의 전기요금 계산을 위해 발전사업자와 전기사용자의 전력량계의 계량방식은 동일해야 합니다.
2. 전력량계 및 부대설비는 발전사업자의 부담으로 부설·소유·유지관리 하는 것이 원칙입니다. 단, 한전의 원격검침 시스템과 연계하고자 할 경우 한전이 한전의 전력량계 및 계량정보 전송을 위한 통신장치를 설치하며 한전이 관리합니다.
3. 한전의 단방향계량장치 및 통신장치를 설치하는 경우 발전사업자는 해당 설치비용, 매월 발생하는 통신회선비 및 유지보수비를 부담합니다.
4. 한전의 양방향계량장치 및 통신장치를 설치하는 경우 발전사업자와 한전은 해당 설치비용, 매월 발생하는 통신회선비 및 유지보수비를 똑같이 나누어 부담합니다.
5. 「소규모 신·재생에너지발전전력 등의 거래에 관한 지침」에 따라 계약한 전력구입계약 또는 시장거래로 발전소를 운영중이던 발전사업자가 제3자간 전력거래계약으로 변경하고자 할 경우 발생하는 전력량계 철거 등 교체에 소요되는 비용은 발전사업자가 부담합니다.
6. 2개 이상 발전사업허가를 합산하여 계약을 체결하는 경우 전력량계는 개별 발전사업허가를 기준으로 설치하여 각 발전량이 별도로 계량될 수 있게 해야 합니다. 이 경우, 발전사업자가 부담하는 통신회선비는 전력량계별로 산정합니다.

제6조【계약체결시 제출서류】

1. 제3자간 전력거래 표준계약서 2부, 계좌이체거래약정서, 송배전용 전기설비 이용계약서 사본, 발전기 병렬운전조작합의서 사본, 안전관리자 선임필증(해당시), 전력량계 시험성적서(해당시), RPS설비확인서

   ※ 2개 이상의 발전사업허가 합산 계약시 개별발전사업자 제출 서류 : 송배전용 전기설비 이용계약서 사본, 발전기 병렬운전조작합의서 사본, 안전관리자 선임필증(해당시), 전력량계 시험성적서(해당시), RPS설비확인서
2. 필요 서류를 제출하지 않을 시, 한전은 제3자간 전력거래계약 체결을 거부할 수 있습니다.

제7조【1MW이하 신재생 무제한 계통접속(해당시)】

1. 회선 신설, 인근선로 연계, M.Tr 인출변경 및 증설 등 공사여건상 불가피한 경우에는 접속순서가 바뀔 수 있음을 숙지합니다.
2. 제1호에 의거 접속순서가 바뀌는 경우 이의를 제기하지 않습니다.

상기내용을 읽고 숙지하였음을 확인합니다. 제3자간 전력거래계약 신청자 (인)

【별첨 1. 2인 이상의 발전사업자가 합산하여 계약을 신청하는 경우】

개별 발전사업자에 관한 사항

1. 발전사업허가서에 관한 사항 (사업자별 작성)

발전소명		※ 발전설비 현장약도
대표자 성명		
주민등록번호		
휴대폰		
발전사업허가번호		
허 가 일 자		
설 치 장 소		
발 전 원		
발 전 방 식	고정식 또는 추적식 표기 (태양광인 경우)	
허가용량(kW)	발전사업허가증의 용량	
시설용량(kW)	모듈의 정격표시출력의 합 (태양광인 경우)	
공 급 전 압		
공 급 방 식		
주 파 수		

* 대표사업자 외 합산하는 모든 사업자의 정보를 사업자별로 기재하여야 합니다.

붙임서류 : 발전사업허가증 사본1부
개발행위허가서 사본1부 (해당시)
내선설계도면 1부
발전설비(인버터) 시험성적서 사본 1부
「소규모 신·재생에너지발전전력 등의 거래에 관한 지침」에 따라 계약한 전력구입계약 해지 신청서 1부(해당시)
전력거래소 회원탈퇴 또는 발전기 말소신청 접수 확인서 1부(해당시)
신재생에너지 공급인증서 잔여량 확인서 1부(해당시)

【개인정보 수집 및 이용 동의서】

한국전력은 제3자간 전력거래계약과 관련된 서비스제공에 필요한 개인정보의 수집·이용을 위하여 개인정보보호법 제15조(개인정보의 수집·이용), 제22조(동의를 받는 방법)에 따라 귀하의 동의를 받고자 합니다.

1. 수집.이용 항목

구분	< 발 전 사 업 자 >
필수 항목	성명, (*)주민등록번호, 주소, 휴대전화번호,
(*) 주민등록번호는 전기사업법 시행규칙 제62조의3(고유식별정보의 처리)에 의해 수집	

2. 수집.이용 목적

- 제3자간 전력거래계약 신청, 계약 체결, 공사비의 청구 및 납부처리, 요금의 지급 등 계약의 이행과 관련한 정보 이용
- 제3자간 전력거래계약 체결 및 이행과정의 부적절한 관여여부 조사 또는 기타 내부감사 목적

3. 이용.보유기간

- 특정 법률에 정한 경우를 제외하고는 전력거래계약 해지후 최장 10년간 보관합니다. [관련근거 : 민법 제162조(채권, 재산권의 소멸시효)], 다만, 채권.채무 잔존시에는 채권.채무 정산시까지로 합니다.

4. 동의거부 권리 및 불이익 고지

- 귀하는 개인정보 수집 동의를 거부하실 수 있습니다. 다만 미동의시 제3자간 전력거래계약 신청 등이 제한됩니다.

구 분	동의자 (성명)	개인정보 수집 및 이용 (해당란에 ✓ 표시)
발전사업자		위의 내용에 동의합니다. □동의함 □동의하지 않음
위임받는 사람		위의 내용에 동의합니다. □동의함 □동의하지 않음
대리인		위의 내용에 동의합니다. □동의함 □동의하지 않음

상기 본인은 위와 같이 개인정보 수집 및 이용에 동의합니다.

년 월 일

(발전사업자)성 명 : (인/서명)

(위임받는사람)성 명 : (인/서명)

(대리인)성 명 : (인/서명)

정보제공 동의서

한전은, 4촌 이내의 친족 및 그 배우자중에 한전에 재직중인 임직원이 있는 자가 제3자간 전력거래계약 체결을 위한 신청시에는 해당 임직원의 정보를 자율적으로 신고하게 하여 아래의 목적으로 정보를 수집·이용함을 알려드리오니 정보제공에 동의하여 주시기 바랍니다.

1. 수집·이용 항목

성명, 한전근무 여부 및 소속부서, 연락처, 사업신청자와의 관계

2. 수집·이용 목적

① 사업신청자의 제3자간 전력거래계약 체결 및 사업진행 과정에 본 정보제공자의 부적절한 관여 여부 조사 또는 내부관리 목적

② 기타 제3자간 전력거래계약 및 관련 절차 등의 적정성 검토 목적

3. 이용 · 보유 기간

특정 법률에 정한 경우를 제외하고는 사업신청자의 제3자간 전력거래계약 해지 후 최장 10년간 보관 [관련근거 : 민법 제162조(채권, 재산권의 소멸시효)], 다만, 채권·채무 잔존시에는 채권·채무 청산시까지 보관가능

4. 동의거부 권리 및 불이익

상기 개인정보 수집·이용 동의를 거부할 수 있으며, 동의거부로 인한 정보제공자 및 사업신청자에게 어떠한 불이익도 없음을 알려드립니다.

본인은 상기 내용에 대하여 정확하게 인지하였으며 관련 정보의 제공에 동의함을 확인합니다.

20 년 월 일

동의자 성명 : ○ ○ ○ (인)

(연락처 :)

3.2.2 제3자간 전력거래계약 체결 합의서

○ 신·재생 에너지 발전전력의 제3자간 전력거래계약에 관한 지침으로 태양광 발전을 통해 얻은 전력을 한국전력 또는 전력거래소와 거래계약에 있어 체결 합의를 필증하는 서류

<서식 3-4> 제3자간 전력거래계약 체결 합의서

[별지 제1호 서식]

제3자간 전력거래계약 체결 합의서(1:1계약)

구분	항목	내용	항목	내용
발전사업자	상 호	00태양광발전소	대 표 자 명	000
	법인등록번호	XX-XX-XXXXX	전 화 번 호	02-XXX-XXXX
	본사 주소	서울특별시 종로구 홍지문 2길 20		
	발 전 소 명	00태양광발전소	발전사업허가일	발전자 사업허가증 참고
	발전소 주소	제주특별자치도 서귀포시 색달동 624-1		
	설비용량(kW)	106.8kW	준공(예정)일	
	발전원 (택1)	■ 태양광 □ 풍력 □ 수력 □ 해양 □ 지열 □ 바이오		

구분	항목	내용	항목	내용
전기사용자	상 호	계약할 전기사용자 상호	대 표 자 명	계약할 전기사용자
	법인등록번호	계약할 전기사용자의 법인등록번호	전 화 번 호	계약할 전기사용자의 번호
	본사 주소	계약할 전기사용자의 주소		
	체결 사업장 주소	계약할 전기사용자의 실제 사용 주소		
	계약전력(kW)	계약한 전력양 기재	한전 고객번호	계약할 전기사용자의 한전 고객번호
	계약종별 (택1)	□ 일반용전력(을) □ 산업용전력(을)		

구분	항목	내용	내용
거래내용	발전량 구매 및 정산방식 (택1)	전체 발전량 구매 □ 시간대 □ 월간 □ 연간	□ 시간대별 사용량 구매 및 정산 (초과발전량 시장거래)
	계약단가(원/kWh)	137.27원/kWh(2024년 제주도 SMP가격의 평균으로 임의 작성)	
	계약체결(예정)일		
	계 약 기 간		

본 계약을 증명하기 위하여 합의서 원본 3부에 쌍방의 대표자가 기명날인한 후 각 1부씩 보관하며, 1부는 계약체결일 1개월 전까지 전기판매사업자에게 제출한다.

2024년 xx월 xx일

발전사업자 : 000 (인) **전기사용자 : (인)**

(주 소)서울특별시 종로구 홍지문 2길 20 (주 소)

첨부1. 발전량 산정방식 및 합의단가 기재 서류 (필요 시)

3.3 발전자사업허가증 사본

○ 전기사업허가증은 전기를 생산하여 전력시장을 통해 전기판매사업자에게 공급하는 발전사업을 하고자 하는 자가 산업통상자원부장관의 허가를 받아 발급받는 증서로 발전자사업허가단계 승인 이후 관할 지자체에 접수 후 발급받을 수 있음

<서식 3-5> 발전사업 허가증

충북 충주

발전사업 허가증

1. 성명(대표자) : ㈜솔
2. 상　　호 : 주식회사
3. 소 재 지 : 충북 충주시
4. 사업의 내용 : 태양광발전
   사 업 장 소 : 충북 충주시
5. 사업규모
   원동력의 종류 : 태양광　　　설비용량 : 99.44㎾
   공급전압 : 380V　　　주 파 수 : 60㎐
6. 특정공급구역 : 해당없음
7. 사업준비기간 : 2021년 6월 23일 ~ 2024년 6월 22일
8. 허가조건 : 별도 붙임
9. 기타 : 계획관리지역, 가축사육제한구역

「전기사업법」 제7조 및 같은 법 시행규칙 제6조에 따라 위와 같이 발전사업을 허가합니다.

2021년　6월　23일

충 주 시

3.4 사업자등록증 사본

○ 사업자등록증은 납세 의무가 있는 사업자가 수익 발생에 대한 부가세를 납부하기 위해 정부에 신고하는 증명 문서로 사업자 등록을 신청한 사업장 관할 세무서장이 등록을 하고, 등록된 사업자에게 등록번호가 부여된 등록증을 발급- 정부 24를 통해서 발급가능

<서식 3-6> 사업자등록증

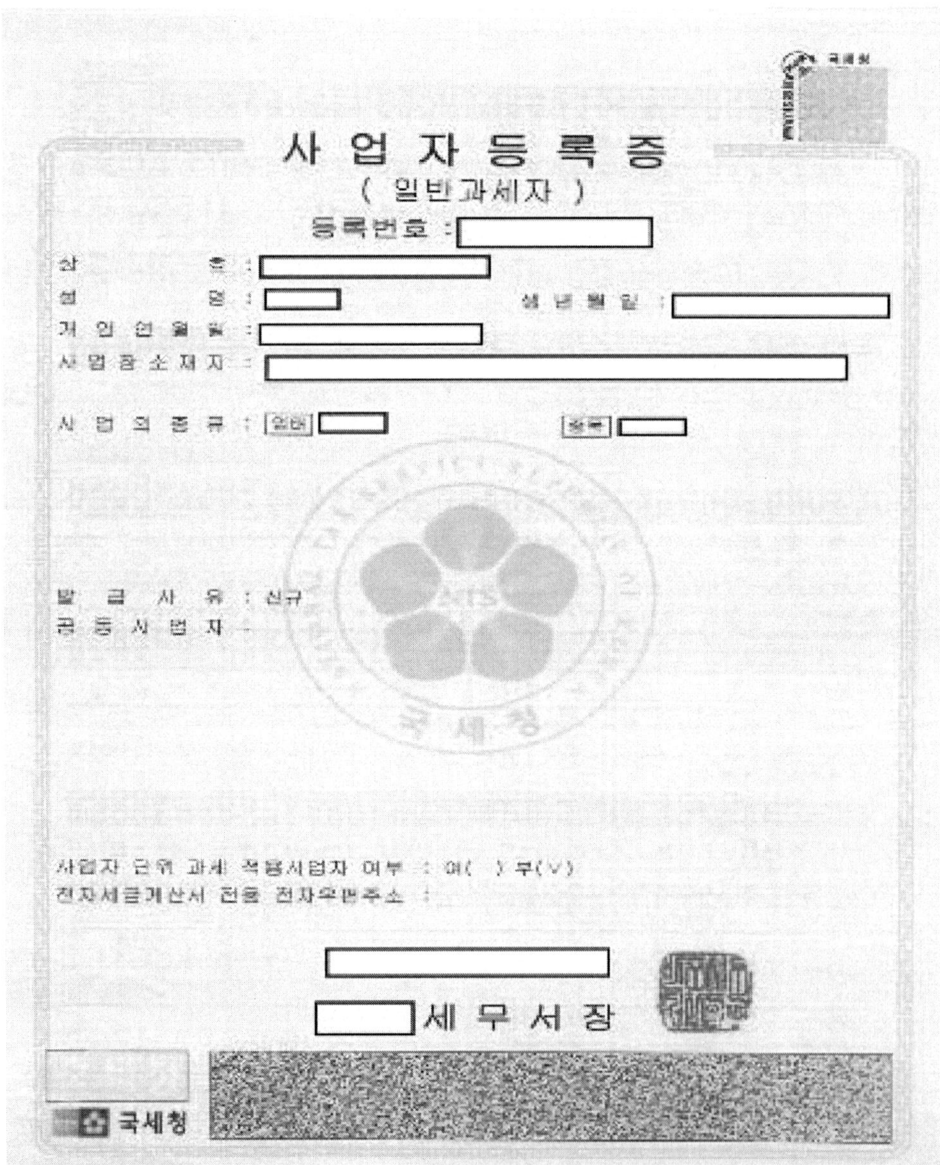

사 업 자 등 록 증
(일반과세자)
등록번호 :

상 호 :
성 명 : 생 년 월 일 :
개 업 연 월 일 :
사 업 장 소 재 지 :
사 업 의 종 류 : 업태 종목

발 급 사 유 : 신규
공 동 사 업 자 :

사업자 단위 과세 적용사업자 여부 : 여( ) 부(V)
전자세금계산서 전용 전자우편주소 :

세 무 서 장

국세청

3.5 (개인)소유주신분증,(법인)법인인감증명서

○ (개인) 소유주신분증

- 전력수급계약신청 단계에서 개인이 신청할 경우 본인 확인을 위해 소유주신본증 사본을 제출
- 관할 지자체에 접수시 발급 가능

<서식 3-7> 소유주신분증 예시

○ (법인) 법인인감증명서

■ 전력수급계약신청 단계에서 법인이 신청할 경우 신청자 확인을 위해 법인인감증명서 사본을 제출

■ 관할 지자체에 접수 및 정부 24를 통해 온라인 발급 가능

<서식 3-8> 법인인감증명서 예시

문서확인번호 : 1727-3100-2689-6664

문서확인번호	문서 상단에 표기
신청인 : 홍길동 (생년월일 : 1981.01.23.), 담당자 : (전화:)	

인감증명서(전자민원창구용)

주민등록번호	8	1	0	1	2	3	-
	1	2	3	4	5	6	7

성명 (한자)	홍길동 (洪吉童)	인감	홍길동인
국적			
주소	행복특별시 행복구 행복로 123, 123동 1234호(행복동, 행복아파트)		

일반용	발급용도	인·허가 및 면허 신청	제출처	행복구청
	위의 기재사항을 확인합니다. (발급신청자) (서명)			
비고				

1. 인감증명서(전자민원창구용)는 인감을 신고한 자 본인(대리인은 신청할 수 없습니다)이 전자민원창구(www.gov.kr)를 통해 부동산 매도용 또는 자동차(「자동차관리법」제5조에 따라 등록된 자동차를 말합니다) **매도용이 아닌 용도의 인감증명서만 신청할 수 있고, 다음의 경우에는 발급을 신청할 수 없습니다.**
   가. 송무, 등기(「후견등기에 관한 규칙」 제47조에 따라 인감증명을 제출하려는 경우는 제외합니다), 공탁 또는 집행 등을 위해 법원에 제출하려는 경우
   나. 예금, 대출, 보험, 증권 또는 그 밖의 금융상품 거래 등을 위해 금융기관에 제출하려는 경우
2. 주민등록번호란에는, 미주민등록 재외국민의 경우에는 여권번호를, 국내거소신고자의 경우에는 국내거소신고번호를, 외국인의 경우에는 외국인등록번호를 기재하되, 주민등록번호가 있는 경우 그 아래에 ( )를 하고 주민등록번호를 기재할 수 있습니다.
3. 주소란에는 인감대장에 기재되어 있는 주소지(거소지, 체류지)를 기재하며, 신청인이 원하는 경우 주소이동사항을 포함해 발급합니다.
4. 전자민원창구(www.gov.kr)를 통해 인감증명서(전자민원창구용)를 발급하는 경우에는 발급용도 및 제출처를 반드시 기재해 신청해야 하고, 본인이 최종적으로 발급내용을 확인하고 출력된 용지에 직접 서명 후 제출처에 제출해야 하며, 발급용도와 제출처 등이 사실인지 여부에 대해서는 발급기관이 책임을 지지 않습니다.
5. 발급용도란에는 '행정기관 제출용', '경력 증명' 등 자유롭게 기재할 수 있습니다.
6. 전자민원창구 인터넷 홈페이지(www.gov.kr) 또는 정부24 애플리케이션을 통해 위 문서확인번호로 내용의 진위여부를 발급일부터 90일 이내에 확인할 수 있습니다. 또한 문서 하단의 바코드로도 진위확인(정부24 애플리케이션 또는 스캐너용 문서확인 프로그램 사용)을 하실 수 있습니다.
7. 직인의 날인은 「행정업무의 운영 및 혁신에 관한 규정」에 따른 전자이미지관인을 인쇄하는 것으로 갈음할 수 있습니다. 이 경우 직인의 색상은 적색 또는 흑색으로 할 수 있습니다.

발급번호	No.4725	위 인감은 신고되어 있는 인감임을 증명합니다.

2024 년 09 월 30 일

행복특별시장 [행복특별시장]

[42004700871205114061101-41129762522050450011O] 주소지 증명청 : 행복동(3/3)

◆ 본 증명서는 인터넷으로 발급되었으며, 정부24(gov.kr)의 인터넷발급문서진위확인 메뉴를 통해 위·변조 여부를 확인할 수 있습니다. (발급일로부터 90일까지)
또한 문서하단의 바코드로도 진위확인(정부24 앱 또는 스캐너용 문서확인프로그램)을 하실 수 있습니다.

3.6 내진설계도면

○ 내선설계도면(=단선결선도)(업체 연계 발급)

- ■ 직접 작성하는 것이 어려움으로 발전소 시공을 하기 위해 선정한 업체에게 요청
- ■ 발전소 내 수배전 설비와 부하 전기기기들을 표기한 단선결선도
- ■ 삼상 평형 정현파 시스템에서 삼상 또는 삼선을 단순히 하나의 선으로 표시하고, 전기 기기의 존재와 상호 접속 관계를 단선으로 간단히 나타낸 그림
- ■ 되도록 직선을 이용하고, 각 회로의 간격은 넓게, 기호와 문자는 깨끗하게 하여 이해하기에 편리하도록 나타냄

<서식 3-9> 내진설계도면 예시

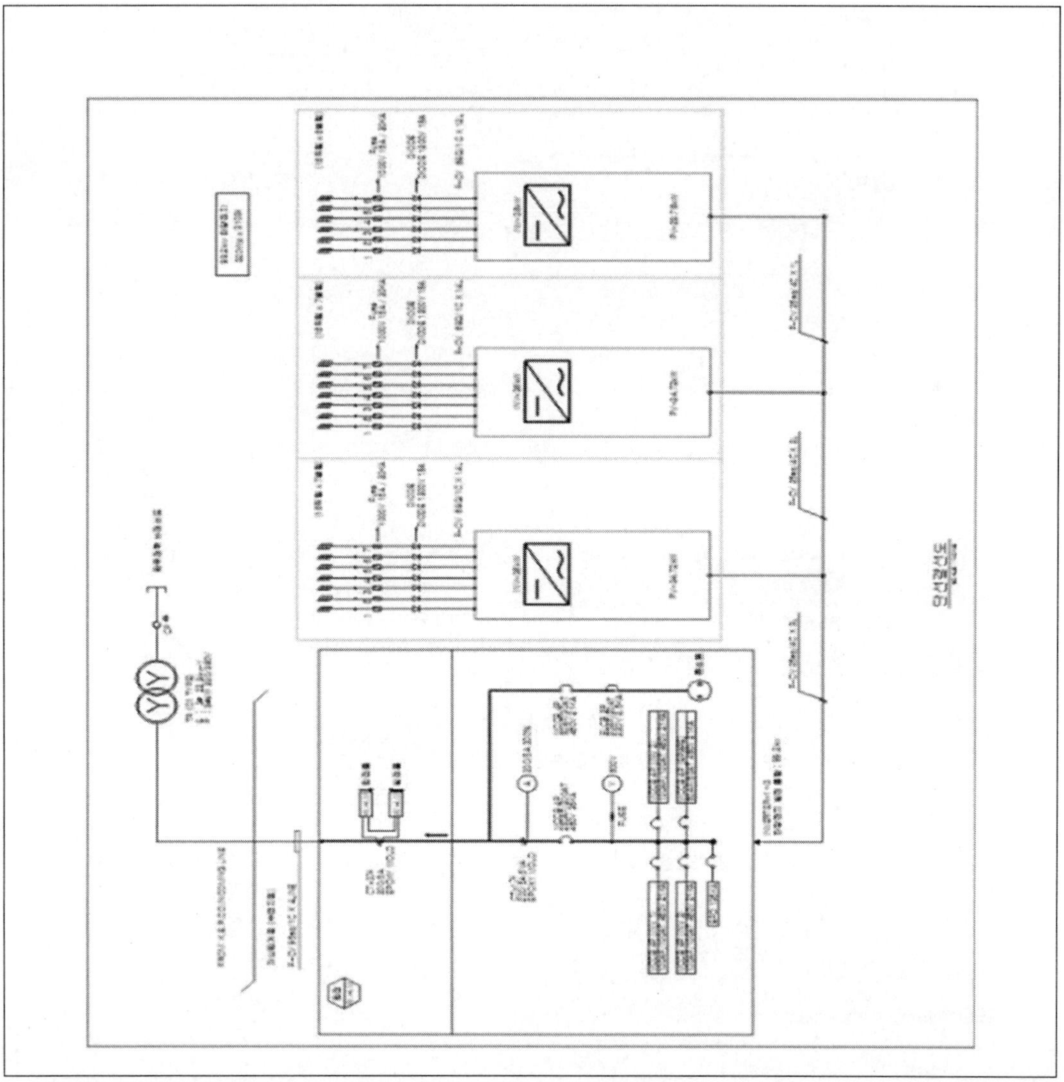

3.7 발전설비 시험성적서 사본

○ 발전설비 시험성적서 - 발급가능서류 (설비 기업에서 발급 가능)

○ 신재생에너지 인증대상설비의 제조공장심사 및 제품심사를 실시하여 정부가 규정한 인증심사기준과 제품의 성능·품질기준을 모두 충족하는 경우 인증서를 발급하고 KS 마크

○ 표시를 허용하는 국가인증제도로 이를 인증하는 시험성적서를 구비해야 함

<서식 3-10> 발전계기 시험성적서

the way to trust KCL

4250-9140-3387-2812

시험성적서

1. 성 적 서 번 호 : CT21-086823K
2. 의 뢰 자
   ○ 업 체 명 : (주)대코엘
   ○ 주 소 : 경상북도 경산시 하양읍 환소길 63 (환상리)
3. 시험기간 : 2021년 08월 06일 - 2021년 08월 18일
4. 시험성적서의 용도 : 조달청 제출용
5. 시 료 명 : 결정질 태양전지 모듈(DESM-30)
6. 시험방법
   (1) KS C 8561:2020, 6.2항

확인	작성자 성 명	이두희	(서명)	기술책임자 성 명	최정진	(서명)

비고 : 1. 이 성적서는 KS Q ISO/IEC 17025 및 KOLAS 인정과 관련이 없으며, 의뢰자가 제시한 시료 및 시료명에 한정된 결과로서 전체제품에 대한 품질을 보증하지는 않습니다.
2. 이 성적서는 홍보, 선전, 광고 및 소송용으로 사용될 수 없으며, 용도 이외의 사용을 금합니다.
3. 이 성적서의 일부만을 발췌하여 사용한 결과는 보증할 수 없습니다.
4. 이 성적서의 진위여부는 홈페이지(www.kcl.re.kr)에서 확인 가능합니다.

위 성적서는 국제시험기관인정협력체 (International Laboratory Accreditation Cooperation) 상호인정협정 (Mutual Recognition Arrangement)에 서명한 한국인정기구(KOLAS)로부터 공인받은 분야에 대한 시험결과입니다.

2021년 08월 18일

한국인정기구 인정 한국건설생활환경시험연구원장

결과문의 : 31900 충청남도 서산시 대산읍 평신1로 585-10(대산읍) ☎ (041)419-3207

총 4페이지 중 1페이지

양식TQP-12-01-01(1)

the way to trust KCL

시험성적서

성적서번호 : CT21-086823K

7. 시험결과

1) 결정질 태양전지 모듈(DESM-30)

시험항목	단위	시험방법	시험결과	비 고	시험장소
최대 출력 (Pmax)	W	(1)	30.118	Standard Test Condition	A
개방 전압 (Voc)	V	(1)	24.158		
단락 전류 (Isc)	A	(1)	1.582		
최대출력 전압 (Vmp)	V	(1)	20.187		
최대출력 전류 (Imp)	A	(1)	1.492		
모듈 효율 (Efficiency)	%	(1)	17.63		
필 팩터 (Fill Factor)	%	(1)	78.83		

※ Standard Test Condition

- Irradiance : 1 000 W/㎡
- Cell Temperature : 25 ℃
- IEC 60904-3 reference solar spectral irradiance distribution

※ 시험장소

A : 충청남도 서산시 대산읍 평신1로 595-10(대산읍)

총 4페이지 중 2페이지

양식TQP-12-01-01(1)

the way to trust KCL

성 적 서 번 호 : CT21-086823K

시험성적서

8. 시험 측정값

1) 시험 시료

Sample No.	시료명	일련번호	공급사
#1	결정질 태양전지 모듈 (DESM-30)	THS202107150015	㈜데코엘

2) 시료 정보

시 료 명	결정질 태양전지 모듈
모 델 명	DESM-30
태양전지 종류	단결정
태양전지 수	36 EA
태양광모듈 크기	(510 x 335 x 25) mm

3) 시험 항목

시 험 항 목	적 용 규 격	시험 조건
최대 출력 결정	KS C 8561:2020, 6.2항	방사조도 1 000 W/m², 온도 25 ℃

4) 최대 출력 측정값

Sample No.	Pmax (W)	Voc (V)	Isc (A)	Vmp (V)	Imp (A)	Eff. (%)	FF (%)
#1	**30.118**	24.158	1.582	20.187	1.492	17.63	78.83

총 4페이지 중 3페이지

양식TQP-12-01-01(1)

the way to trust KCL

성 적 서 번 호 : CT21-086823K

시험성적서

9. 시료 사진

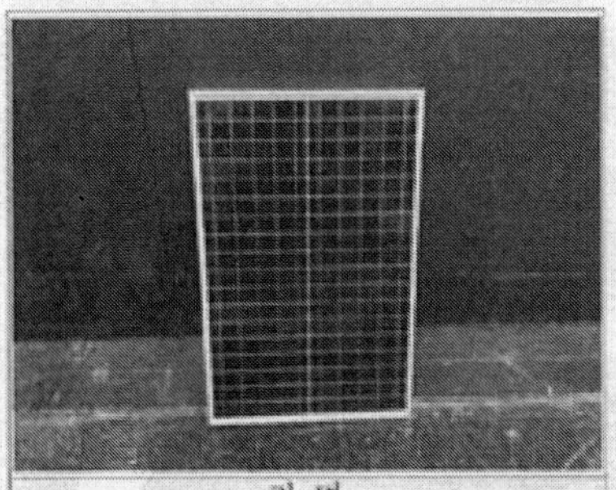

전 면

후 면

—— 끝 ——

양식TQP-12-01-01(1)

3.8 개발행위허가서

○ 개발행위허가증

- 발전사업허가 후, 발전소 건설에 대한 개발행위허가를 받았는지 확인하기 위해 제출하는 서류
- 개발행위허가단계 진행 완료시 발급 가능

<서식 3-11> 개발행위허가서 예시

(주)태신이앤씨

개 발 행 위 허 가 증

신청인	성명 (법인인경우는 그 명칭 및 대표자 성명)		생년월일 (법인등록번호)	
	주소	서울특별시 강남구 논현로149길 52, 3층(논현동, 사한빌딩)		
사업(행위)의명칭		태양광발전시설		

허 가 내 용	
위치	
면적	
허가기간	
허가번호	
허가조건	[별첨]

「국토의 계획 및 이용에 관한 법률」 제57조의 규정에 의하여 별첨과 같이 허가 조건을 부여하여 개발행위를 허가합니다.

화 천 군

4. 공사계획 신고

4.1 공사계획신고서

○ 개발전소 설치 공사 진행 전 공사계획에 대해 신고해야하며, 이를 신고하기 위해 작성해야하는 서류

<서식 4-1> 공사계획신고서

■ 전기사업법 시행규칙 [별지 제26호서식] <개정 2021. 4. 1.>

공사계획 [√] 신고서 / [ ] 변경신고서

※ [ ]에는 해당되는 곳에 √표를 합니다.

공사명 00태양광발전소		
신고인	대표자 성명 000	전화번호 010-0000-0000
	회사명 또는 상호 상명대학교	
	주소 서울특별시 홍지문 2길 20	

「전기사업법」 제61조 및 같은 법 시행규칙 제29조제2항에 따라 공사계획 [√]신고 [ ]변경신고를 합니다.

2024년 00월 00일

신고인 000 (서명 또는 인)

산업통상자원부장관
시・도 지 사 귀하

첨부서류	1. 공사계획서 1부 2. 전기설비의 종류에 따라 별표 8의 제2호에 따른 사항을 적은 서류 및 기술자료 1부 3. 공사공정표 1부 4. 기술시방서 1부 5. 원자력발전소의 경우에는 원자로 및 관계시설의 건설허가서 사본 1부 6. 전기안전공사 사전기술검토서 1부 7.「전력기술관리법」 제12조의2제4항에 따른 감리원 배치확인서(공사감리대상인 경우만 해당합니다). 다만, 전기안전관리자가 자체감리를 하는 경우에는 자체감리를 확인할 수 있는 서류 1부 8. 공사계획을 변경하는 경우에는 변경이유서 및 변경내용을 적은 서류 1부

처 리 절 차

신고서 작성 → 접 수 → 검 토 → 접수 처리 → 신고확인증 발급

신고인 / 처리기관: 산업통상자원부, 시・도

첨부 요령

1. 변경공사 중 전기설비 폐지공사의 경우에는 첨부서류 중 제2호 서류를 첨부하지 않을 수 있습니다.
2. 공사계획을 나누어 인가신청을 하려는 경우에는 해당 인가신청 부분 외의 공사계획의 개요를 적은 서류를 첨부해야 합니다.
3. 「신에너지 및 재생에너지 개발・이용・보급 촉진법」제2조에 따른 태양에너지를 이용하는 발전설비 중 용량 500킬로와트 미만인 설비로서 저압으로 전력계통에 연계되는 경우에는 첨부서류 중 제6호의 서류를 제출하지 않습니다.

210mm×297mm(백상지 80g/㎡)

4.2 공사계획서

○ 공사계획서(업체 연계 발급)

■ [건축법]

[건축법 시행령]

[건축법 시행규칙]

[건축공사 감리세부기준]

제1장 일반사항

1.4 건축주·공사감리자·설계자·시공자의 기본 책무 등

3. 시공자는 다음 각 호의 기본 임무를 수행하여야 한다.

2) 시공자는 착공계를 제출하기 전에 건축물의 품질관리·공사관리 및 안전관리 등의 내용을 포함한 공사계획서를 작성하여 건축주에게 제출하여한다.

• 상기 법령에 따라 시공자는 공사계획서를 제출해야 하고, [건축공사 감리세부기준]에서 시공자는 건축주에게 공사계획서를 작성하여 제출하라고 명시하고 있음으로 시공사에 요청해야 함

<서식 4-2> 공사계획서

1. 공사계획서(발전소 허가번호, 예시)

가. 사업구분

- 발전사업(태양광 발전사업)

나. 공사 계획개요

- 발전소의 명칭 : 00태양광 발전소
- 발전소의 위치 : 제주특별자치도 서귀포시 색달동 624-1
- 설 비 용 량 : 100.8 kWp
- 연계점 및 접속점(인근 전주번호) :
- 설 치 방 법 : 부지위 (사용면적 약 1,302.4㎡(300평~500평) / 전체면적 3,121㎡)
- 발 전 방 식 : 고정식(경사고정형)
- 전력수급방식 : 전압 22,900V / 교류 3상 4선식
- 선 로 규 격 : 22.9kV CN/CV-W 60SQ/1C X 3L - 1회선
  (22.9kV 한전표준 규격의 허용전류)
- 사 용 연 료 : 태양광(별도연료 없음)
- 건축물(관리동 및 건축면적) : 해당사항 없음
- 총 사 업 비 : 245,680 천원 (내자.: 천원, 외자 : 천원)
  (문의 결과, 1kW 당 약 120~180 만 원이므로 견적 최대 약 1.8억 원)
- 건 설 단 가 : 2,437 천원/kWp
- 연간전력생산량 : 154.285 MWh(완공시점)

다. 사업개시의 예정일 : 허가일로부터 24개월

라. 전기사업의 개시일로부터 5년간 연도별공급계획

구분	발 전 량(MWh)						송 전 량(MWh)					
	1차 년도	2차 년도	3차 년도	4차 년도	5차 년도	계	1차 년도	2차 년도	3차 년도	4차 년도	5차 년도	계
1호기	154.25	153.05	151.82	150.61	149.41	759.14						
계	154.25	153.05	151.82	150.61	149.41	759.14						

- 연도별 건설 예정량

연 도 별	건설 예정량	년간 발전량	비 고
1차년도	100.8 kWp	154.25 MWh	
2차년도			
계	100.8 kWp	154.25 MWh	

바. 발전설비의 개요

[태양광 패널]

- 규격명 : 태양광발전장치, 한빛이노텍, HBS(HE)-100K, 100.8kW, 계통연계형
  (나라장터 종합쇼핑몰 우선(의무) 구매제품-녹색기술제품확인, 장애인기업제품)
- 가격 : 162,000,000 원
- 모듈 수 : 224
- 개회로전압 :49.97 V
- 단락회로전류 : 11.4 A
- 최고사용전류 : 10.72 A
- 무게 : 24.5 kg

- 종류 : 계통연계형 / 고정형
- 최고사용전압 : 42.01 V
- 모듈크기 (W x H x D) : 1,052 x 2,115 x 40 (mm)
- 모듈 당 정격전력 : 450 W

[태양광 어레이(배열)]

- 이격거리 : 전후 10mm, 좌우 : 10mm
- 어레이(배열) 용량 : 7.2㎾, 전압 672.2V / 전류 10.7A
- 태양광 모듈 : 450W × 224매(16직렬 × 14병렬)
- 설 치 면 적 : 1302.4㎡(모듈 면적 498.4㎡)

[인버터]

- 용 량 : 100kW(00kW × 1대)
- 주 파 수 : 60Hz
- 입력전압 : 550V ~ 830V(MPPT전압범위)
- 정격전압 : 1,000V
- 출력전압 : 3상 AC 370V(-10%~+10%)
- 크기(W*D*H) : 2,600mm × 2,125mm × 860mm
- 무 게 : 2,200kg

○ 송전, 변전설비

[배전선로]

- 배전선로 명칭 : 탐라
- 배전선로 접속기준용량 : 13,000kW
- 한전계통연계 전선규격 : 22.9kV CN/CV-W 60SQ/1C X 3L - 1회선

[변전설비]

- 변전소의 명칭 : 신** 변전소
- 변전소 접속기준용량 : 150,000kW
- 주변압기 접속기준용량 : 50,000kW

사. 전기설비의 설치일정

내 용	태양광 발전소 건설기간 (개월)					
	4 월	5 월	6 월	7 월	8 월	9 월
1. 사업허가						
2. 발*변전 시스템 설계						
- 자재 및 설비 도면 설계						
- 송 * 변전 설계						
- 배전반 설계						
3. 발전설비 및 설치 공사						
- 지지대 제작						
- 태양광 어레이 제작						
- 인버터 설치						
4. 발전소건축 및 부대설비공사						
- 발전소 건축공사						
- 발전소 부대 설비공사						
5. 송전설로 공사						
- 수배전반 설치						
- 전기배선 공사						
6. 시운전 및 준공검사						
- 설비성능 평가						
- 시운전						
- 현장 최종정리						
7. 상업 발전 개시						

아. 공사비 계산서

항	목	절	공 사 비	비 고
자동전기 공급설비	태양광 발전설비	토지 · 지상권	11,000,000	
		건물 · 개선설비		
		구조 및 구조물	28,480,000	
		태양광 발전기기	162,000,000	
		부대전기설비	11,8000,000	
		토목, 부대공사		
		보안통신설비	3,000,000	
		비 품		
		무형고정자산	하루당 1,467,047	
		기타비용		
		계	245,680,000	

○ 년도 별 공사비 계획 종합표

<table>
<tr><th colspan="4">공사비 항목</th><th>1 차년도</th><th>2차년도</th><th>3차년도</th><th>계</th></tr>
<tr><td rowspan="21">직접공사비</td><td colspan="3">토 지</td><td></td><td></td><td></td><td></td></tr>
<tr><td colspan="3">설계 기술 용역비</td><td></td><td></td><td></td><td></td></tr>
<tr><td colspan="3">소계</td><td></td><td></td><td></td><td></td></tr>
<tr><td rowspan="9">기자재비</td><td rowspan="3">주기기</td><td>내자</td><td></td><td></td><td></td><td></td></tr>
<tr><td>외자</td><td></td><td></td><td></td><td></td></tr>
<tr><td>계</td><td></td><td></td><td></td><td></td></tr>
<tr><td rowspan="3">보조기기</td><td>내자</td><td></td><td></td><td></td><td></td></tr>
<tr><td>외자</td><td></td><td></td><td></td><td></td></tr>
<tr><td>계</td><td></td><td></td><td></td><td></td></tr>
<tr><td rowspan="3">소 계</td><td>내자</td><td></td><td></td><td></td><td></td></tr>
<tr><td>외자</td><td></td><td></td><td></td><td></td></tr>
<tr><td>계</td><td></td><td></td><td></td><td></td></tr>
<tr><td rowspan="6">시공비</td><td colspan="2">기계공사비</td><td></td><td></td><td></td><td></td></tr>
<tr><td colspan="2">전기/계측공사비</td><td></td><td></td><td></td><td></td></tr>
<tr><td colspan="2">토목공사비</td><td></td><td></td><td></td><td></td></tr>
<tr><td colspan="2">건축공사비</td><td></td><td></td><td></td><td></td></tr>
<tr><td colspan="2">부대공사비</td><td></td><td></td><td></td><td></td></tr>
<tr><td colspan="2">소 계</td><td></td><td></td><td></td><td></td></tr>
<tr><td colspan="2" rowspan="3">합 계</td><td>내자</td><td></td><td></td><td></td><td></td></tr>
<tr><td>외자</td><td></td><td></td><td></td><td></td></tr>
<tr><td>계</td><td></td><td></td><td></td><td></td></tr>
<tr><td rowspan="5">간접공사비</td><td colspan="3">일 반 비 용</td><td></td><td></td><td></td><td></td></tr>
<tr><td colspan="3">안전관리비</td><td></td><td></td><td></td><td></td></tr>
<tr><td colspan="3">산재보험료</td><td></td><td></td><td></td><td></td></tr>
<tr><td colspan="3">기 타 경 비</td><td></td><td></td><td></td><td></td></tr>
<tr><td colspan="3">합 계</td><td></td><td></td><td></td><td></td></tr>
<tr><td colspan="4">총 공사비</td><td></td><td></td><td></td><td></td></tr>
</table>

2. 송전관계 일람도 및 발전원가 명세서

1) 송전관계 일람도

o 별 첨

2) 발전원가 명세서

o 고정비 원가 : 연간 고정비 / 연간 순 발전량

= 원 / MWh = 원/kWh

o 변동비 원가 : 연간 변동비 / 연간 순 발전량

= 연료비용 없음

o 고정비 원가 세부내역

▷ 발 전 원 가 : 고정비 원가 + 변동비 원가 = + = 원/kWh

고정비 항목		금액(단위 : 원)	산 출 근 거	비 고
인 건 비			안전관리자(대행), 기술인력 관리인건비	
퇴 직 금			인건비 / 12개월	
연 료 비			태양광 발전은 연료비 없음	
감가 상각비			총 투자비 / 내용연수(15 ˜ 20년)	
수선 유지비			연간 감가상각비 5~10%	
전력구입비			한전전력을 필요시 사용	
전기설비 이 용 료	송전		한전 설비이용료로 금액 미확정이며 현재 납부대상 아님	
	배전			
이 자 비 용			타인자금의 년간 5% 이자율	
제 수 수 료			각종수수료 지출예정액	
연 구 개 발 비			전력관련 자료 수집 연구비용	
기 타 비 용			제세공과금, 보험료	
계			연간 고정비용	

3. 발전설비 운용을 위한 기술인력 확보계획- 20kw초과시

1). 기술인력 확보 기준(전기안전관리자 : 선임 · 대행 · 미대상)

○ 전기안전 관리자의 대행 및 선임 여부

- 법 제73조에 의하여 전기안전 관리자 대행

4. 시공 공사업체 인적사항(연락처)

회 사 명	법인/사업자등록번호	사업자 주소	비 고

4.3 공사공정표

○ 공사공정표는 공사계획서의 들어가는 내용으로 [건축공사 감리세부 기준]에서 시공자는 건축주에게 공사계획서를 작성하여 제출하라고 명시하고 있음으로 시공사에 요청

■ [건축법]

[건축법 시행령]

[건축법 시행규칙]

[건축공사 감리세부기준]

제1장 일반사항

1.4 건축주 · 공사감리자 · 설계자 · 시공자의 기본 책무 등

3. 시공자는 다음 각 호의 기본 임무를 수행하여야 한다.

2) 시공자는 착공계를 제출하기 전에 건축물의 품질관리 · 공사관리 및 안전관리 등의 내용을 포함한 공사계획서를 작성하여 건축주에게 제출하여한다.

○ 공사공정표(업체 연계 발급)

■ 각 공사마다에 착공부터 완성까지의 일정. 작업량 등 시공 계획을 표시한 관리도표 서식

■ 공정표는 계획적인 공사를 진행시키며, 공사의 진척 사항을 파악하고, 인력·장비·경비 등을 조정 관리하여 공사기간 내 공사를 완성시키기 위해 만드는 것

- 일반적인 기재사항

1. 공 사 명
2. 착 공 일
3. 준 공 일
4. 공사기간
5. 공사 공정표

<서식 4-3> 공사공정표

공사시기 공사명	2024년도											
	1월	2월	3월	4월	5월	6월	7월	8월	9월	10 월	11 월	12 월
접지공사	—											
배관공사	—	—	—			—						
.												
.												
.												
조명설비공사					—		—	—	—			
동력설비공사				—	—	—	—	—	—	—		
전열 기타 설비공사	—	—							—	—	—	
.												
.												
.												
시설의 검사 시험 및 조사											—	
준 공												—

4.4 기술시방서(공사시방서)

○ 공사시방서

■ 공사에 쓰이는 재료, 설비, 시공체계, 시공기준 및 시공기술에 대한 기술설명서와 이에 적용되는 행정 명세서로써, 설계 도면에 대한 설명 또는 설계 도면에 기재

■ [건설기술 진흥법]

[건설기술 진흥법 시행령]

[건설기술 진흥법 시행규칙]

제5장 건설공사의 관리

제 40조 (설계도서의 작성)

① 발주청 또는 설계 업무를 수행하는 건설엔지니어링사업자는 다음 각 호의 기준에 따라 설계도서(설계도면, 설계명세서, 공사시방서, 발주청이 특히 필요하다고 인정하여 요구한 부대도면과 그 밖의 관련 서류를 말한다. 이하 같다)를 작성해야 한다.
<개정 2015. 1. 29., 2016. 3. 7., 2019. 2. 25., 2020. 3. 18., 2021. 9. 17.>

■ [건설기술 진흥법 시행규칙]에 따르면, '발주청 또는 설계 업무를 수행하는 건설엔지니어링사업자는 다음 각 호의 기준에 따라 설계도서(설계도면, 설계명세서, 공사시방서, 발주청이 특히 필요하다고 인정하여 요구한 부대도면과 그 밖의 관련 서류를 말한다. 이하 같다)를 작성해야 한다.' 라고 명시되어 있음.

Figure 6-1. 기술시방서

4.5 감리원 배치확인

4.5.1 감리원 배치 신고서

○ 전력기술관리법 제12조2(감리원의 배치 등)에 따르면, 공사감리를 하려는 경우 산업통상자원부장관이 정하여 고시하는 감리원 배치 기준에 따라 소속 감리원을 공사 시작 전에 배치하여야 한다고 명시되어 있고, 이를 위한 신고서류

<서식 4-4> 감리원 배치 신고서

■ 전력기술관리법 시행규칙 [별지 제27호서식] <개정 2012.10.5>

감리원 배치현황 [√]신고서 [ ]변경신고서

([√]감리업자 [ ]자체감리)

※ 바탕색이 어두운 난은 신고인이 작성하지 않으며, [ ]에는 해당되는 곳에 √표를 합니다. (앞 쪽)

접수번호	접수일자	처리기간 3일

발주자	회사명 00태양광 발전소	대표자	
	소재지 서울특별시 종로구 홍지문 2길 20 상명대학교 (전화번호: 010-0000-0000)		
신고인 (감리업자등)	회사명	법인등록번호(사업자등록번호)	
	대표자	감리업 등록번호	
	소재지 (전화번호:)		
공사업자	회사명	대표자	공사업등록번호
	소재지 (전화번호:)		

공사감리 용역현황	공사구분	[√]신설공사 [ ]보수공사	참여분야
	용역명 00태양광 발전소 감리		
	현장주소 제주특별자치도 서귀포시 색달동 624-1 (전화번호:)		
	용역구분	[√]단독감리 [ ]통합감리 [ ]연차감리 [ ]공동·승계감리(감리 이행비율: %) (공동·승계감리업체의 등록번호 및 업체명:)	
	용역개요	○전기설비: 수전(kW, V), 그 밖의 심야전력 등(kW, V), 발전(상용)(100.8kW, 380V 또는 22,900V)), 발전(비상용)(kW, V) ○내용: 연면적(3,121㎡), 지상/지하 층수(/ 층), 공동주택(세대, 동), 선로 길이(km) ○그 밖의 개요:	
	기간 및 금액	공사기간: 24. 04. 01 ~ 24. 10. 01	공사금액: 245,680 천원
		공사감리기간: 24. 05. 15 ~ 24. 08. 29	공사감리금액: 28,843 천원

구분	직무	등급	성명	생년월일	감리원 배치기간(일수)
감리원 배치현황	비상주 감리원	고급이상	○○○		24. 05. 15 ~ 24. 08. 29 (40일)
	상주 감리원	중급	○○○		24. 05. 15 ~ 24. 08. 29 (40일)
					~ ( )

구분	구분	변경 전	변경 후
변경내용	변경내용		

※ 감리원이 변경된 경우 아래의 해당 사유에 √표기
[ ] 군 입대 [ ] 4주 이상의 입원 또는 치료 [ ] 부도·폐업으로 인한 퇴직
[ ] 이민 [ ] 사망 [ ] 발주자의 교체 요청
[ ] 양도·양수 또는 법인합병으로 인한 퇴직 [ ] 2개월 이상의 공사 착공 지연 또는 공사 중지

「전력기술관리법」 제12조의2제2항 및 같은 법 시행규칙 제21조의2제1항에 따라 위와 같이 감리원 [ ]배치현황신고 [ ]배치현황 변경 신고를 합니다.

년 월 일

신고인 (서명 또는 인)

전력기술인단체의 장 귀하

210mm×297mm(백상지 80g/㎡)

(뒤 쪽)

첨부서류	1. 배치현황 신고의 경우 가. 감리원 배치계획서(발주자의 확인을 받은 것을 말합니다) 1부 나. 전력시설물공사의 예정공정표 사본 1부 다. 예정공사비의 총괄내역서 사본 1부 라. 감리용역계약서 사본 1부 마. 감리원의 재직증명서(법 제12조의2제1항제2호 및 영 제20조제2항제6호의 자만 해당합니다) 각 1부 바. 전력시설물공사의 현장간 거리도면(영 제20조제3항에 따라 통합하여 공사감리를 하는 경우만 해당합니다) 1부 2. 배치현황 변경신고의 경우 가. 감리용역계약이 변경된 경우 1) 감리용역계약의 변경을 증명할 수 있는 서류 1부 2) 전력시설물공사의 예정공정표 사본(감리금액ㆍ감리기간이 변경된 경우만 해당합니다) 1부 3) 감리원 배치변경계획서(발주자의 확인을 받은 것을 말합니다) 1부 나. 감리원이 변경된 경우 1) 감리원 배치변경계획서(발주자의 확인을 받은 것을 말합니다) 1부 2) 감리원의 재직증명서(법 제12조의2제1항제2호 및 영 제20조제2항제6호의 자만 해당합니다) 각 1부

작 성 방 법

1. "발주자"란은 해당 공사감리용역의 원 발주자를 적습니다.
2. "신고인"란은 감리업자 또는 자체감리자를 적습니다.
3. "공사업자"란은 전기공사업자가 둘 이상일 경우에는 주 공사업자를 적습니다.
4. "공사감리용역 현황"란은 다음과 같이 구분하여 적습니다.

가. 공사 구분: 해당 공사를 선택하여 표기하고, 참여 분야는 아래 표에서 해당되는 시설의 코드를 선택하여 기재. 다만, 해당되는 시설이 없는 경우에는 주된 공정을 기준으로 가장 유사한 코드를 기재

발송변배전시설 [1]	10. 원자력 11. 화력 12. 수력ㆍ소수력 13. 열병합 14. 풍력 15. 태양광 16. 송 전 17. 변 전 18. 배 전 19. 그 밖의 발송변배전시설	건축물시설 [2]	20. 공공건물 21. 주거시설 22. 업무시설 23. 판매시설 24. 숙박시설 25. 의료시설 26. 종교시설 27. 체육시설 28. 교육ㆍ연구시설 29. 그 밖의 건축시설	공공시설 [3]	30. 도로시설 31. 교량시설 32. 터널시설 33. 댐시설 34. 항만시설 35. 공항시설 36. 전기철도시설 37. 철도신호시설 39. 그 밖의 공공시설	에너지ㆍ환경시설 [4]	40. 에너지공급시설 41. 쓰레기소각시설 42. 오ㆍ폐수 처리시설 43. 상수도ㆍ하수도ㆍ정수 시설 44. 공원시설 45. 위험물시설 49. 그 밖의 에너지ㆍ환경시설

나. 용역명: 공사감리용역계약서와 동일하게 기재

다. 용역구분은 다음과 같이 기재

1) 연차감리: 1개의 공사현장을 1개의 감리업체가 연차계약으로 감리 수행

2) 통합감리: 2개 이상의 공사현장을 1개의 감리업체가 통합하여 감리 수행

3) 공동ㆍ승계감리: 1개의 공사현장을 둘 이상의 감리업체가 공동 또는 승계계약을 하여 감리 수행(해당 감리업체의 이행비율과 공동ㆍ승계계약업체의 감리업등록번호 및 업체명을 적습니다)

라. 기간 및 금액 : 공사금액은 부가세가 포함되지 않은 금액을, 공사감리금액은 부가세가 포함된 금액을 기재

5. "감리원 배치 현황"란은 아래와 같이 구분하여 적습니다.

가. 직무: 배치 감리원을 상주(책임ㆍ보조), 비상주로 구분하여 기재

나. 등급: 배치 감리원을 초급, 중급, 고급, 특급으로 구분하여 기재

다. 감리원 배치기간: 배치 감리원의 감리 시작일부터 종료일까지의 전체기간 및 실제 배치일수를 기재(구체적인 배치날짜는 감리원 배치계획서에 별도 기재)

6. "변경내역"란은 변경내용에 발주자, 공사업자, 공사감리 현황, 감리원을 적고 그에 따른 변경 전후의 상세내용을 적습니다.

※ 감리원이 교체된 경우 해당 사유를 확인할 수 있는 증명서류를 첨부합니다(해당 사항 또는 증명서류가 없는 경우에는 교체 빈도로 적용됩니다).

처리절차

신 고 인	처 리 기 관: 전력기술인단체
신고서 작성 →	접 수
	↓
	첨부서류 확인
	↓
	자료 전산입력ㆍ관리

4.5.2 감리원 배치 확인서

○ 상기 감리원 배치 신고 후, 실제 감리원이 배치되었음을 확인하는 서류임

<서식 4-5> 감리원 배치 확인서

■ 전력기술관리법 시행규칙 [별지 제27호의2서식] <개정 2012.10.5>

감리원 배치확인서

[√]감리업자 [ ]자체감리

[ ]에는 해당되는 곳에 √표를 합니다.

발주자	회사명 00태양광 발전소	대표자	
	소재지 서울특별시 종로구 홍지문 2길 20 상명대학교 (전화번호: 010-0000-0000)		
신고인 (감리업자등)	회사명	법인등록번호(사업자등록번호)	
	대표자	감리업 등록번호	
	소재지 (전화번호:)		
공사업자	회사명	대표자	공사업등록번호
	소재지 (전화번호:)		

공사감리 용역현황	공사구분	[√]신설공사 [ ]보수공사	참여분야
	용역명 00태양광 발전소 감리		
	현장주소제주특별자치도 서귀포시 색달동 624-1 (전화번호:)		
	용역구분	[√]단독감리 [ ]통합감리 [ ]연차감리 [ ]공동·승계감리(감리 이행비율: %) (공동·승계감리업체의 등록번호 및 업체명:)	
	용역개요	○전기설비: 수전(kW, V), 그 밖의 심야전력 등(kW, V), 발전(상용)(100.8kW, 380V 또는 22,900V), 발전(비상용)(kW, V) ○내용: 연면적(3,121㎡), 지상/지하 층수(/ 층), 공동주택(세대, 동), 선로 길이(km) ○그 밖의 개요:	
	기간 및 금액	공사기간: 24. 04. 01 ~ 24. 10. 01	공사금액: 245,680 천원
		공사감리기간: 24. 05. 15 ~ 24. 08. 29	공사감리금액: 28,843 천원

감리원 배치 현황

1. 총괄

직무	등급	성명	생년월일	감리원 배치기간(일수)
비상주 감리원	고급이상	○○○		24. 05. 15 ~ 24. 08. 29 (40일)

2. 감리원 배치일정

성명	근무형태	감리원 배치일정

「전력기술관리법」 제12조의2제4항 및 같은 법 시행규칙 제21조의2제2항에 따라 위와 같이 감리원 배치변경현황을 신고(변경신고)하였음을 확인합니다.

년 월 일

210mm×297mm(백상지 80g/㎡)

전력기술인단체의 장 (인)

4.5.3 감리원 배치 계획서

○ 해당 공사의 감리원 배치에 대한 상세한 계획을 나타내는 서류

○ 보편적으로 용역명, 금액, 착수일, 완료일, 배치현황을 기입함

<서식 4-6> 감리원 배치 계획서

1. **용역명** : 00 태양광 발전소 감리
2. **금　액** : 28,843　　천원
3. **착수일** : 24. 05. 15
4. **완료일** : 24. 08. 29
5. **배치현황**

직무 (총괄/보조/기술지원)	등급 (특급/고급/중급/초급)	성명	생년월일	감리원배치기간(일수)
비상주 감리원	고급이상	○○○		24. 05. 15 ~ 24. 08. 29 (40일)
상주 감리원	중급	○○○		24. 05. 15 ~ 24. 08. 29 (40일)

6. **상세배치현황**

성명	5월				6월				7월				8월				합계
	1주	2주	3주	4주	1주	2주	3주	4주	1주	2주	3주	4주	1주	2주	3주	4주	
○○○	2	3	3	3	3	2	2	2	2	2	2	2	3	3	3	3	40
○○○	2	3	3	3	3	2	2	2	2	2	2	2	3	3	3	3	40

용역업자

상　호 : 00태양광 발전소

주　소 : 서울특별시 종로구 홍지문 2길 20 상명대학교

대표자 :　　　　　　　　　　　　　　(인)

전화번호 :

발주자

성　명 :

주　소 : 서울특별시 종로구 홍지문 2길 20 상명대학교

대표자 :　　　　　　　　　　　　　　(인)

전화번호 :

4.5.4 감리용역 계약서

○ 감리원 배치를 위한 용역 계약서로, 발전 사업자가 '갑'이고, 공사감리자가 '을'로서 계약을 진행함

<서식 4-7> 감리원 배치 계약서

전력시설물의 공사감리 용역 표준계약서

1. 공사감리용역명 : 제주도 색달동 태양광발전소 시공 공사감리
2. 소 재 지 : 제주특별자치도 서귀포시 색달동 624-1
3. 공 사 개 요 : 서귀포시 색달동 태양광발전소 구축을 위한 공사
   - ① 수 전 설 비: V kW ② 수급계약용량 kW
   - ③ 송·배전설비: (가공,지중,수중)전선로, 전선종류: 긍장: kW
   - ④ 발 전 설 비: (상용) 220V 100.8kW (비상용): V kW
   - ⑤ 대 지 면 적: 3,121㎡ 944.1025(평) ⑥ 건축면적 1,800㎡ 544.5(평)
   - ⑦ 용 도: 태양광발전 ⑧ 층수 지하 층 지상 1층
   - ⑨ 허가(인가신고)일: 2024년 05월 10일 (허가번호 제_____호)
4. 설 계 자
   - ① 업 체 명: 00 설계사무소
   - ② 설 계 자 명: 000 ③ 전화/FAX
5. 공 사 업 체
   - ① 업 체 명: 00 시공사
   - ② 대 표 자 명: 000 ③ 전화/FAX
   - ④ 전력시설물공사금액: 일금 245,680 천 원 245,680,000 원 정 (₩)
   - ⑤ 감리용역계약금액: 일금 10,735 천원 10,735,120 원정 (₩)
   - ⑥ 공 사 기 간: 2024 . 08. 01. ~ 2024 . 10. 01.
   - ⑦ 감 리 기 간: 2024 . 08. 01. ~ 2024 . 10. 01.

갑"과 "을"은 이 계약서에 의하여 공사감리계약을 체결하고 각 1부씩 보관한다.

발 주 자 (갑)
주 소 : 서울특별시 종로구 홍지동 2길 20
성 명 : 000
주민등록번호 : ****** - *******
전 화 / FAX : 02-2287-5114

공사감리자 (을)
소 재 지 :
회 사 명 : 등록번호 :
대 표 자 : (인)
주민등록번호 :
전 화 / FAX :

2024년 XX 월 XX일

제1조(총 칙) 이 계약은 전력기술관리법 제12조 및 전력기술용역 대가기준(이하 "대가기준" 이라 한다)에 의하여 발주자(이하 "갑"이라 한다)가 감리업자(이하 "을"이라 한다)에게 위탁한 공사감리업무의 수행에 필요한 상호간의 권리와 의무 등을 정한다.

제2조(업무기간) 공사감리용역 수행기간은 착공일로부터 완공일까지로 한다.

2024 년 08월 01일부터 2024 년 10월 01일까지

제3조(감리대가 산출 및 지불방법)

① 공사감리대가의 산출기준 및 방법은 대가기준에 의한다. 단, 현장여건 및 공사감리조건이 특수한 경우에는 "갑"과을" 이 협의하여 정한다.

② 공사감리용역 대가는 일시불로 또는 분할하여 지불할 수 있다.

③ 대가를 분할하여 지불하는 경우에 그 지불시기 및 지불금액은 다음과 같이 이행함을 원칙으로 하되, "갑"과 "을"이 협의하여 조정할 수 있다.

지 불 시 기	지 불 금 액	비 고
공사감리용역 계약시	₩ 2,147,024	총 금액의 20% 지급
공사감리용역 중간보고시	₩ 3,220,536	총 금액의 30% 지급
공사감리용역 완료시	₩ 5,367,560	총 금액의 50% 지급
계	₩ 10,735,120	

제4조(특약등) 이 계약에서 정하는 공사감리용역 이외에 "갑"과 "을"간의 특약이 있는 경우에는 이에 부수되는 개발을 추가로 체결할 수 있으며, 이에 소요되는 비용은 대가기준에 의하여 별도로 산정한다.

제5조(대가의 조정) 공사감리용역 수행기간이 60일을 초과하는 경우 이 기간 중 대가기준에 의한 인건비의 변경이 있을 때에는 국가를당사자로하는계약에관한 법률 시행규칙 제74조의 규정에 의하여 "갑"과 "을"이 협의하여 대가를 조정 할 수 있다.

제6조(자료의 제공 및 성실 의무)

① "갑"은 공사감리용역을 수행하는데 필요한 다음 각호의 자료를 "을"이 요구할 때는 지체없이 제공하여야하며 이때 "갑"이 "을"에게 자료수집을 위탁할 수 있다.

1. 전력시설물공사 설계도서 및 공사계획신고서
2. 공사도급계약서 및 현장대리인의 인적사항 관련자료
3. 시공도면 및 공정표
4. 사용자재납품서 및 시험성적표
5. 지반 및 지질조사서

6. 산재보험가입증서
7. 기타 공사감리용역수행에 필요한 자료

② “갑”이 제1항의 자료수집을 “을”에게 위탁한 경우에는 “갑”은 이에 소요되는 비용을 지불한다.

③ “갑”과 “을”은 신의와 성실의 관계를 유지하고 관계법령을 준수하며, “을”은 전력시설물의 품질향상을 위하여 노력한다.

제7조(용역의 착수시기)

① “갑”은 착공 3일전에 “을”에게 착공일자를 통지하고, “을”은 착공일로부터 공사감리용역를 착수한다.

② “을”은 감리원을 배치 또는 변경시 7일이내에 한국전력기술인협회에 신고하여야 한다.

③ “갑”은 공사업자에게 “을”의 인적사항을 착공전까지 통지한다.

제8조(용역의 수행)

① “을”은 관계법령이 정하는 바에 의하여 전력시설물이 설계도서와 관계서류의 내용대로 시공되는지의 여부를 확인하고, 전력시설물공사 감리세부기준을 정하여 공사감리용역을 수행한다.

② “을”은 당해 공사가 설계도서대로 시행되지 아니하거나 관계법령 및 이 규정에 의한 명령이나 처분에 위반된 사항을 발견한 경우에는 이를 “갑”에게 통보한 후 공사업자에게 이를 시정 또는 재시공하도록 요청한다.

③ “을”은 제2항의 규정에 의한 요청에 대하여 공사업자가 취한 조치의 결과를 확인한 후 이를 “갑”에게 통보한다.

④ “을”은 공사업자가 제2항의 규정에 의한 요청에 응하지 아니하는 경우에는 당해 공사를 중지할 수 있다.

⑤ “을”은 공사업자가 시정·재시공 또는 공사중지 요청에 응하지 아니하는 경우에는 이를 “갑”에게 통보하고 행정적인 조치를 취할 수 있다.

⑥ “갑”은 제2항·제4항 및 제5항의 규정에 의한 조치를 취한 “을”에 대하여 이를 이유로 공사감리원의 배치를 취소하라고 요구하거나 대가의 지불을 거부 또는 지연시키는 등 불이익을 주어서는 아니된다.

⑦ “갑”은 공사업자가 “을”의 시정·재시공 등 조치에 응하도록 적극 협조하여야 한다.

제9조(현장확인지도)

“을”은 다음 각호의 경우에 대하여는 현장에서 확인지도를 실시한 후에 공사진행을 하게 한다.

1. 공사착공시
2. 기초 및 접지공사시
3. 배관 공사시
4. 배선공사시
5. 주요 전기기기 설치시
6. 기타 전력시설물의 규격 및 품질관리상 주요 부분의 공사시

제10조(주요 공정의 확인 점검)

① "을"은 공사의 주요 공정의 경우에는 그 적합성을 확인하고 서명한 후 "갑"에게 그 결과를 통보한다.

② 제1항의 규정에 의한 주요 공정은 설계도서에 따른 시공 여부의 확인과 전력시설물의 품질향상을 위하여 필요한 공정으로 전력시설의 유형에 따라 "갑" 과 "을"이 협의하여 다음과 같이 정한다.

1. ______________________________
2. ______________________________
3. ______________________________
4. ______________________________
5. ______________________________
6. ______________________________

제11조(시공상세도면의 작성 요청등)

① "을"은 설계도면의 누락·오류 또는 불명확한 부분이 있어 시공에 어려움이 있다고 판단되면 공사업자에게 시공상세도면을 작성하여 제출하도록 요청할 수 있다.

② "을"은 제출된 시공상세도면을 반드시 확인·검토하여 공사업자에게 의견을 제시하고 "갑"에게 이를 통보한다.

제12조(공기 및 공법의 변경)

① "갑" 또는 공사업자가 공기 및 공법을 변경할 때에는 7일전까지 "을"에게 통보한다.

② "을"은 제1항의 규정에 의한 공법의 변경과 관련하여 공법의 안전성, 품질확보, 공사업자의 기술력 확보 등에 대한 검토 의견을 제시할 수 있다.

제13조(감리보고서등)

① "을"은 "갑"에게 감리결과를 보고서로 제출하여야 한다. 공기가 2년 이상인 경우 중간보고서를, 공사를 완료한 때에는 최종보고서를 각각 작성하여 "갑"에게 제출한다.

② "을"은 감리일지와 공사감리 관련 서류를 기록·유지한다.

제14조(감리원등)

① "을"이 지정 배치한 감리원이 공사감리업무를 수행하는 경우에는 "을"이 행하는 것으로 본다.

② "을"은 감리원의 변경이 필요한 경우에는 발주자의 승인을 득하여 변경하고, 변경후 3일 이내에 "갑"과 공사업자에게 변경사항을 통지한다.

③ "을"은 공사감리업무를 수행하는 감리원의 신상명세, 자격여부 등을 기록한 서류를 공사현장에 비치한 다.

제15조(자재의 검사등)

① "을"은 자재의 검사 및 품질시험을 "갑"과 협의하여 관련 전문기관에 의뢰할 수 있으며 "갑"은 이에 소요되는 비용을 지불한다.

② "을"은 자재의 검사 및 품질시험의 결과를 검토·확인한다.

③ "갑" 또는 공사업자가 자재의 검사 및 품질시험을 의뢰하는 경우에는 그 일시, 장소, 시험목록을 시험일 7일 전까지 "을"에게 통지한다.

④ "을"은 제3항의 규정에 의한 자재의 검사 및 품질시험에 입회할 수 있다.

제16조(계약의 양도 및 변경)

① "갑"과 "을"은 상대방의 승낙 없이는 이 계약 상의 권리와 의무를 제3자에게 양도, 양수등 기타 처분행위를 할 수 없다.

② "갑"의 계획 변경, 관계법규의 개·폐, 천재지변 등 불가항력적인 사유의 발생 기타 공사감리용역 내용을 수정하거나 계약기간을 연장할 상당한 이유가 있는 때에는 "갑"과 "을"은 서로 협의하여 계약의 내용을 변경할 수 있다.

제17조(이행보증보험증서의 제출)

① "갑"은 "을"의 계약의 이행을 보증하기 위하여 계약 체결시에 "을"에게 이행보증보험증서를 제출하게 할 수 있다.

② 제1항의 규정에 의하여 이행보증보험증서를 제출 받은 경우에는 이를 계약서에 첨부하여 보관한다.

제18조("갑"의 계약 해제·해지)

① "갑"은 다음 각호의 경우에 계약의 전부 또는 일부를 해제·해지할 수 있다.

1. "을"이 관할 행정청으로부터 등록의 취소, 업무정지 등의 처분을 받은 경우
2. "을"이 금융기관의 거래정지 처분, 어음 및 수표의 부도, 제3자에 의한 가압류·가처분·강제집행·금치산·한정치산·파산선고 또는 회사정리의 신청등으로 계약이행이 곤란한 경우
3. "을"이 상대방의 승낙 없이 계약상의 권리 또는 의무를 이행하지 않거나 계약을 위반한 경우
4. 사망, 실종, 질병, 기타 사유로 계약이행이 불가능한 경우

② 천재지변 등 부득이한 사유로 계약이행이 곤란하게 된 경우에는 상대방과 협의하여 계약을 해제·해지할 수 있다.

③ "갑"은 제1항의 규정에 의하여 계약을 해제·해지하고자 할 때에는 그 뜻을 "을"에게 해제·해지날의 14일전에 통지한다.

제19조("을"의 계약 해제·해지)

① "을"은 다음 각호의 경우에 계약의 전부 또는 일부를 해제·해지할 수 있다.

1. "갑"이 "을"의 업무를 방해하거나 그 대가의 지불을 지연시켜 "을"의 업무가 중단되고 30일 이내에 이를 재개할 수 없다고 판단된 때
2. "갑"이 계약당시 제시한 설계요구조건을 현저하게 변경하여 그 실현이 객관적으로 불가능한 것이 명백할때
3. "갑"이 상대방의 승낙 없이 계약상의 권리 또는 의무를 침해하거나 위반한 경우
4. "갑"이 "을"의 업무 수행상 필요한 자료를 제공하지 아니하여 '을"의 계약 이행이 곤란하게 된 경우
5. 사망, 실종, 질병, 기타 사유로 계약이행이 불가능한 경우

② 천재지변 등 부득이한 사유로 계약이행이 곤란하게 된 경우에는 상대방과 협의하여 계약을 해제·해지할 수 있다.

③ "을"은 제1항의 규정에 의하여 계약을 해제·해지하고자 할 때에는 그 뜻을 "갑"에게 해제·해지날의 14일전에 통지한다.

제20조(손해배상) "갑"과 "을"은 상대방이 제16조제2항의 규정에 의한 계약변경, 제18조 및 제19조의 규정에 의한 계약의 해제·해지 또는 계약위반으로 인하여 손해를 발생시킨 경우에는 상대방에게 손해배상을 청구할 수 있다.

제21조("을"의 면책사유) "을"은 다음 각호의 경우에는 책임을 지지 아니한다.

단, 감리원의 결격사유로 인하여 발생된 손해사정은 그러하지 아니한다.

1. "갑"이 임의로 공사감리용역에 대한 대가의 지불을 지연시켜 업무가 중단된 경우
2. 공사업자의 공사중단으로 인하여 손해가 발생한 경우
3. 공사업자가 제8조의 규정에 의한 "을"의 요청에 응하지 아니하고 임의로 공사를 계속 진행하여 손해가 발생된 경우
4. 공사업자가 제9조의 규정에 의한 현장확인지도를 받지 아니하고 공사를 진행하여 손해가 발생한 경우

제22조(공사감리용역 중단시의 대가지불)

① "갑"의 귀책사유로 인하여 공사감리용역의 전부 또는 일부가 중단된 경우에는 "갑"은 "을"이 이미 수행한 공사감리용역에 대하여 중단된 시점까지의 대가를 지불하여야 한다.

② 중단된 시점까지 수행한 업무에 대한 대가는 대가기준에 의하여 정산한다.

③ "을"의 귀책사유로 인하여 공사감리용역의 전부 또는 일부가 중단된 경우에는 "갑"이 "을"에게 이미 지불한 대가에 대하여 이를 정산하고 남은 금액에 대하여 반환을 요구할 수 있다.

제23조(기성공사비의 지불검토)

① "갑"은 "을"로부터 제출 받은 부분감리조서와 공사업자의 기성공사비의 지불청구에 대한 재확인 검토를 요구할 수 있다.

② "을"은 제1항의 규정에 의한 기성공사비의 지불청구에 대한 재확인 검토 결과를 "갑"에게 통보한다.

제24조(다른 공사에 대한 확인점검)

① "갑"이 건축 및 기계설비 등 다른 공사에 대하여 제3자에게 도급을 준 경우에는 "을"이 그 특정공사에 대하여 확인·점검 할 수 있도록 보장한다.

② "갑"은 "을"이 건축 및 기계설비 등의 다른 공사의 시공자에게 공사감리에 필요한 자료를 제시받을 수 있도록 보장한다.

제25조(비밀보장) "갑"과 "을"은 용역수행중 알게 된 비밀을 제3자에게 누설하여서는 아니된다.

제26조(외주의 제한)

① "을"은 공사감리용역의 전부를 "갑"의 승낙없이 제3자에게 외주를 주어서는 아니된다. 단, 특수전문분야에 대한 감리의 경우에는 "갑"과 협의하여 전문기술자에게 의뢰할 수 있다.

② 전문기술자에게 감리를 의뢰한 경우 외주용역의뢰부분에 대한 책임은 당해 전문기술자가 진다.

제27조(분쟁조정)

① 이 계약과 관련하여 용역수행상 분쟁이 발생한 경우에는 관계기관의 유권해석이나 판례에 따라 "갑"과 "을"이 협의하여 정한다.

제28조(통지·통보방법)

① "갑"과 "을"은 계약과 관련된 사항을 통지·통보할 때에는 서면으로 하는 것을 원칙으로 한다.

② 통지·통보후 7일 이내에 회신이 없는 경우에는 통지·통보내용을 승낙한 것으로 본다.

제29조(설계도서의 보관등) “을”은 그가 감리한 당해 시설물의 준공설계도서를 하자 담보책임기간이 종료될 때까지 보관하여야 한다.

제30조(전기안전관리담당자 선임등)

① “갑”이 “을”에게 공사기간중 배치된 감리원으로 하여금 전기사업법 시행규칙 제58조제2항의 규정에 의거 해당전기설비에 대한 전기안전관리담당자의 선임을 요청할 경우에는 쌍방의 합의에 의하여 겸임 선임할 수 있다.

② “을”은 제1항의 규정에 의하여 감리원이 전기안전관리담당자로 겸임 선임한 경우 전기안전관리담당자의 안전관리업무관련 비용 및 수당의 추가부담과 그의 의견 및 지시를 “갑”이 수용하여야 한다.

5. 사용전검사

5.1 사용전 검사 신청서

○ 각종 전기설비의 설치공사를 완료하고, 그 전기설비가 전기설비기술기준에 적합한지 여부를 검사해야 하며, 이때, 사용전 검사 신청을 위한 서류

<서식 5-1> 사용전 검사 신청서

■ 전기사업법 시행규칙 [별지 제28호서식] <개정 2022. 4. 22.>

사용전검사 신청서

※ 바탕색이 어두운 난은 신청인이 작성하지 않습니다. (앞 쪽)

접수번호	접수일자	처리기간

신청인	대표자 성명	000	전화번호	010-xxxx-xxxx
	회사명 또는 상호	상명대학교 산학협력단	사업자등록번호	000-00-00000
	주소	서울특별시 종로구 홍지문2길 20		

시공자	대표자 성명	XXX ㊞	전화번호	02-xxx-xxxx
	회사명 또는 상호	주식회사 ㅇㅇㅇ	전기공사업 등록번호	제 서울-00000 호
	주소	서울특별시 xx구 xxxx길 xx		

검사받을 전기설비에 관한 사업장 명칭 및 소재지	제주특별자치도 서귀포시 색달동 624-1
전 기 설 비 개 요	계통연계형 태양광 발전장치 100.6kW
검사받을 공사공정	공사공정
검 사 희 망 연 월 일	2024년 05월 일
사용개시예정연월일	2024년 05월 일

「전기사업법」 제63조 및 같은 법 시행규칙 제31조제5항에 따라 위와 같이 사용전검사를 신청합니다.

2024년 XX월 XX일

신 청 인 000 (서명 또는 인)

한국전기안전공사 귀하

첨부서류	1. 공사계획인가서 또는 신고수리서 사본 1부. 2. 「전력기술관리법」 제2조제3호에 따른 설계도서 및 「전력기술관리법」 제12조의2제4항에 따른 감리원 배치확인서 1부. 3. 자체감리를 확인할 수 있는 서류(전기안전관리자가 자체감리를 하는 경우만 해당합니다) 1부. 4. 전기안전관리자 선임신고증명서 사본 1부 5. 그 밖에 사용전검사를 실시하는데 필요한 서류로서 산업통상자원부장관이 정하여 고시하는 서류	수수료 「전기안전관리법」 제42조에 따라 산업통상자원부령으로 정하는 금액

작성방법
전기설비 개요란에는 전기설비의 종류 및 용량을 적습니다.

210mm×297mm(백상지 80g/㎡)

(뒤 쪽)

처리절차

이 신청서는 아래와 같이 처리됩니다.

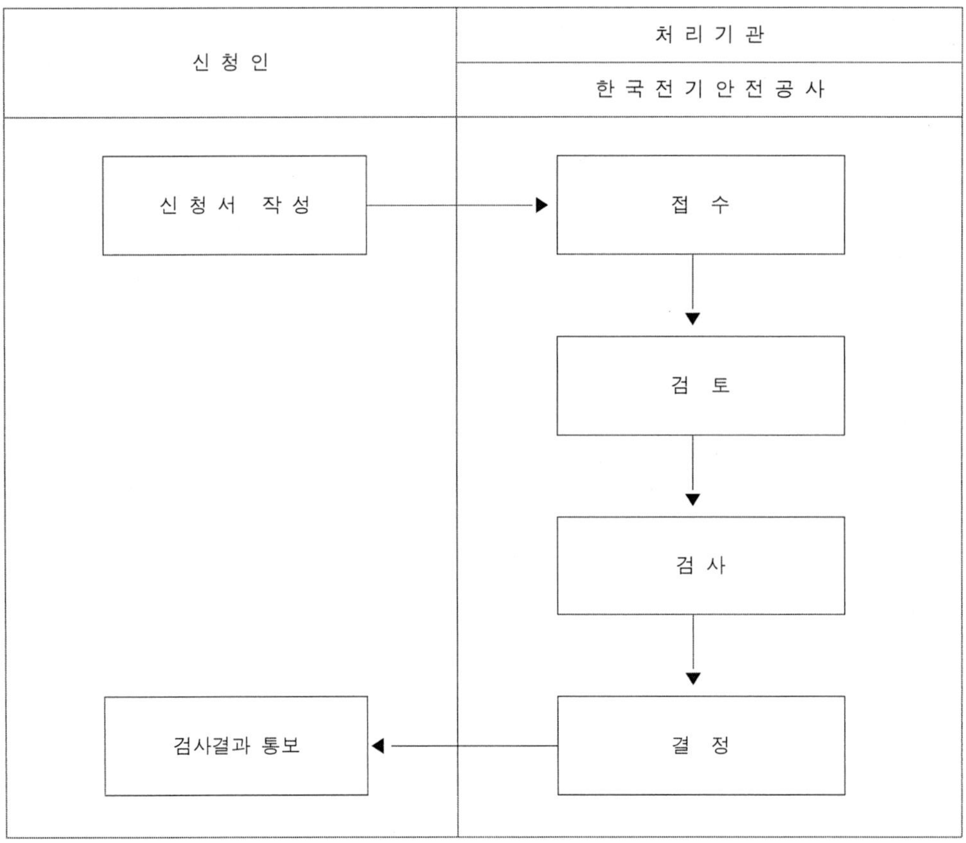

5.2 공사계획인가서 또는, 신고수리서 사본

○ 공사계획신고후 발급까지 1주일정도 소요됨
  *산업통상자원부 혹은 지자체

○ 공사계획신고와 달리 공사계획인가는 발전설비 용량이 10,000kW 이상인 경우 산업통상자원부에게 인가를 받아야 함 (공사계획신고의 경우 발전설비 용량이 10,000kW 이하인 경우임)

<서식 5-2> 공사계획인가서 사본

공사계획 [ ] 인가 / [ ] 변경인가 신청서

※ 바탕색이 어두운 난은 신청인이 작성하지 않으며, [ ]에는 해당되는 곳에 √표를 합니다.

접수번호	접수일자	처리기간 20일

공사명		
신청인	대표자 성명	전화번호
	회사명 또는 상호	
	주소	

「전기사업법」 제61조 및 같은 법 시행규칙 제29조제1항에 따라 공사계획 [ ]인가 [ ]변경인가를 신청합니다.

년 월 일

신청인 (서명 또는 인)

산업통상자원부장관 귀하

첨부서류	1. 공사계획서 1부 2. 전기설비의 종류에 따라 별표 8의 제2호에 따른 사항을 적은 서류 및 기술자료 1부 3. 공사공정표 1부 4. 기술시방서 1부 5. 원자력발전소의 경우에는 원자로 및 관계시설의 건설허가서 사본 1부 6. 전기안전공사 사전기술검토서 1부 7. 「전력기술관리법」 제12조의2제4항에 따른 감리원 배치확인서(공사감리대상인 경우만 해당합니다). 다만, 전기안전관리자가 자체감리를 하는 경우에는 자체감리를 확인할 수 있는 서류 1부 8. 공사계획을 변경하는 경우에는 변경이유서 및 변경내용을 적은 서류 1부

처 리 절 차

신청서 작성 → 접 수 → 검 토 → 결 정 → 인 가

신청인 / 처리기관: 산업통상자원부

첨부 요령

1. 변경공사 중 전기설비 폐지공사의 경우에는 첨부서류 중 제2호 서류를 첨부하지 않을 수 있습니다.
2. 공사계획을 나누어 인가신청을 하려는 경우에는 해당 인가신청 부분 외의 공사계획의 개요를 적은 서류를 첨부해야 합니다.

210㎜×297㎜(백상지 80g/㎡)

5.3 설계도서 및 감리원 배치 확인서

○ 설계도서(업체 연계 발급)

■ [건축법]

제2장 건축물의 건축

제23조(건축물의 설계)

② 설계자는 건축물이 이 법과 이 법에 따른 명령이나 처분, 그 밖의 관계 법령에 맞고 안전·기능 및 미관에 지장이 없도록 설계하여야 하며, 국토교통부장관이 정하여 고시하는 설계도서 작성기준에 따라 설계도서를 작성하여야 한다. 다만, 해당 건축물의 공법(工法) 등이 특수한 경우로서 국토교통부령으로 정하는 바에 따라 건축위원회의 심의를 거친 때에는 그러하지 아니하다.
<개정 2013. 3. 23.>

■ [건축법] 행정규칙의 '건축물의 설계도서 작성기준'에 따르면, "설계도서"라 함은 건축물의 건축 등에 관한 공사용의 도면과 구조계 산서 및 시방서 기타 다음 각 호의 서류를 말함

가. 건축설비계산 관계서류

나. 토질 및 지질 관계서류

다. 기타 공사에 필요한 서류

[건축법] 행정규칙 '건축물의 설계도서 작성기준' 별표에 따른 작성방법 및 업무의 내용에 기반하여 연계 설계사 및 시공사를 통해 작성이 필요함.

○ 감리원 배치 확인서(공사 업체 연계 발급)

■ [전력기술관리법]
제1장 총칙
제2조(정의)
4. "공사감리"란 전력시설물의 설치·보수 공사에 대하여 발주자의 위탁을 받은 공사감리업체가 설계도서나 그 밖의 관계 서류의 내용대로 시공되는지 여부를 확인하고, 품질관리·공사관리 및 안전관리 등에 대한 기술지도를 하며, 관계 법령에 따라 발주자의 권한을 대행하는 것을 말한다.

■ [전력기술관리법]
전력기술관리법 시행규칙
제3장 전력시설물의 설계 및 감리
제21조의2(감리원 배치 현황 신고)
법 제12조의2제2항에 따라 감리원의 배치 현황(변경배치 현황을 포함한다)을 신고하려는 자는 별지 제27호서식의 감리원 배치 현황 (변경)신고서(전자문서로 된 신고서를 포함한다)에 다음 각 호의 서류(전자문서를 포함한다)를 첨부하여 단체에 제출하여야 한다. <개정 2016. 7. 29.>

1. 배치 현황 신고의 경우

가. 감리원 배치계획서(발주자의 확인을 받은 것을 말한다)

나. 전력시설물공사의 예정공정표 사본

다. 예정공사비의 총괄내역서 사본

라. 감리용역계약서 사본

마. 감리원의 재직증명서(법 제12조의2제1항제2호 및 영 20조제2항제6호의 자만 해당한다)

바. 전력시설물공사의 현장 간 거리도면(영 제20조제3항에 따라 통합하여 공사감리를 하는 경우만 해당한다)

따라서, 공사업자를 통해 공사 감리자 배치 확인서를 발급받아야함

<서식 5-3> 감리원 배치확인서

■ 전력기술관리법 시행규칙 [별지 제27호의2서식] <개정 2012.10.5>

감리원 배치확인서

[ ]감리업자 [ ]자체감리

[ ]에는 해당되는 곳에 √표를 합니다.

발주자	회사명	대표자	
	소재지 (전화번호:)		
신고인 (감리업자등)	회사명	법인등록번호(사업자등록번호)	
	대표자	감리업 등록번호	
	소재지 (전화번호:)		
공사업자	회사명	대표자	공사업등록번호
	소재지 (전화번호:)		

공사감리 용역현황	공사구분	[ ]신설공사 [ ]보수공사	참여분야
	용역명		
	현장주소	(전화번호:)	
	용역구분	[ ]단독감리 [ ]통합감리 [ ]연차감리 [ ]공동·승계감리(감리 이행비율: %) (공동·승계감리업체의 등록번호 및 업체명:)	
	용역개요	○전기설비: 수전(kW, V), 그 밖의 심야전력 등(kW, V), 발전(상용)(kW, V), 발전(비상용)(kW, V) ○내용: 연면적(㎡), 지상/지하 층수(/ 층), 공동주택(세대, 동), 선로 길이(km) ○그 밖의 개요:	
	기간 및 금액	공사기간: ~	공사금액: 천원
		공사감리기간: ~	공사감리금액: 천원

감리원 배치 현황

1. 총괄

직무	등급	성명	생년월일	감리원 배치기간(일수)

2. 감리원 배치일정

성명	근무형태	감리원 배치일정

「전력기술관리법」 제12조의2제4항 및 같은 법 시행규칙 제21조의2제2항에 따라 위와 같이 감리원 배치변경현황을 신고(변경신고)하였음을 확인합니다.

년 월 일

전력기술인단체의 장 인

210mm×297mm(백상지 80g/㎡)

5.4 자체감리를 확인할 수 있는 서류 (전기안전관리자 감리 확인서)

○ 전기안전관리자 감리 확인서

■ 상기 감리원 배치 확인서 대신, 전기안전관리자가 해당 시공현장을 자체감리 하는 경우만 작성해야하는 서류

<서식 5-4> 전기안전관리자 감리확인서

전기안전관리자 감리확인서

신고인 (발주자)	상호 또는 회사명		대표자	
	주소 또는 소재지	(전화번호)		
	사업명		현장 주소	
전기안전 관리자	상호 또는 회사명		대표자	
	성 명		자격종목 및 등급	
확인사항	공사금액	원	확 인	전기안전관리자
비 고				

전기사업법 제73조 및 동법시행규칙 제44조 제②항의 규정에 의하여 전기안전관리자가 공사감리 업무를 수행함을 확인합니다.

20 년 월 일

신 고 인 (인)

한국전기안전공사 사장 귀하

5.5 전기안전관리자 선임신고증명서 사본

○ 안전관리자 선임신고

1. 선임근거 및 목적

■ 법적근거 : 전기안전관리법 제22조(전기안전관리자의 선임 등)

■ 선임목적 : 전기설비의 공사·유지 및 운용에 관한 안전을 확보하기 위하여 전기사업자나 자가용전기설비의 소유자 또는 점유자에게 일정한 자격을 가진 자를 전기안전관리자로 선임하도록 의무를 부과하고, 전기안전관리자로 하여금 전기설비에 대한 안전관리업무를 수행하게 하기 위함

2. 선임시기·기한·신고기관

1) 신고시기

■ 법적근거 : 전기안전관리법 시행규칙 제25조제2항

- 전기설비의 사용전검사 신청전 또는 사업개시전

2) 신고기한

■ 법적근거 : 전기안전관리법 제23조 및 시행규칙 제34조

- 전기안전관리자 선임 또는 해임일로부터 30일이내

3) 신고기관 : 한국전기기술인협회 (해당 시·도회)

<서식 5-5> 전기안전관리자 선임신고증명서 사본

■ 전기안전관리법 시행규칙[별지 제16호서식] <개정 2022. 12. 21.>

전기안전관리자 [ ]선임 [ ]해임 신고서

([ ]안전공사 [ ]대행사업자 [ ]개인대행자)

※ 뒤쪽의 작성방법을 읽고 작성하시기 바라며, [ ]에는 해당되는 곳에 √표를 합니다. (앞쪽)

접수번호	접수일자	처리기간 3일

① 업체코드	

신고인				
신고인	② 법인등록번호 (사업자등록번호)	110371-0013146	③ 회사명 또는 상호	상명대학교 산학협력단
	④ 주소	서울특별시 종로구 홍은동 2길 20		
	⑤ 대표자 성명	000	⑥ 전화번호	02-2287-xxxx

전기설비					
전기설비	⑦ 설치장소의 주소	제주특별자치도 서귀포시 색달동 624-1			
	⑧ 수전설비	용 량	10kW	전 압	22,900V
		계약종별	산업용	사용개시일	
	⑨ 발전설비	상 용	kW	전 압	V
		비 상 용	kW	전 압	V
		태양에너지	100.8kW	전 압	380V
		연료전지	kW	전 압	V
		전기저장장치	kWh	전 압	V
		기타( )	kW	전 압	V
	⑩ 그 밖의 설비 (심야·휴지설비 등)	용 량	kW	전 압	V
		용 도		휴지기간	

전기안전관리업무를 대행하는 자		
전기안전관리업무를 대행하는 자	⑪ 등록번호 S-100	⑫ 대표자 휴대전화번호(업무용) 010-xxxx-xxxx
	⑬ 회사명 또는 상호 ㈜전기안전관리	⑭ 대표자성명 000
	⑮ 주소 서울시 강동구 상암로 22길 13	⑯ 선·해임일 2024.xx.xx

「전기안전관리법」 제23조제1항 및 같은 법 시행규칙 제34조제2항에 따라 위와 같이 전기안전관리자의 [ ]선임 [ ]해임을 신고합니다.

년 월 일

신고인 000(서명 또는 인)

전력기술인단체 귀하

첨부서류	전기안전관리대행계약서 사본(선임신고의 경우만 해당합니다) 1부	수수료 없 음

210㎜×297㎜[백상지(80g/㎡)]

[기재요령]

① 업체코드 : 기재하지마세요(협회가 업체를 관리하는 번호)

② 신고인 : 전기설비의 소유자 또는 점유자를 기재하며, 법인사업자는 법인등록번호를 기재하고, 개인사업자는 사업자등록번호 기재

⑦ 설치장소의 주소 : 전기설비가 설치된 사업장 주소와 건물명 등을 기재

⑧ 수전설비

- 수전용량 및 전압 : 변압기설비는 1차 변압기 표시용량의 합계(1kVA = 1kW) 및 전압기재, 저압설비는 전기사업자와 계약전력 및 전압(높은전압) 기재

- 계약종별 : 전기사업자와 계약한 계약종별 기재, 계약종별 혼합시 주된 계약 종별(계약용량이 큰 것) 기재

- 사용개시일 : 현 수전설비 사용시작일

⑨ 비상용예비발전기 : 용량은 명판출력기준 연속출력 기재, [1kVA = 0.8kW]로 산정

⑯ 선임일,해임일 : 실제 선임일 또는 해임일을 기재

▪ 신고인 및 날인
(법인인 경우 : 법인직인 또는 사용인감 날인, 개인인 경우 : 개인도장 날인)
- 소유자 또는 점유자가 신고인란에 서명 또는 날인
(서명시에는 신고인이 직접 서명여부 확인가능 충족조건임)

※ 단, 전기설비 폐지, 사업장 부도, 폐엽, ggodlatls고 거부 등 부득이한 사유로 신고인 날인 불가가한 경우에는 안전관리자가 아래의 증빙자료를 첨부하여 해임할 수 있음

- 전기설비 폐지시 : 폐지확인서(한전발행)

- 사업장 폐업시 : 폐업확인서(세무서 발행)

- 대행수수료 미수 등 : 전기설비 소유자등에게 해임사실을 통보하고 발송일로부터 14일이 경과한 내용증명서

○ 안전관리자 선임신고증명서 발급

① 협회홈페이지(로그인필요) → ② 온라인신고 및 증명서 발급(본인확인 필요) → ③ 선해임신고 → ④ 증명서 신청, 결재 후 프린터 출력

○ 전기안전관리자 선임신고증명서 사본을 발급받기 위한 신청서로 상기 프로세스를 통해 발급 가능

<서식 5-6> 전기안전관리자 선임(해임) 신고필증 발급(재발급)신청서

전기안전관리자 선임(해임) 신고필증 발급(재발급)신청서

전기설비	업체코드		신고번호	
	회 사 명	00태양광 발전소	대표자명	000
	설비위치	제주특별자치도 서귀포시 색달동 624-1		
신청구분	신청구분	□ 신규 □ 재발급 □ 기타	신청부수	
		□안전관리자□안전관리보조원		
	신청사유			

「전기안전관리법」 제23조제2항의 규정에 따라 전기안전관리자 선임·해임 신고필증 발급을 신청합니다.

년 월 일

신청인 000 (인)

한국전기기술인협회장 귀하

※작성요령

1. 신청인
   - ○ 전기설비 소유자·점유자 또는 전기안전관리자
   - ○ 전기안전관리업무를 위탁받은 자 또는 대행하는 자

6. 전력수급계약 체결

6.1 공사준공시

6.1.1 사용전 검사 필증

○ 앞서 진행한 사용전 검사 신청 이후, 발급받을 수 있는 사용전 검사 확인증으로, 각종 전기설비의 설치공사를 완료하고, 그 전기설비가 전기설비기술기준에 적합하다는 확인 증서

<서식 6-1> 사용전검사 확인증

■ 전기사업법 시행규칙 [별지 제29호서식] <개정 2021. 4. 1.>

사용전검사확인증

발행번호: 제 호

신청인	대표자 성명	000	전화번호	02-XXX-XXXX
	회사명 또는 상호	상명대학교 산학협력단		
	주소	서울특별시 종로구 홍지문2길 20		

검사 결과	검사전기설비	계통연계형 태양광 발전장치(100.8kW)	
	검 사 연 월 일	20xx-xx-xx	
	검 사 자	소 속 xxx	성 명 xxx ㊞
	판 정	적합	(다음 검사: 20xx년 xx월)

임시 사용	허용사유
	사용기간
	사용범위 및 사용방법

기 타

「전기사업법」 제63조 및 제64조의 규정에 따라 검사를 하고 같은 법 시행규칙 제31조의2제3항 및 제34조제1항에 따라 위와 같이 검사확인증을 발급합니다.

2024년 XX월 xx일

한국전기안전공사사 장 직인

검사신청인 귀하

작성방법

1. 판정은 합격, 부분합격, 임시사용 등으로 적습니다.
2. 임시사용란은 판정이 임시사용인 경우에 적습니다.

210mm×297mm(백상지 80g/㎡)

6.1.2 전기안전관리자 선임필증 (용량 20kW 초과시)

○ 안전관리자 선임신고증명서 발급

① 협회홈페이지(로그인필요) → ② 온라인신고 및 증명서 발급(본인확인 필요) → ③ 선해임신고 → ④ 증명서 신청, 결재 후 프린터 출력

<서식 6-2> 전기안전관리자 선임필증

■ 전기안전관리법 시행규칙 [별지 제19호서식] <개정 2022. 4. 22.>

전기안전관리자 [✓] 선임신고 [ ] 해임신고 [ ] 변경신고 증명서

([ ]안전공사 [✓]대행사업자 [ ]개인대행자)

업체코드	ABC1234			
신고인	법인등록번호 (사업자등록번호)	110371-0013146 (01-82-22512)	회사명 또는 상호	상명대학교 산학협력단
	주소	서울특별시 종로구 홍지문2길 20		
	대표자 성명	000	전화번호	02-xxx-xxxx

전기설비					
설치장소의 주소		제주특별자치도 서귀포시 색달동 624-1			
수전설비	용 량	kW	전 압	V
	계약종별		사용개시일	
발전설비	상 용	kW	전 압	V
	비 상 용	kW	전 압	V
	태양에너지	100.8kW	전 압	V
	연료전지	kW	전 압	V
	전기저장장치	kWh	전 압	V
	기타( )	kW	전 압	V
그 밖의 설비 (심야·휴지설비 등)	용 량	kW	전 압	V
	용 도		휴지기간	

전기안전관리업무를 대행하는 자				
	등록번호	서울-00000	전화번호	02-xxx-xxxx
	회사명 또는 상호	주식회사 ○○○	대표자 성명	XXX
	주소	서울특별시 xx구 xxxx길 xx	선·해임일	20xx.xx.xx

변경사항	변경 전	변경 후	변경일
회사명 또는 상호			
대표자 성명			
전기설비 설치장소의 주소			
전기설비의 용량 또는 전압			

「전기안전관리법」 제23조제2항 및 같은 법 시행규칙 제34조제4항·제35조제3항에 따라 위와 같이 전기안전관리자의 [✓]선임신고 [ ]해임신고 [ ]변경신고를 마쳤음을 증명합니다.

2024년 XX월 XX일

전력기술인단체 장 직인

수수료	「전기안전관리법」 제42조에 따라 산업통상자원부령으로 정하는 금액(선임신고증명서를 발급하는 경우만 해당합니다)

210㎜×297㎜[백상지(80g/㎡)]

6.1.3 발전계기 시험성적서 (용량 500kW 이상시)

○ 발전계기 시험성적서 - 발급가능서류 (설비 기업에서 발급 가능)

○ 신재생에너지 인증대상설비의 제조공장심사 및 제품심사를 실시하여 정부가 규정한 인증심사기준과 제품의 성능·품질기준을 모두 충족하는 경우 인증서를 발급하고 KS 마크 표시를 허용하는 국가인증제도로 이를 인증하는 시험성적서를 구비해야 함

<서식 6-3> 발전계기 시험성적서

the way to trust KCL

4260-9140-3367-2612

시험성적서

1. 성 적 서 번 호 : CT21-086823K
2. 의 뢰 자
   ○ 업 체 명 : (주)데코엘
   ○ 주 소 : 경상북도 경산시 하양읍 환소길 63 (환상리)
3. 시험기간 : 2021년 08월 06일 - 2021년 08월 18일
4. 시험성적서의 용도 : 조달청 제출용
5. 시 료 명 : 결정질 태양전지 모듈(DESM-30)
6. 시험방법
   (1) KS C 8561:2020, 6.2항

확인	작성자 성 명	이두희	(서명)	기술책임자 성 명	최정진	(서명)

비고 : 1. 이 성적서는 KS Q ISO/IEC 17025 및 KOLAS 인정과 관련이 있으며, 의뢰자가 제시한 시료 및 시료명에 한정된 결과로서 전체제품에 대한 품질을 보증하지는 않습니다.
2. 이 성적서는 홍보, 선전, 광고 및 소송용으로 사용될 수 없으며, 용도 이외의 사용을 금합니다.
3. 이 성적서의 일부만을 발췌하여 사용한 결과는 보증할 수 없습니다.
4. 이 성적서의 진위여부는 홈페이지(www.kcl.re.kr)에서 확인 가능합니다.

위 성적서는 국제시험기관인정협력체 (International Laboratory Accreditation Cooperation) 상호인정협정 (Mutual Recognition Arrangement)에 서명한 한국인정기구(KOLAS)로부터 공인받은 분야에 대한 시험결과입니다.

2021년 08월 18일

한국인정기구 인정 한국건설생활환경시험연구원장

결과문의 : 31900 충청남도 서산시 대산읍 평신1로 595-10(대산읍) ☎ (041)419-3207

총 4페이지 중 1페이지 양식TOP-12-01-01(1)

the way to trust KCL

시험성적서

성적서번호 : CT21-086823K

7. 시험결과

1) 결정질 태양전지 모듈(OESM-30)

시험항목	단위	시험방법	시험결과	비 고	시험장소
최대 출력 (Pmax)	W	(1)	30.118	Standard Test Condition	A
개방 전압 (Voc)	V	(1)	24.158		
단락 전류 (Isc)	A	(1)	1.582		
최대출력 전압 (Vmp)	V	(1)	20.187		
최대출력 전류 (Imp)	A	(1)	1.492		
모듈 효율 (Efficiency)	%	(1)	17.63		
필 팩터 (Fill Factor)	%	(1)	78.83		

※ Standard Test Condition
- Irradiance : 1 000 W/㎡
- Cell Temperature : 25 ℃
- IEC 60904-3 reference solar spectral irradiance distribution

※ 시험장소
A : 충청남도 서산시 대산읍 평신1로 595-10(대산읍)

총 4페이지 중 2페이지 양식TQP-12-01-01(1)

성 적 서 번 호 : CT21-086823K

시험성적서

8. 시험 측정값

1) 시험 시료

Sample No.	시료명	일련번호	공급사
#1	결정질 태양전지 모듈 (DESM-30)	THS202107150015	㈜데코엘

2) 시료 정보

시 료 명	결정질 태양전지 모듈
모 델 명	DESM-30
태양전지 종류	단결정
태양전지 수	36 EA
태양광모듈 크기	(510 x 335 x 25) mm

3) 시험 항목

시 험 항 목	적 용 규 격	시험 조건
최대 출력 결정	KS C 8561:2020, 6.2항	방사조도 1 000 W/m², 온도 25 ℃

4) 최대 출력 측정값

Sample No.	Pmax (W)	Voc (V)	Isc (A)	Vmp (V)	Imp (A)	Eff. (%)	FF (%)
#1	**30.118**	24.158	1.582	20.187	1.492	17.63	78.83

총 4페이지 중 3페이지

양식TQP-12-01-01(1)

성 적 서 번 호 : CT21-086823K

시험성적서

9. 시료 사진

전 면

후 면

----- 끝 -----

6.2 계약체결시

6.2.1 표준전력구입 계약서

○ 한전에 직접 전력을 판매하고자 하는 발전설비 용량 1,000kW이하 신재생에너지 발전사업자 및 자가용 신재생에너지 발전설비 설치자에 한해 PPA거래를 신청할 수 있고, 이를 위해 한국전력공사와 계약을 체결해야 함

<그림 6-4> 표준전력구입 계약서

제3자간 전력거래계약용

제주시(군)색달동(리)

태양광발전소

제3자간 전력거래계약서

2024 년 xx월 xx일

전력공급자 : 상명대학교 산학협력단

전력구입자 : 한국전력공사

제3자간 전력거래계약서

한국전력공사(이하 "한전"이라 함)와 제주도 서귀포시 색달동 624-1에 위치한 태양광발전소에서 전력을 생산하는 자 상명대학교 산학협력단(이하 "전력공급자"라 함)는 발전설비용량 100.8kW의 전력을 거래함에 있어 산업통상자원부장관이 고시한 「신·재생에너지 발전전력의 제3자간 전력거래계약에 관한 지침」(이하 "지침"이라 함) 제5조 제2항에 따라 다음 각 조항을 내용으로 하는 제3자간 전력거래계약(이하 "본 계약"이라 함)을 체결한다.

제 1 장 총 칙

제1조(전력수급지점) 한전과 전력공급자의 전력수급지점은 한전의 '탐라' 배전선로에 설치 하는 인입개폐기의 전력공급자의 발전소측 연결점으로 한다.

제2조(책임한계점과 재산한계점) 한전과 전력공급자의 책임한계점과 재산한계점은 제1조에 정한 전력수급지점으로 한다.

제3조(전력수급방식) 한전과 전력공급자의 전력수급방식은 제1조에 정한 전력수급지점에서 "전압 22.9kV, 교류 3상 4선식"으로 한다.

제4조(연계기준) 전력공급자는 한전의 계통 연계시 한전의 분산형 전원 배전계통연계기술기준 및 발전기 병렬운전 연계선로 보호업무기준에 따라야 한다.

제5조(선로구성)

① 전력공급자가 한전에 전력을 공급하는 공급용(발전) 선로와 한전으로부터 수전하는 수전용 선로는 동일선로로 구성한다. 다만, 예비선로를 구성하는 등 기술적 기타 부득이한 사유가 있는 경우에는 쌍방이 협의하여 별도 선로로 구성할 수 있다.

② 기존 한전의 전기공급설비로부터 전력수급지점까지의 선로는 한전이 설치 · 소유하되, 설치비용은 전력공급자가 부담한다.

③ 전력수급지점으로부터 전력공급자의 발전소까지의 선로는 전 력공급자가 설치 · 소유한다.

④ 전력공급자의 설비를 한전선로에 접속함으로 발생되는 한전설비 보강분에 대한 소요공사비는 전력공급자가 부담한다.

제6조(지침의 적용) 본 계약에서 정하지 아니한 사항에 대하여는 지침에 따르며, 지침이 변경되는 경우에는 변경된 지침을 적용한다.

제7조(세부시행사항 결정) 본 계약에서 정하지 아니한 사항이나 본 계약의 시행에 필요하다고 인정되는 사항은 지침에 반하지 아니하는 범위 내에서 상호 협의하여 결정한다.

제 2 장 발전시설 운전

제8조(기기설치)

① 전력공급자가 발전전력을 송출함에 따라 발생되는 보호계전장치 설치 등 제반비용은 전력공급자가 부담한다.

② 한전이 전력공급자에게 수전용 전력을 공급함에 따른 제반비용 및 공급조건 · 요금 등에 대해서는 전기사업법 제16조의 규정에 따라 산업통상자원부장관의 인가를 받은 전기공급약관(이하 "약관"이라 함)에 따른다.

③ 제1항 및 제2항에 의하여 설치된 모든 설비는 제2조의 재산한계점을 기점으로 하여 각각 소유하고 유지, 보수 및 보안의 책임을 진다.

제9조(피해방지장치 등의 설치)

① 전력공급자는 다음 각 호의 1에 해당하는 원인으로 다른 사람의 전기사용을 방해하거나 방해할 우려가 있는 경우 또는 한전의 전기공급설비에 지장을 주거나 지장을 줄 우려가 있을 경우에는 전력공급자의 부담으로 한전과 협의하여 조정장치나 피해방지장치를 설치하여야 하며, 특히 필요한 경우에는 전선로를 변경하거나 전용전선로를 설치하여야 한다.

1. 각 상의 전류가 현저하게 평형을 잃을 경우
2. 전압이나 주파수가 현저하게 변동하는 경우
3. 고조파 발생 등 파형에 현저한 왜곡이 발생하는 경우
4. 기타 상기에 준하는 경우

② 한전의 전선로 고장 등 부득이한 사유로 전력 송 · 수전이 중지되거나 급격한 전압변동 또는 결상 등으로 경제적 손실이 발생할 우려가 있을 때에는 무정전전원공급장치(UPS), 결상보호장치 등 적절한 자체 보호장치를 설치해야 하며, 이를 이행하지 않아 발생하는 손해는 전력공급자가 부담한다.

제10조(전기안전을 위한 고객의 협력) 전력공급자가 공중의 안전 및 한전의 송·배전용 전기설비의 안정적 관리를 위하여 한전의 송·배전용 전기설비이용규정의 [발전기 운전관련 협조사항]을 준수하여야 한다.

제11조(운전절차) 전력공급자는 발전소의 상업운전개시 7일전까지 상업운전 예정일을 한전에 통보하고 정확한 상업운전개시일은 양사가 합의하여 결정한다.

제 3 장 계 량

제12조(전력량계 등의 설치)

① 전력공급자는 송전용 전력량계를 전력공급자의 부담으로 태양광발전소 구내에 설치, 소유하고 유지, 관리한다. 지침에 따라 시간대별 실제 발전량으로 계약하는 방식을 택한 경우, 전력공급자는 반드시 시간대별 계량이 가능한 계량기를 전력공급자의 부담으로 태양광발전소 구내에 설치, 소유하고 유지, 관리하며, 수전용 전력량계는 약관에 따라 한전이 부담 설치 · 소유한다.

② 제1항에도 불구하고 원격검침을 위해 한전이 송전용 단방향계량장치 및 계량정보 전송을 위한 통신장치를 설치하는 경우 한전이 설치·관리하되, 설치·관리에 드는 비용은 전력공급자가 부담한다.

③ 제1항에도 불구하고 지침 제12조 제1항에 따라 발전전력량과 수전전력량을 동시에 계량할 수 있는 양방향 계량장치, 계량정보 전송을 위한 통신

장치를 설치하는 경우 한전이 설치·관리하되, 설치·관리에 드는 비용은 한전과 전력공급자가 똑같이 나누어 부담한다.

④ 제1항부터 제3항까지의 계기는 계량에 관한 법률에서 정하는 규격 또는 이와 동등한 규격에 적합한 제품이어야 하며, 기술기준은 한전의 "전기계기업무기준" 및 "배전계통연계 분산형전원 계량장치 시설지침"에 따른다.

⑤ 제1항 및 제2항의 전력량계는 역방향 계량이 되지 않는 것이어야 한다.

제13조(검침 및 계량)

① 전력량계의 검침은 지침 제13조 및 제14조에 따른다.

② 전력공급자와 한전이 지침에 의거 시간대별 실제발전량 방식으로 계약하는 경우 시간대별 발전량을 계량한다.

③ 전력공급자와 한전이 지침에 의거 발전량 균등화 방식으로 계약하는 경우 월누적 발전량을 계량한다.

④ 전력공급자의 수급전력량은 송전용 계량장치에 시현된 계량값으로 한다. 단, 원격검침이 가능한 경우 한전의 원격검침 시스템에 표시되는 값을 계량값으로 인정할 수 있다.

⑤ 원격검침시 통신회선비 등 원격검침에 따른 소요비용은 단방향계량장치를 설치한 경우에는 전력공급자가 부담하고, 양방향계량장치를 설치한 경우에는 한전과 전력공급자가 똑같이 나누어 부담한다.

⑥ 한전에서 원격검침 추진시 전력공급자는 구내 통신망 구성, 전력량계측 모뎀 설치, 작업자 구내출입 등에 협조하여야 한다.

제14조(검정, 점검 및 검사)

① 전기계기의 검정은 계량에 관한 법률에 따라 시행하고, 점검 및 검사는 한전이 정하는 규정에 따라 쌍방의 합의하에 별도로 정하는 일시에 실시한다.

② 전기계기의 고장, 기타 필요하다고 인정되어 일방 당사자가 요청한 때에는 수시로 점검 및 검사를 실시한다.

③ 제1항 및 제2항에 의한 점검 및 검사는 전력공급자 입회하에 한전이 실시하며, 발생비용은 전력공급자가 부담한다.

④ 전력공급자가 고의 또는 과실로 한전의 계량장치 등을 손상하거나 망실한 경우에는 손해를 배상해야 한다.

⑤ 한전이 설치한 송전용 단방향계량장치의 검정기한 만료 및 고장으로 계량장치를 교체할 경우 등 유지비용은 전력공급자가 부담하며, 한전이 설치한 양방향계량장치의 검정기한 만료 및 고장으로 계량장치를 교체할 경우 등 유지비용은 한전과 전력공급자가 똑같이 나누어 부담한다. 다만, 수전용 전력량계는 전기공급약관에 의거 한전이 부담한다.

제15조(오차시험 및 수급전력량협정)

① 전력량계의 오차가 법정 사용공차를 초과한 경우에는 다음 산식에 의거 협정전력량을 산출한다.

$$\text{협정전력량} = \frac{\text{계량된 전력량}}{100\% + (\pm\text{오차율})}$$

이 경우 협정기간은 오차발견일이 속하는 월부터 국가검정을 받아 재부설한 날까지로 하며, 시험점 전류는 협정기간중의 발전시간에 대한 평균전류로 한다.

② 고장, 기타 원인에 의하여 전력량계가 동작하지 않을 경우의 협정전력량 계산은 다음 산식에 의한다.

$$\text{협정전력량} = \text{고장기간의 발전단전력량} \times \frac{\text{고장전월의 수급전력량}}{\text{고장전월의 발전단전력량}}$$

③ 고장, 기타 원인에 의하여 협정전력량을 정확하게 확인하기 곤란한 경우에는 쌍방이 입수할 수 있는 운전 및 기타 관계자료를 기준으로 쌍방이 협의결정한 다.

제 4 장 요금의 산정, 청구 및 지급 등

제16조(요금의 산정)

① 한전이 전력공급자로부터 받은 전력에 대한 요금은 지침 제13조 및 제14조에 따라 계량된 값에 지침 제5조 제1항에 따라 전력공급자가 제출한 합의서에 기재되어 있는 단가를 적용 후, 지침 제15조, 제16조 및 본 계약 제13조 제5항에 따라 산정하여 확정한다.

② 2개 이상 발전사업허가를 합산하여 제3자간 전력거래계약을 체결하는 경우 지침 제15조에 따른 거래 수수료 및 본 계약 제13조 제5항에 따른 원격검침 통신회선비는 전력량계별로 산정 및 합산하여 요금에서 차감한다.

제17조(요금의 청구 및 지급) 한전은 지침 제17조에 따라 요금을 지급한다. 단, 지급일이 공휴일이거나 영업일이 아닌 경우에는 그 익일에 지급한다.

제18조(요금의 체불) 한전이 전력공급자에게 지급할 요금을 한전의 사정으로 지침 제17조에 명시한 기일까지 지급하지 아니한 경우, 한전은 미지급 요금에 대하여 한전이 약관에 따라 일반 전기사용자에게 적용하는 것과 동일률의 연체료를 일할계산하여 지급한다.

제19조(단수처리) 본 계약의 모든 계산에 있어서 단수의 처리는 다음 각 호와 같이 한다.

1. 연미만은 월할계산하고, 월미만은 일할 계산한다.
2. 전력요금의 총액은 국고금 단수처리기준에 따른다.

제20조(부족발전량 공급)

① 전력공급자가 지침 제6조에 따라 발전량을 공급하고도 전기사용자가 추가 발전량이 필요한 경우, 추가 발전량은 지침 제10조에 제1항에 따라 한전이 공급한 것으로 본다.

② 한전은 지침 제10조 제2항에 따라 전력공급자가 고의 또는 중대한 과실로 인해 공급하지 못한 전력량에 대하여 한전은 해당 시간대 계통한계가격과 약관에 따른 전기사용자의 경부하 시간대에 적용하는 전력량 요금과의 차액에 100분의 130을 곱한 금액을 부과한다.

③ 전력공급자가 제2항에 따른 위약금을 지급하지 않을 경우 한전은 지침 제16조에 따라 전력공급자에게 지급할 금액 중 위약금을 차감하고 지급한다.

제 5 장 전력수급의 중지 또는 제한

제21조(전력수급의 중지 등) 한전은 다음 각 호에 해당할 경우에는 전력공급자의 전력 송·수전을 중지 또는 제한할 수 있으며(신재생발전기 출력제어 포함), 이 경우 한전은 그 내용을 전력공급자에게 미리 통지한다. 다만, 긴급하거나 부득이한 경우에는 중지 또는 제한 후에 통지할 수 있다.

1. 전기설비를 개조, 변조, 훼손 및 조작(造作)하여 부정하게 전기를 수급하는 경우
2. 고의 또는 중대한 과실로 한전의 전기공급을 저해하거나 저해할 우려가 있는 경우
3. 제9조(피해방지장치 등의 설치)의 규정에 의한 조정장치나 피해방지장치를 설치하지 않은 경우
4. 한전 직원의 출입을 정당한 이유없이 거절한 경우
5. 법령에 의하여 산업통상자원부장관 또는 기타 행정기관의 장이 요청하는 경우
6. 전기의 수급조절로 인해 부득이한 경우
7. 한전의 전기설비에 고장이 발생하거나 발생할 우려가 있는 경우
8. 한전의 전기설비에 대한 수리, 변경 등의 공사로 인해 부득이한 경우
9. 전압 및 주파수에 심한 불균형이나 변동이 발생하거나 발생할 우려가 있는 경우
10. 전쟁, 천재지변 등 전력공급자 또는 한전이 합리적으로 통제할 수 없는 부득이한 사유가 발생한 경우
11. 기타 전기안전을 위하여 필요한 경우

제22조(계약의 해지)

① 한전은 다음 각 호의 사유가 발생할 경우 본 계약을 해지할 수 있다. 제1호, 제2호 및 제4호에 해당되는 경우 한전은 해지 예정 1주일 전에 내용증명으로 전력공급자에게 해지를 통보하고, 제3호에 해당하는 경우 전력공급자는 해지 예정 1주일 전에 내용증명으로 한전에 해지를 요청하여야 한다.

1. 전력공급자가 설비의 소유권을 상실하거나 사업허가가 취소되는 등 계약을 이행 하지 못할 것이 명백하여 이의 해소를 서면으로 안내하고 안내 후 1개월 경과 후에도 미해소된 경우

2. 전력공급자가 「국토의 계획 및 이용에 관한 법률」을 위반하여 개발행위 허가를 받지 않고 계약을 체결하거나 개발행위허가가 취소된 경우
3. 전력공급자가 제3자간 전력거래계약용 송·배전용전기설비 이용계약을 유지할 수 없는 경우
4. 전력공급자가 관련 법령을 또는 본 계약을 위반하여 본 계약을 유지할 수 없는 경우

② 한전은 지침 제9조에 따라 전력공급자와의 전력거래계약을 해지하는 경우 전력공급자에게 지체없이 계약 해지 사실을 통지하여야 한다.

제 6 장 보 칙

제23조(손해배상의 면책) 한전은 다음 각 호에 해당하는 사유로 전력공급자가 받은 손해에 대해서는 배상책임을 지지 않는다.

1. 전력공급자와 전기사용자의 합의에 의해 제3자간 전력거래계약을 해지한 경우
2. 한전의 고의 또는 중대한 과실이 아닌 사유로 전력 송·수전이 이루어지지 않는 경우
3. 한전의 책임이 아닌 원인으로 누전 또는 기타 사고가 발생한 경우

제24조(법령 위반시의 책임) 전력공급자는 본 계약과 관련하여 「전기사업법」, 「국토의 계획 및 이용에 관한 법률」(개발행위 허가 관련 사항 포함) 등 관련 법령을 위반한 경우, 이로 인해 발생한 분쟁에 대하여 모든 민·형사상의 책임을 진다.

제25조(통고 및 청구) 본 계약에 의한 모든 통고, 요청 또는 청구는 서면에 의함을 원칙으로 하며, 그 의사표시가 상대방에 도달한 때 효력이 발생한다.

제26조(해석 및 분쟁해결)

① 본 계약에 명시되지 아니한 사항 또는 계약조항의 해석은 지침 등 관련 법령을 기준으로 상호 협의하여 결정한다.

② 제1항에도 불구하고 협의가 이루어지지 아니하여 분쟁이 발생하는 경우에는 「전기사업법」 제57조에 의한 전기위원회 재정에 따라 해결한다.

제27조(계약의 효력 발생) 본 계약의 효력은 지침 제5조에 따라 산업통상자원부 장관의 전력거래계약 인가를 받은 날부터 발생한다.

제28조(계약의 유효기간) 본 계약의 유효기간은 지침 제5조에 따라 제출한 합의서에 기재된 기간 및 제7조, 제8조에 따른다.

제29조(승계인과 양수인) 본 계약상 쌍방의 모든 권리, 의무는 각자의 승계인과 양수인에게 대하여도 동일한 효력을 가진다.

본 계약을 증명하기 위하여 본 계약서 원본 2부에 쌍방의 대표자가 기명날인한 후 각 1부씩 보관한다.

2024 년 xx월 xx일

전력공급자 :	전력구입자 :
상명대학교 산학협력단	○○시 ○○구 ○○동 ○○번지
	한국전력공사 ○○본부(지사)
	본부(지사)장 ○○○

6.2.2 병렬운전 조작합의서

○ 한국전력공사의 전력계통과 연계시켜 병렬운전을 하기 위해 작성해야 하는 서류이며, 표준 전력구입 계약서와 마찬가지로 PPA 거래를 위해 작성 해야 하는 서류임

<서식 6-5> 병렬운전 조작합의서

병렬운전 조작합의서

[특고압 연계]

제주특별자치도 서귀포시 색달동 624-1번지에 소재한 ㈜상명대학교 산학협력단 450W × 224매를 한국전력공사(이하 "을"이라 한다)에서 운영하는 전력계통과 병렬운전하기 위한 적절한 조치와 고장 발생시 신속한 복구를 위해 상호간 협조해야 할 급전운영에 대한 기본사항을 아래와 같이 합의하고 이를 준수한다.

1. 병렬운전

가. 갑의 발전기는 22.9㎸ 신**변전소의 '탐라' 배전선로와 상시 병렬운전되어야 한다.

나. 갑의 발전기와 을의 계통과의 병렬투입은 갑 구내에 설치되어 있는 동기 검정장치에 의해 조작한다.

다. 갑 발전기의 병렬투입 또는 해제조작은 그 전·후에 반드시 을에게 연락되어야 한다.

라. 갑의 발전기와 조상기는 전압변동을 최소로 억제하도록 운전되어야 한다.

마. 갑 발전기의 조속기는 을의 계통과 병렬운전 중 정상 운전되어야 하며 계통 주파수의 안정을 위해 갑과 을이 동시에 노력해야 한다.

바. 만일 병렬운전 중 갑의 발전기 또는 을의 계통에 이상현상(무경고 정전, 계통 동요, 과도한 전압 및 주파수 변동 등)이 발생할 경우에는 갑은 고장 확대를 방지하기 위하여 즉시 을에게 이상현상을 통보해야 하며, 자체 설비를 보호하기 위한 충분한 보호장치를 구비해야 한다.

사. 갑의 발전기를 을의 계통에 연계하기 위한 연계 변압기의 중성점 접지방식은 을의 결정에 따른다.

2. 급전운영

가. 갑의 발전소와 을의 22.9㎸ 신**변전소간의 연락은 전력보안 통신용 직통 전화(또는 가입 동일지역인 경우 "발전소 전용 국선전화")를 이용하는 것을 원칙으로 하되, 필요시 갑과 을이 협의하여 다른 통신수단을 이용할 수 있으며 주요 급전사항에 관하여는 갑과 을이 협의하여 결정한다.

나. 전력보안 통신용 직통전화가 불통 시에는 국선전화 또는 통화 가능한 모든 통신 수단을 이용하여야 하며 갑은 직통전화의 신속한 복구에 적극적으로 노력하여야 한다.

3. 잉여전력 수급

갑의 발전기를 을의 계통과 병렬운전 중 갑의 발전기에서 잉여전력이 발생하는 경우에는 을의 계통에 송전할 수 있으며 송전전력량에 대한 요금 및 수급계약은 별도로 정하는 바에 따른다.

※ 단순병렬의 경우 상기 3항을 아래 사항으로 대체

3. 역송방지

가. 갑의 발전기를 을의 계통과 병렬운전 중 갑의 급격한 부하감소 또는 을의 계통 사정으로 인하여 갑의 발전전력이 을의 계통으로 역송되지 않도록 갑은 필요한 조치를 취해야 한다.

나. 갑은 어떠한 형태로도 역송에 대한 보상을 요구하지 않으며, 역송으로 인해 일어나는 모든 고장 및 안전사고의 책임(민·형사상 포함)을 진다.

4. 고장시 조작

가. 갑의 발전소

1) 갑은 고장이 발생하면 즉시 구내계통 고장의 유무를 확인하고 개폐기 조작상황, 보호계전기 동작상황, 고장원인, 조치내용, 기타 필요한 사항을 을에게 즉시 통보해야 하며, 을로부터 요청이 있을 경우 문서로 상기 내용을 송부하여야 한다.

2) 갑의 구내계통측 연계 차단기가 자동 차단되었을 경우 을의 계통 선로가 무전압이면 가압을 기다리고, 가압이 되어 있거나 가압이 되어오면 을과 협의 후 해당 차단기를 투입하여 발전기를 병입하거나 수전하고 그 결과를 을에게 통보한다.

3) 갑의 구내계통측 연계 차단기가 동작함이 없이 을의 계통 선로가 무전압 상태(단독운전 상태)가 되면, 갑의 구내계통측 연계 차단기를 수동 개방하고 2)항에 준한 조작을 한다. 단, 전용선로가 아닌 일반선로로 연계된 경우에는 갑에게 연락 없이 을이 선로 가압을 할 수 있으므로 가압으로 인해 충전되는 부위에는 절대로 접근해서는 안 된다.

4) 갑은 갑의 구내계통에 고장이 발생하였을 경우에는 즉시 고장개소를 분리하고 고장원인을 제거한 후 을에게 통보하고 상호 협의하여 조작한다.

나. 을의 22.9㎸ 신**변전소 또는 '탐라' 배전선로

※ 지중선로의 경우

1) 을은 지중선로의 강행송전은 시행하지 않는 것을 원칙으로 한다. 단, 고장원인이 제거된 후 갑의 요청이 있을 경우에는 선로가 무전압임을 확인 후 변전소의 운전전압으로 송전을 시행한다. 이 때, 선로 고장으로 판단될 경우에는 갑은 고장복구를 위하여 적극 협조하여야 한다. 단, 전용선로가 아닌 일반선로로 연계된 경우에는 갑의 요청 없이 을이 선로가 무전압임을 확인 후 강행송전할 수 있다.

2) 전원측(을의 변전소 또는 T/L측) 정전이 되었을 경우에는 을은 갑에게 고장상황을 통보하고 전원 복구를 기다려 1)항에 준한 조작을 한다.

※ 가공선로의 경우

1) 을의 계통 선로 고장시 갑은 고장복구를 위하여 적극 협조하여야 하며 선로 고장의 원인이 제거되면 을은 선로가 무전압임을 확인한 후 갑의 요청에 의해 변전소의 운전전압으로 가압한다. 단, 전용선로가 아닌 일반선로로 연계된 경우에는 갑의 요청 없이 을이 선로가 무전압임을 확인 후 가압할 수 있다.

2) 전원측(을의 변전소 또는 T/L측) 정전이 되었을 경우에는 을은 갑에게 고장상황을 통보하고 전원 복구를 기다려 1)항에 준한 조작을 한다.

5. 전기설비의 휴전작업

가. 갑은 수전이 중단되거나 발전기 운전이 곤란한 전기설비의 예정 휴전작업을 1주일 전에 을에게 통보하여야 하며, 을의 신**변전소 구내 또는 '탐라' 배전선로 휴전작업 등으로 송·수전을 중단하고자 할 때는 1주일 전에 갑과 협의하여 작업기일을 결정한다. 단, 긴급을 요하는 휴전작업은 당일 사전통보로도 실시할 수 있다.

나. 갑의 발전기가 연계되어 있는 을의 계통 선로 휴전작업 시에는 갑의 발전전력 역송으로 인한 안전사고 예방을 위해 을의 선로용 차단기 및 개폐기의 개방과 함께 갑의 구내계통측 연계 차단기 및 개폐기도 반드시 개방되어야하며 갑은 그 결과를 을에게 통보하여야 한다.

다. 갑과 을은 전기설비가 휴전되었음을 확인한 후 해당 전기설비를 접지하여 안전사고를 예방하여야 한다.

6. 보호장치의 시설

가. 최초 병렬운전 또는 병렬운전 조건이 변동(연계용량 변경, 연계선로 또는 설비 변경 등)될 때 연계선로 및 설비에 대한 보호방식(보호장치 및 관련설비)은 갑과 을이 협의하여 결정한다.

나. 갑은 보호방식 검토에 필요한 관련 자료를 첨부하여 을에게 검토 의뢰한다.

다. 갑은 을과 협의하여 결정한 구내계통측 보호장치 및 관련설비를 발전기 병렬운전 개시 전에 시설해야 한다.

라. 갑은 차단기 투입시 비동기로 인한 고장파급을 방지하기 위하여 갑의 발전기에 동기 투입장치를 시설해야 한다.

7. 보호계전기의 정정 및 시험

가. 연계선로 및 설비 보호를 위한 보호계전기 정정은 을측 소유설비는 을이, 갑측 소유설비는 갑이 실시한다. 이 경우 갑은 보호협조를 위하여 갑 소유의 구내계통측 보호배전반에 대한 보호계전기 정정 검토서를 을에게 제출하여 기술검토를 받아야 한다.

나. 갑 소유 보호계전기의 준공시험은 갑이 실시하고, 그 결과를 지체 없이 을에 통보한다. 또한 갑은 전기사업법 제65조(정기검사)에 의해 정기검사를 실시하고, 그 결과를 3개월 이내에 을에게 통보한다.

다. 보호계전기의 재 정정시험 또는 임시시험 등이 필요하다고 인정되어 일방 당사자가 요청할 경우에는 상호 협의하여 정하는 일시에 갑과 을은 각각의 해당 소유설비에 대하여 시험을 시행한다.

8. 발전, 수전 및 송전기록

갑과 을은 상호간에 발전, 수전 및 송전기록 통보를 요구할 수 있고 이에 협조하여야 한다.

9. 발전기가 연계된 전력계통의 전력량계는 3상4선식(3CT) 계량방식으로 하여야 한다.

10. 기타 사항

가. 이 합의서에서 정하지 않은 사항은 갑과 을이 상호 협의하여 결정한다.

나. 갑 또는 을의 발전, 수전 및 송전설비가 변경되거나 계통운영이 자동화되어 본 합의서 항목의 적용이 불합리하거나 미비할 경우에는 쌍방 서면 합의에 의하여 본 합의서를 개정할 수 있다.

다. 관련 법령 제·개정 등 전력산업 환경이 변동될 경우 제·개정된 법령 등에 따라 필요시 본 합의서를 다시 체결한다.

라. 본 합의서에 대하여 갑과 을 당사자간 합의가 되었음을 증명하기 위해 쌍방의 대표자가 기명 날인한 후 1통씩 보관한다.

2024 년 05월 xx일

갑 제주특별자치도 서귀포시 색달동 624-1번지
상명대학교 산학협력단
○ ○ ○ (인)

을 제주특별자치도 제주시 문연로 36 한국전력제주특별지사
한국전력공사 제주도전력지사장
○ ○ ○ (인)

6.2.3 계좌이체거래 약정서

○ 전력수급계약 체결 후 전력 판매 대금지급을 위한 서류로, 한전 표준 양식으로 제출해야 함

<서식 6-6> 계좌이체거래 약정서

계좌이체거래 약정서('16.08.22 시행)

계좌이체거래 약정서

【 ■사업자, □개인 】

1. 고객사항 (* 필수항목)

*상 호	상명대학교 산학협력단	*성 명	원성재	*사업자/주민등록번호	110371-0013146 (01-82-22512)
*주 소	서울특별시 종로구 홍지문2길 20				
담당자	000	전화번호	02-xxx-xxxx	e-mail	xxxxxx@smu.ac.kr

○ 주민등록번호는 「소득세법」 제127조(원천징수의무), 제164조(지급명세서의 제출)에 의거하여 수집 · 이용합니다.

2. 계좌이체 거래은행

*은행명	xx은행	*계좌번호	xxxxxx-xx-xx-xxxx	*예금주	000
				*약정자와의 관계	본인

3. 약정사항

○ 본 약정서에 명시된 거래은행, 예금주, 계좌번호에 의하여 대금을 계좌 입금한 이후에 발생한 손해에 대하여 당사는 일체 그 책임을 지지 않습니다.

○ 이체금액 착오발생시 한전은 예금주의 동의 없이 취소 또는 정정할 수 있습니다.

○ 기재된 전화번호 및 e-mail을 통해 입금정보를 제공 받는 것에 동의합니다.

【개인정보 수집 · 이용 동의서】

한국전력공사와 발생한 거래에 대한 대금지급을 위하여 개인정보보호법 제15조(개인정보의 수집 · 이용), 제22조 (동의를 받는 방법)에 따라 동의를 받고자 합니다.

개인정보의 수집·이용 목적	거래에 대한 입금처리 및 이와 관련한 소득세, 지방소득세, 부가세 등 각종 세무 신고 및 상기 업무 수행 관련 문제 발생 시 연락
수집하려는 개인정보의 항목	**(필수)** 상호, 성명, 사업자(주민)번호, 주소, 은행명, 계좌번호, 예금주, 약정자와의 관계 **(선택)** 담당자, 전화번호, e-mail
개인정보의 보유 및 이용기간	특정 법률에 정한 경우를 제외하고는 민법 제162조(채권, 재산권의 소멸시효)에 따라 거래 완료 후 최장 10년간 보관. 다만, 채권 · 채무 잔존 시에는 채권 · 채무 정산 시까지
※ 귀하는 상기 개인정보 수집 · 이용에 대한 동의를 거부할 권리가 있으나 미동의시 대금 지급이 필요한 업무의 참여, 수행 등에 제한을 받을 수 있습니다.	

(위 내용에 동의합니다. ■ 동의함 □ 동의하지 않음)

[법정대리인 동의]
(만 14세 미만인 경우에 해당하며, 개인정보보호법 제22조 제5항에 의거 법정대리인의 동의를 받습니다)

법정대리인 성명	연락처	관계
(인/서명)		
위 내용에 동의합니다. □ 동의함 □ 동의하지 않음		

2024 년 XX월 xx일

약정자(대표자) 000 (서명 또는 날인)

한전결재	담 당	차 장	팀 장

한국전력공사 KOREA ELECTRIC POWER CORPORATION

7. 준공검사

7.1 개발행위준공검사 신청서

○ 개발행위준공검사신청서는 개발행위를 완료한 후 허가권자의 준공검사를 받기 위해 제출하는 서류로 국토의 계획 및 이용에 관한 법률 시행규칙 별지 제6호 서식에 따라 작성함

<서식 7-1> 개발행위준공검사 신청서

■ 국토의 계획 및 이용에 관한 법률 시행규칙 [별지 제6호서식] <개정 2015.6.4.>

개발행위준공검사신청서

(앞쪽)

접수번호	접수일	처리기간	7일

신청인		
	000	1xxx. xx. xx
	주소 서울시 종로구 홍은동 2길 20 (우편번호 : 03016) (전화번호 : 02-2287-5114)	

신청사항				
	사업(행위)의 종류	태양광 발전 사업		
	위치	제주특별자치도 서귀포시 색달동 624-1		
	면적	1,302.4㎡	허가일자	xxxx. xx. xx
	사업기간	착공 2024 년 04 월 15 일, 준공 2024 년 11 월 01일		

신청내용	
	준공면적 1,302.4㎡
	도로
	급수시설
	배수시설
	기타시설 100 kW 급 태양광 발전시설 및 송,배전시설
	기타사항

「국토의 계획 및 이용에 관한 법률」 제62조제1항 및 같은 법 시행규칙 제11조에 따라 위와 같이 준공검사를 신청합니다.

xxxx년 xx 월 xx 일

신청인 (서명 또는 인)

특별시장 · 광역시장 · 특별자치시장 · 특별자치도지사 · 시장 · 군수 귀하

첨부서류	1. 준공사진 2. 지적측량성과도(토지분할이 수반되는 경우와 임야를 형질변경하는 경우로서 「공간정보의 구축 및 관리 등에 관한 법률」 제78조에 따라 등록전환 신청이 수반되는 경우에 한정합니다) 3. 「국토의 계획 및 이용에 관한 법률」 제62조제3항·제4항에 따른 관계 행정기관의 장과의 협의에 필요한 서류	수수료 없음

210mm×297mm[백상지 80g/㎡(재활용품)]

(뒤쪽)

유의 사항

「국토의 계획 및 이용에 관한 법률」 제56조제1항제1호의 행위에 대하여 「건축법」 제22조에 따른 건축물의 사용승인을 얻은 경우에는 준공검사를 받은 것으로 봅니다.

처리 절차

신 청 인	처 리 기 관(담 당 부 서)
	특별시·광역시 • 특별자치시 • 특별자치도 • 시 • 군 (개발행위준공검사 담당부서)

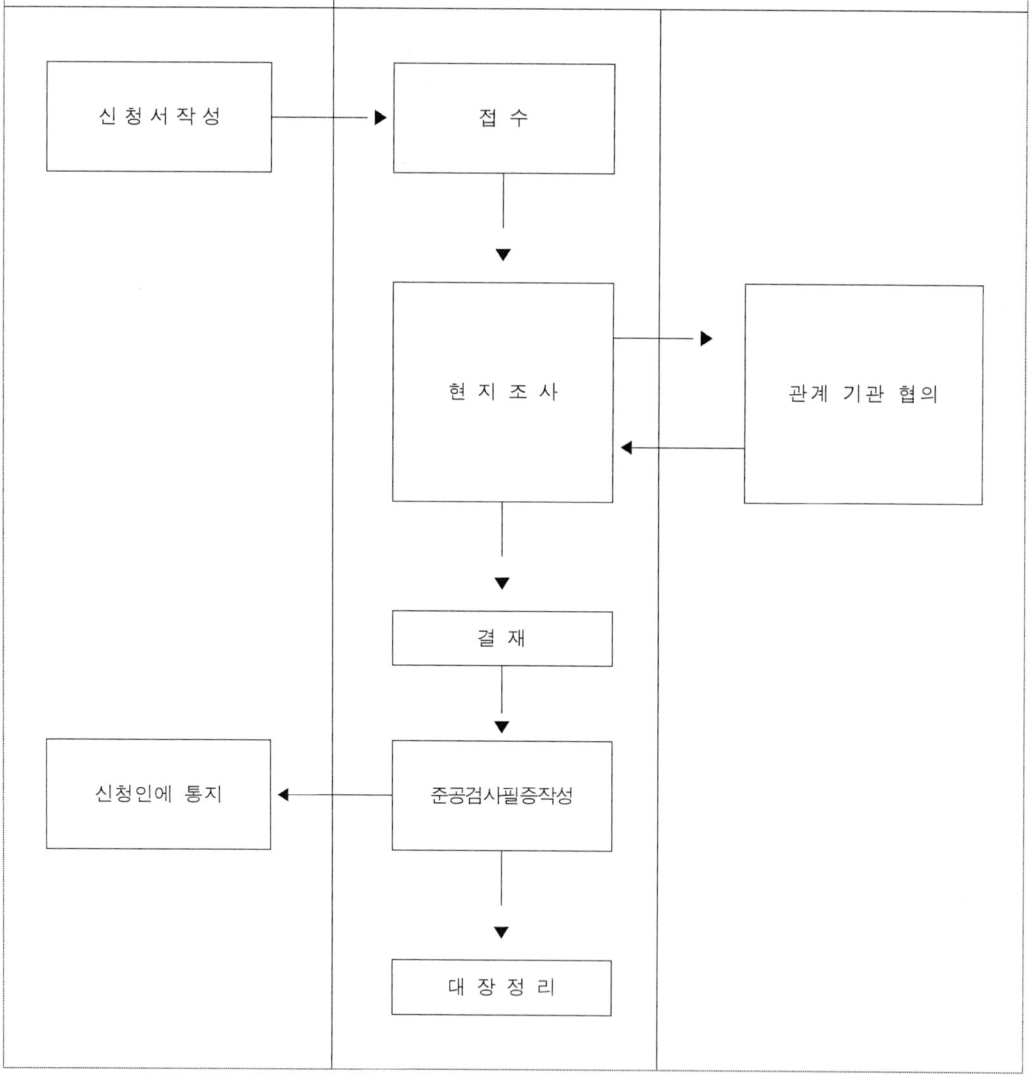

7.2 준공사진

○ 준공 사진은 준공 이후 태양광 발전소 설치현장을 촬영한 사진으로 태양광 발전소의 전경, 모듈과 인버터의 명판, 구조물의 기초사진, 기타 배수로나 분전반 등의 사진을 정리하여 제출

<서식 7-2> 준공사진

[별 첨1] 태양광 설치현장사진(사례)

□ **(Case1 : 일반부지 이용)** 현장여건에 따라 달라질 수 있으며, 아래의 주요사항을 확인할 수 있도록 **사진은 여러장 첨부**

구 분	제출 사진		Note
전경 사진	 전경 사진1	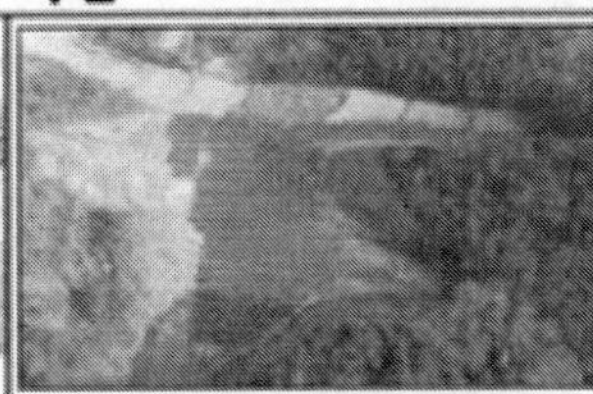 전경 사진2(경계 구분)	•모듈 설치형태를 확인 할 수 있도록 전체 전경사진 <u>여러장</u> 첨부 •발전소가 인접할 경우, 발전소별 조직 경계를 구분하여 사진 첨부
명판 사진	 모듈 명판 사진	 인버터 명판 사진	•현장에 설치된 명판 사진 첨부 (해당설비 포함) -신청서의 모델명, 인증번호와 일치여부 확인 필요
구조물 기초 사진	 기초구조물1	 기초구조물2(길이측정)	•설치도면과 부합하게 기초구조물의 사양을 확인할 수 있는 사진 <u>여러장</u> 첨부 •스파이럴(각관 등) 구조 경우, GL내에 설치된 구조물의 측정사진 첨부 ※GL(Ground Level)
기타 사진	 배수로	 기타(접속반 등)	•현장에 설치된 설비 및 관련 사진 여러장 첨부

7.3 지적측량성과도

7.3.1 지적측량 의뢰서

○ 지적측량이란 토지를 지적공부에 등록하거나 지적공부에 등록된 경계를 복원할 목적으로 소관청이 직권 또는 이해관계인 신청에 의해서 각 필지의 경계 또는 좌표와 면적을 정하는 측량으로 개발행위 이후 개발행위서류에 명시되어 있는 개발행위면적과 최대한 동일하게 진행하였는지 확인하기 위한 과정

<서식 7-3> 지적측량 의뢰서

■ 공간정보의 구축 및 관리 등에 관한 법률 시행규칙 [별지 제15호서식] <개정 2017. 1. 31.>

지적측량 의뢰서

(앞쪽)

상담번호	상담일	측 량 예정일	처 리 기간	아래참조

의뢰인	성명 000	XXXX. XX. XX
	전화번호 000-xxxx-xxxx	소유자와의 관계 본인
	전자우편	
	주소	

토지소재		지번	지목	원면적 (㎡)	분할 후 예정 면적	축척	측량 종목	필지 수	단가	수수료	용도지역
구·읍·면	동·리										
	색달동	6-2	자연녹지지역	3,121㎡			지적 현황 측량				
계											

측량목적 또는 요망사항

신청 방법	영수증 발급 구분	측량성과도 받는 방법	신청대행
[ ]방문 [ ]전화 [ ]팩스 [ ]인터넷 [ ]우편 [ ]기타	[ ]현금영수증 [ ]세금계산서	[ ]본인수령 [ ]우송 [ ]전자우편 [ ]기타	[ ]공부정리신청 [ ]등본신청 대장 통

「공간정보의 구축 및 관리 등에 관한 법률」 제24조제1항 및 같은 법 시행규칙 제25조제1항에 따라 위와 같이 의뢰합니다.

2024 년 XX 월 XX 일

의뢰인 (서명 또는 인)

상담자 (서명 또는 인)

귀하

첨부서류	의뢰 사유를 증명하는 서류	수수료 국토교통부장관의 고시에 따름

처리기간

1. 일반업무
   ○ 측량 5일, 검사 4일(지적측량기준점 설치 시 15점 이하는 4일, 15점을 초과할 때는 4점마다 1일 가산)
2. 계약업무
   ○ 계약에 의한 경우에는 협의 또는 계약에 의한 기간

210mm×297mm[백상지(80g/㎡) 또는 중질지(80g/㎡)]

(뒤쪽)

처 리 절 차

의 뢰 인	처 리 기 관
	지적소관청 또는 지적측량수행자

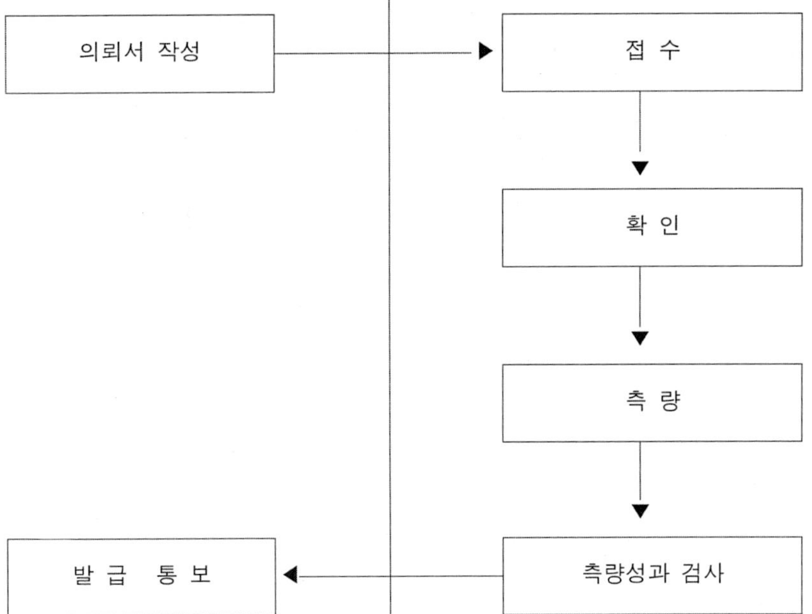

7.3.2 위임장 (토지소유자가 아닌 경우)

○ 지적측령업무 수행자에게 지적측량을 의뢰하는 의뢰자가 토지소유자가 아닌 경우 실 토지 소유자에게 위임장과 함께 지적측량 의뢰서를 제출하여야 함

<서식 7-4> 위임장

■ 지적업무처리규정 [별지 제3호서식] <개정 2014.12.31>

위 임 장

<table>
<tr><td rowspan="4">위임자
(토지소유자)</td><td>성 명</td><td>000</td><td>생년월일
(사업자등록번호)</td><td>001122</td></tr>
<tr><td>주 소</td><td>서울특별시 xx구</td><td>전화번호</td><td>010-1234-5678</td></tr>
<tr><td>측량종류</td><td colspan="3">분할/경계복원</td></tr>
<tr><td>의뢰 토지</td><td colspan="3">지번 기재</td></tr>
<tr><td rowspan="2">피위임자</td><td>성명</td><td>000</td><td>생년월일
(사업자등록번호)</td><td>001212</td></tr>
<tr><td>주소</td><td>서울특별시 종로구
홍지동 2길 20</td><td>전화번호</td><td>02-2287-5114</td></tr>
</table>

지적업무처리규정 제16조제1항의 규정에 의하여 위 사람을 대리인으로 정하고 위 지적측량 의뢰, 현장입회 및 지적측량수수료 납입 또는 정산금 수령에 관한 모든 행위를 위임합니다.

2024년 xx월 xx일

위 임 자 000 (서명 또는 인)

000000 지적측량수행자 귀중

210㎜×297㎜(보존용지(1종) 70g/㎡)

7.4 관계행정기관의 장과의 협의에 필요한 서류

○ 관계행정기관의 장과의 협의 시 '7.준공검사'에서 제출해야 할 서류를 제출해야 함

■ [국토의 계획 이용에 관한 법률]

제 5장 개발행위 허가 등

제1절 개발행위의 허가

제62조(준공검사)

① 제56조제1항제1호부터 제3호까지의 행위에 대한 개발행위허가를 받은 자는 그 개발행위를 마치면 국토교통부령으로 정하는 바에 따라 특별시장·광역시장·특별자치시장·특별자치도지사·시장 또는 군수의 준공검사를 받아야 한다. 다만, 같은 항 제1호의 행위에 대하여 「건축법」 제22조에 따른 건축물의 사용승인을 받은 경우에는 그러하지 아니하다. <개정 2011. 4. 14., 2013. 3. 23.>

② 제1항에 따른 준공검사를 받은 경우에는 특별시장·광역시장·특별자치시장·특별자치도지사·시장 또는 군수가 제61조에 따라 의제되는 인·허가 등에 따른 준공검사·준공인가 등에 관하여 제4항에 따라 관계행정기관의 장과 협의한 사항에 대하여는 그 준공검사·준공인가 등을 받은 것으로 본다. <개정 2011. 4. 14.>

③ 제2항에 따른 준공검사·준공인가 등의 의제를 받으려는 자는 제1항에 따른 준공검사를 신청할 때에 해당 법률에서 정하는 관련 서류를 함께 제출하여야 한다.

■ 공사내용 및 규모에 따라서 상이하고 지자체 별로도 상이하여 관계행정기관의 장과 협의시 필요한 서류를 해당지자체의 문의

■ 통상적으로 개발행위허가에 제출하는 서류들은 모두 제출하여야 함

8. 사업개시 신고

8.1 사업개시 신고서

○ 발전사업 사용전검사가 완료되면 준공이후 전기사업법에 의거하여 사업개시 신고를 하고, 사업개시 신고서를 작성후 해당 지자체의 산업통상자원부에 접수해야 함

■ [전기사업법]

제2장 전기사업

제1절 허가 등

제9조 전기설비의 설치 및 사업의 개시 의무

① 전기사업자는 허가권자가 지정한 준비기간에 사업에 필요한 전기설비를 설치하고 사업을 시작하여야 한다. <개정 2013. 3. 23., 2020. 2. 18.>

<서식 8-1> 사업개시신고서

■ 전기사업법 시행규칙 [별지 제6호서식] <개정 2020. 9. 29.>

사업개시신고서

※ 바탕색이 어두운 난은 신고인이 작성하지 않습니다.

접수번호	접수일자	처리기간 14일

신고인	대표자 성명 XXX	생년월일 XXXX. XX. XX
	주소 서울특별시 종로구 홍은동 2길 20	
	상호 상명대학교 산학협력단	전화번호 02-2287-5114
	소재지 제주특별자치도 서귀포시 색달동 624-1	

신고내용	사업개시 2024. 11. 01
	최초 전력거래일(발전사업자의 경우) 2024. 11. 02
	사업내용 100kW 급 태양광 발전소 운영 및 전력거래 영위

「전기사업법」 제9조제4항 및 같은 법 시행규칙 제8조에 따라 위와 같이 사업개시를 신고합니다.

2024년 xx월 xx일

신고인 000 (서명 또는 인)

산업통상자원부장관
시 · 도지사 귀하

첨부서류	1. 사업개시를 증명할 수 있는 서류(발전사업자의 경우에는 최초로 전력거래를 한 사실을 증명할 수 있는 서류를 말합니다) 2. 「산지관리법」 제39조제2항에 따른 중간복구명령(이에 따른 복구준공검사를 포함합니다)의 이행을 전력거래 전에 완료하였음을 증명하는 서류(「산지관리법」 제39조제2항에 따른 중간복구명령을 받은 발전사업자만 해당합니다)	수수료 없음

처리절차

신고서 작성 및 제출	➔	접 수	➔	신고 수리
신고인		산업통상자원부 시・도		산업통상자원부 시・도

※ 작성방법: 「전기사업법」 제9조제3항에 따라 전기사업별 또는 전기설비별로 구분하여 적습니다(전기사업별 또는 전기설비별로 구분하여 준비기간을 지정받은 경우만 해당합니다)

210mm×297mm(백상지 80g/㎡)

8.2 한전수급계약 체결 사본

○ 전력수급계약은 태양광발전을 통해서 생산된 전기를 한국전력공사에 판매하기 위해 이루어지는 계약으로 한전과 전력수급계약 및 체결단계에서 제출하였던 전력거래계약서의 사본을 사업개시 신고서와 함께 제출해야 함

<서식 8-2> 전력거래계약서

※사업추진절차 6단계 전력수급계약체결 단계의 계약서

제3자간 전력거래계약용

제주시(군)색달동(리)

태양광발전소

제3자간 전력거래계약서

2024 년 xx월 xx일

전력공급자 : 상명대학교 산학협력단

전력구입자 : 한국전력공사

제3자간 전력거래계약서

한국전력공사(이하 “한전”이라 함)와 제주도 서귀포시 색달동 624-1에 위치한 태양광발전소에서 전력을 생산하는 자 상명대학교 산학협력단(이하 “전력공급자”라 함)는 발전설비용량 100.8kW의 전력을 거래함에 있어 산업통상자원부장관이 고시한 「신·재생에너지 발전전력의 제3자간 전력거래계약에 관한 지침」(이하 “지침”이라 함) 제5조 제2항에 따라 다음 각 조항을 내용으로 하는 제3자간 전력거래계약(이하 “본 계약”이라 함)을 체결한다.

제 1 장 총 칙

제1조(전력수급지점) 한전과 전력공급자의 전력수급지점은 한전의 ‘탐라’ 배전선로에 설치 하는 인입개폐기의 전력공급자의 발전소측 연결점으로 한다.

제2조(책임한계점과 재산한계점) 한전과 전력공급자의 책임한계점과 재산한계점은 제1조에 정한 전력수급지점으로 한다.

제3조(전력수급방식) 한전과 전력공급자의 전력수급방식은 제1조에 정한 전력수급지점에서 “전압 22.9kV, 교류 3상 4선식”으로 한다.

제4조(연계기준) 전력공급자는 한전의 계통 연계시 한전의 분산형 전원 배전계통연계기술기준 및 발전기 병렬운전 연계선로 보호업무기준에 따라야 한다.

제5조(선로구성)

① 전력공급자가 한전에 전력을 공급하는 공급용(발전) 선로와 한전으로부터 수전하는 수전용 선로는 동일선로로 구성한다. 다만, 예비선로를 구성하는 등 기술적 기타 부득이한 사유가 있는 경우에는 쌍방이 협의하여 별도 선로로 구성할 수 있다.

② 기존 한전의 전기공급설비로부터 전력수급지점까지의 선로는 한전이 설치 · 소유하되, 설치비용은 전력공급자가 부담한다.

③ 전력수급지점으로부터 전력공급자의 발전소까지의 선로는 전 력공급자가 설치・소유한다.

④ 전력공급자의 설비를 한전선로에 접속함으로 발생되는 한전설비 보강분에 대한 소요공사비는 전력공급자가 부담한다.

제6조(지침의 적용) 본 계약에서 정하지 아니한 사항에 대하여는 지침에 따르며, 지침이 변경되는 경우에는 변경된 지침을 적용한다.

제7조(세부시행사항 결정) 본 계약에서 정하지 아니한 사항이나 본 계약의 시행에 필요하다고 인정되는 사항은 지침에 반하지 아니하는 범위 내에서 상호협의하여 결정한다.

제 2 장 발전시설 운전

제8조(기기설치)

① 전력공급자가 발전전력을 송출함에 따라 발생되는 보호계전장치 설치 등 제반비용은 전력공급자가 부담한다.

② 한전이 전력공급자에게 수전용 전력을 공급함에 따른 제반비용 및 공급조건・요금 등에 대해서는 전기사업법 제16조의 규정에 따라 산업통상자원부장관의 인가를 받은 전기공급약관(이하 "약관"이라 함)에 따른다.

③ 제1항 및 제2항에 의하여 설치된 모든 설비는 제2조의 재산한계점을 기점으로 하여 각각 소유하고 유지, 보수 및 보안의 책임을 진다.

제9조(피해방지장치 등의 설치)

① 전력공급자는 다음 각 호의 1에 해당하는 원인으로 다른 사람의 전기사용을 방해하거나 방해할 우려가 있는 경우 또는 한전의 전기공급설비에 지장을 주거나 지장을 줄 우려가 있을 경우에는 전력공급자의 부담으로 한전과 협의하여 조정장치나 피해방지장치를 설치하여야 하며, 특히 필요한 경우에는 전선로를 변경하거나 전용전선로를 설치하여야 한다.

1. 각 상의 전류가 현저하게 평형을 잃을 경우
2. 전압이나 주파수가 현저하게 변동하는 경우
3. 고조파 발생 등 파형에 현저한 왜곡이 발생하는 경우
4. 기타 상기에 준하는 경우

② 한전의 전선로 고장 등 부득이한 사유로 전력 송・수전이 중지되거나 급격한 전압변동 또는 결상 등으로 경제적 손실이 발생할 우려가 있을 때에는 무정전전원공급장치(UPS), 결상보호장치 등 적절한 자체 보호장치를 설치해야 하며, 이를 이행하지 않아 발생하는 손해는 전력공급자가 부담한다.

第10조(전기안전을 위한 고객의 협력) 전력공급자가 공중의 안전 및 한전의 송·배전용 전기설비의 안정적 관리를 위하여 한전의 송·배전용 전기설비이용규정의 [발전기 운전관련 협조사항]을 준수하여야 한다.

第11조(운전절차) 전력공급자는 발전소의 상업운전개시 7일전까지 상업운전 예정일을 한전에 통보하고 정확한 상업운전개시일은 양사가 합의하여 결정한다.

제 3 장 계 량

第12조(전력량계 등의 설치)

① 전력공급자는 송전용 전력량계를 전력공급자의 부담으로 태양광발전소 구내에 설치, 소유하고 유지, 관리한다. 지침에 따라 시간대별 실제 발전량으로 계약하는 방식을 택한 경우, 전력공급자는 반드시 시간대별 계량이 가능한 계량기를 전력공급자의 부담으로 태양광발전소 구내에 설치, 소유하고 유지, 관리하며, 수전용 전력량계는 약관에 따라 한전이 부담 설치・소유한다.
② 제1항에도 불구하고 원격검침을 위해 한전이 송전용 단방향계량장치 및 계량정보 전송을 위한 통신장치를 설치하는 경우 한전이 설치·관리하되, 설치·관리에 드는 비용은 전력공급자가 부담한다.
③ 제1항에도 불구하고 지침 제12조 제1항에 따라 발전전력량과 수전전력량을 동시에 계량할 수 있는 양방향 계량장치, 계량정보 전송을 위한 통신

장치를 설치하는 경우 한전이 설치·관리하되, 설치·관리에 드는 비용은 한전과 전력공급자가 똑같이 나누어 부담한다.

④ 제1항부터 제3항까지의 계기는 계량에 관한 법률에서 정하는 규격 또는 이와 동등한 규격에 적합한 제품이어야 하며, 기술기준은 한전의 "전기계기 업무기준" 및 "배전계통연계 분산형전원 계량장치 시설지침"에 따른다.

⑤ 제1항 및 제2항의 전력량계는 역방향 계량이 되지 않는 것이어야 한다.

제13조(검침 및 계량)

① 전력량계의 검침은 지침 제13조 및 제14조에 따른다.

② 전력공급자와 한전이 지침에 의거 시간대별 실제발전량 방식으로 계약하는 경우 시간대별 발전량을 계량한다.

③ 전력공급자와 한전이 지침에 의거 발전량 균등화 방식으로 계약하는 경우 월누적 발전량을 계량한다.

④ 전력공급자의 수급전력량은 송전용 계량장치에 시현된 계량값으로 한다. 단, 원격검침이 가능한 경우 한전의 원격검침 시스템에 표시되는 값을 계량값으로 인정할 수 있다.

⑤ 원격검침시 통신회선비 등 원격검침에 따른 소요비용은 단방향계량장치를 설치한 경우에는 전력공급자가 부담하고, 양방향계량장치를 설치한 경우에는 한전과 전력공급자가 똑같이 나누어 부담한다.

⑥ 한전에서 원격검침 추진시 전력공급자는 구내 통신망 구성, 전력량계측 모뎀 설치, 작업자 구내출입 등에 협조하여야 한다.

제14조(검정, 점검 및 검사)

① 전기계기의 검정은 계량에 관한 법률에 따라 시행하고, 점검 및 검사는 한전이 정하는 규정에 따라 쌍방의 합의하에 별도로 정하는 일시에 실시한다.

② 전기계기의 고장, 기타 필요하다고 인정되어 일방 당사자가 요청한 때에는 수시로 점검 및 검사를 실시한다.

③ 제1항 및 제2항에 의한 점검 및 검사는 전력공급자 입회하에 한전이 실시하며, 발생비용은 전력공급자가 부담한다.

④ 전력공급자가 고의 또는 과실로 한전의 계량장치 등을 손상하거나 망실한 경우에는 손해를 배상해야 한다.

⑤ 한전이 설치한 송전용 단방향계량장치의 검정기한 만료 및 고장으로 계량장치를 교체할 경우 등 유지비용은 전력공급자가 부담하며, 한전이 설치한 양방향계량장치의 검정기한 만료 및 고장으로 계량장치를 교체할 경우 등 유지비용은 한전과 전력공급자가 똑같이 나누어 부담한다. 다만, 수전용 전력량계는 전기공급약관에 의거 한전이 부담한다.

제15조(오차시험 및 수급전력량협정)

① 전력량계의 오차가 법정 사용공차를 초과한 경우에는 다음 산식에 의거 협정전력량을 산출한다.

$$\text{협정전력량} = \frac{\text{계량된 전력량}}{100\% + (\pm\text{오차율})}$$

이 경우 협정기간은 오차발견일이 속하는 월부터 국가검정을 받아 재부설한 날까지로 하며, 시험점 전류는 협정기간중의 발전시간에 대한 평균전류로 한다.

② 고장, 기타 원인에 의하여 전력량계가 동작하지 않을 경우의 협정전력량 계산은 다음 산식에 의한다.

$$\text{협정전력량} = \text{고장기간의 발전단전력량} \times \frac{\text{고장전월의 수급전력량}}{\text{고장전월의 발전단전력량}}$$

③ 고장, 기타 원인에 의하여 협정전력량을 정확하게 확인하기 곤란한 경우에는 쌍방이 입수할 수 있는 운전 및 기타 관계자료를 기준으로 쌍방이 협의 결정한 다.

제 4 장 요금의 산정, 청구 및 지급 등

제16조(요금의 산정)

① 한전이 전력공급자로부터 받은 전력에 대한 요금은 지침 제13조 및 제14조에 따라 계량된 값에 지침 제5조 제1항에 따라 전력공급자가 제출한 합의서에 기재되어 있는 단가를 적용 후, 지침 제15조, 제16조 및 본 계약 제13조 제5항에 따라 산정하여 확정한다.

② 2개 이상 발전사업허가를 합산하여 제3자간 전력거래계약을 체결하는 경우 지침 제15조에 따른 거래 수수료 및 본 계약 제13조 제5항에 따른 원격검침 통신회선비는 전력량계별로 산정 및 합산하여 요금에서 차감한다.

제17조(요금의 청구 및 지급) 한전은 지침 제17조에 따라 요금을 지급한다. 단, 지급일이 공휴일이거나 영업일이 아닌 경우에는 그 익일에 지급한다.

제18조(요금의 체불) 한전이 전력공급자에게 지급할 요금을 한전의 사정으로 지침 제17조에 명시한 기일까지 지급하지 아니한 경우, 한전은 미지급 요금에 대하여 한전이 약관에 따라 일반 전기사용자에게 적용하는 것과 동일률의 연체료를 일할계산하여 지급한다.

제19조(단수처리) 본 계약의 모든 계산에 있어서 단수의 처리는 다음 각 호와 같이 한다.

1. 연미만은 월할계산하고, 월미만은 일할 계산한다.
2. 전력요금의 총액은 국고금 단수처리기준에 따른다.

제20조(부족발전량 공급)

① 전력공급자가 지침 제6조에 따라 발전량을 공급하고도 전기사용자가 추가 발전량이 필요한 경우, 추가 발전량은 지침 제10조에 제1항에 따라 한전이 공급한 것으로 본다.

② 한전은 지침 제10조 제2항에 따라 전력공급자가 고의 또는 중대한 과실로 인해 공급하지 못한 전력량에 대하여 한전은 해당 시간대 계통한계가격과 약관에 따른 전기사용자의 경부하 시간대에 적용하는 전력량 요금과의 차액에 100분의 130을 곱한 금액을 부과한다.

③ 전력공급자가 제2항에 따른 위약금을 지급하지 않을 경우 한전은 지침 제16조에 따라 전력공급자에게 지급할 금액 중 위약금을 차감하고 지급한다.

제 5 장 전력수급의 중지 또는 제한

제21조(전력수급의 중지 등) 한전은 다음 각 호에 해당할 경우에는 전력공급자의 전력 송·수전을 중지 또는 제한할 수 있으며(신재생발전기 출력제어 포함), 이 경우 한전은 그 내용을 전력공급자에게 미리 통지한다. 다만, 긴급하거나 부득이한 경우에는 중지 또는 제한 후에 통지할 수 있다.

1. 전기설비를 개조, 변조, 훼손 및 조작(造作)하여 부정하게 전기를 수급하는 경우
2. 고의 또는 중대한 과실로 한전의 전기공급을 저해하거나 저해할 우려가 있는 경우
3. 제9조(피해방지장치 등의 설치)의 규정에 의한 조정장치나 피해방지장치를 설치하지 않은 경우
4. 한전 직원의 출입을 정당한 이유없이 거절한 경우
5. 법령에 의하여 산업통상자원부장관 또는 기타 행정기관의 장이 요청하는 경우
6. 전기의 수급조절로 인해 부득이한 경우
7. 한전의 전기설비에 고장이 발생하거나 발생할 우려가 있는 경우
8. 한전의 전기설비에 대한 수리, 변경 등의 공사로 인해 부득이한 경우
9. 전압 및 주파수에 심한 불균형이나 변동이 발생하거나 발생할 우려가 있는 경우
10. 전쟁, 천재지변 등 전력공급자 또는 한전이 합리적으로 통제할 수 없는 부득이한 사유가 발생한 경우
11. 기타 전기안전을 위하여 필요한 경우

제22조(계약의 해지)

① 한전은 다음 각 호의 사유가 발생할 경우 본 계약을 해지할 수 있다. 제1호, 제2호 및 제4호에 해당되는 경우 한전은 해지 예정 1주일 전에 내용증명으로 전력공급자에게 해지를 통보하고, 제3호에 해당하는 경우 전력공급자는 해지 예정 1주일 전에 내용증명으로 한전에 해지를 요청하여야 한다.

1. 전력공급자가 설비의 소유권을 상실하거나 사업허가가 취소되는 등 계약을 이행 하지 못할 것이 명백하여 이의 해소를 서면으로 안내하고 안내 후 1개월 경과 후에도 미해소된 경우

2. 전력공급자가 「국토의 계획 및 이용에 관한 법률」을 위반하여 개발행위 허가를 받지 않고 계약을 체결하거나 개발행위허가가 취소된 경우
3. 전력공급자가 제3자간 전력거래계약용 송·배전용전기설비 이용계약을 유지할 수 없는 경우
4. 전력공급자가 관련 법령을 또는 본 계약을 위반하여 본 계약을 유지할 수 없는 경우

② 한전은 지침 제9조에 따라 전력공급자와의 전력거래계약을 해지하는 경우 전력공급자에게 지체없이 계약 해지 사실을 통지하여야 한다.

제 6 장 보 칙

제23조(손해배상의 면책) 한전은 다음 각 호에 해당하는 사유로 전력공급자가 받은 손해에 대해서는 배상책임을 지지 않는다.

1. 전력공급자와 전기사용자의 합의에 의해 제3자간 전력거래계약을 해지한 경우
2. 한전의 고의 또는 중대한 과실이 아닌 사유로 전력 송 · 수전이 이루어지지 않는 경우
3. 한전의 책임이 아닌 원인으로 누전 또는 기타 사고가 발생한 경우

제24조(법령 위반시의 책임) 전력공급자는 본 계약과 관련하여 「전기사업법」, 「국토의 계획 및 이용에 관한 법률」(개발행위 허가 관련 사항 포함) 등 관련 법령을 위반한 경우, 이로 인해 발생한 분쟁에 대하여 모든 민·형사상의 책임을 진다.

제25조(통고 및 청구) 본 계약에 의한 모든 통고, 요청 또는 청구는 서면에 의함을 원칙으로 하며, 그 의사표시가 상대방에 도달한 때 효력이 발생한다.

제26조(해석 및 분쟁해결)

① 본 계약에 명시되지 아니한 사항 또는 계약조항의 해석은 지침 등 관련 법령을 기준으로 상호 협의하여 결정한다.

② 제1항에도 불구하고 협의가 이루어지지 아니하여 분쟁이 발생하는 경우에는 「전기사업법」 제57조에 의한 전기위원회 재정에 따라 해결한다.

제27조(계약의 효력 발생) 본 계약의 효력은 지침 제5조에 따라 산업통상자원부 장관의 전력거래계약 인가를 받은 날부터 발생한다.

제28조(계약의 유효기간) 본 계약의 유효기간은 지침 제5조에 따라 제출한 합의서에 기재된 기간 및 제7조, 제8조에 따른다.

제29조(승계인과 양수인) 본 계약상 쌍방의 모든 권리, 의무는 각자의 승계인과 양수인에게 대하여도 동일한 효력을 가진다.

본 계약을 증명하기 위하여 본 계약서 원본 2부에 쌍방의 대표자가 기명날인한 후 각 1부씩 보관한다.

2024 년 xx월 xx일

전력공급자 :	전력구입자 :
상명대학교 산학협력단	○○시 ○○구 ○○동 ○○번지
	한국전력공사 ○○본부(지사)
	본부(지사)장 ○○○

8.3 상업운전개시 확인서

○ 상업운전개시일 확인서류 발급을 위한 상업운전개시 신고서를 작성 후 전력거래소 제출해야 함

<서식 8-3> 상업운전시신고서

<table>
<tr><th colspan="5">상업운전개시신고서</th></tr>
<tr><td rowspan="3">신
청
인</td><td>상 호(명칭)</td><td colspan="3">XXXX</td></tr>
<tr><td>대 표 자 명</td><td>XXX</td><td>전화번호</td><td>XXX</td></tr>
<tr><td>주 소(본사)</td><td colspan="3">서울특별시 종로구 홍은동 2길 20</td></tr>
<tr><td colspan="2">발 전 기 명</td><td colspan="3">태양광 발전</td></tr>
<tr><td colspan="2">소 재 지</td><td colspan="3">제주특별자치도 서귀포시 색달동 624-1</td></tr>
<tr><td colspan="2">설 비 용 량</td><td colspan="3">100.8 kW</td></tr>
<tr><td colspan="2">상업운전개시일</td><td colspan="3">2024. 11. 01</td></tr>
</table>

전력시장운영규칙 **제12.4조의** 규정에 따라 위와 같이 상업운전 개시를 신고합니다.

2024 년 xx 월 xx 일

신고인(대표자) 0 0 0 (인)

한국전력거래소 이사장 귀하

8.4 안전관리자 선임신고증명서 사본

○ 안전관리자 선임신고

1. 선임근거 및 목적

■ 법적근거 : 전기안전관리법 제22조(전기안전관리자의 선임 등)

■ 선임목적 : 전기설비의 공사·유지 및 운용에 관한 안전을 확보하기 위하여 전기 사업자나 자가용전기설비의 소유자 또는 점유자에게 일정한 자격을 가진 자를 전기안전관리자로 선임하도록 의무를 부과하고, 전기안전 관리자로 하여금 전기설비에 대한 안전관리업무를 수행하게 하기 위함

2. 선임시기·기한·신고기관

1) 신고시기

■ 법적근거 : 전기안전관리법 시행규칙 제25조제2항

- 전기설비의 사용전 검사 신청전 또는 사업개시 전

2) 신고기한

■ 법적근거 : 전기안전관리법 제23조 및 시행규칙 제34조

- 전기안전관리자 선임 또는 해임일로부터 30일 이내

3) 신고기관 : 한국전기기술인협회 (해당 시·도회)

○ 안전관리자 선임신고증명서를 발급받기 위해 안전관리자 선임신고서를 작성 후 안전관리자 선임신고를 한국전기기술인협회에 먼저 신고 후 안전관리자 선임신고증명서를 발급 받아야 함

■ 전기안전관리법 시행규칙[별지 제16호서식] <개정 2022. 12. 21.>

전기안전관리자 [ ]선임 [ ]해임 신고서

([ ]안전공사 [ ]대행사업자 [ ]개인대행자)

※ 뒤쪽의 작성방법을 읽고 작성하시기 바라며, [ ]에는 해당되는 곳에 √표를 합니다. (앞쪽)

<table>
<tr><td>접수번호</td><td colspan="3">접수일자</td><td colspan="2">처리기간 3일</td></tr>
<tr><td>① 업체코드</td><td colspan="5"></td></tr>
<tr><td rowspan="3">신고인</td><td colspan="2">② 법인등록번호
(사업자등록번호)</td><td colspan="3">③ 회사명 또는 상호 상명대학교 산학협력단</td></tr>
<tr><td colspan="5">④ 주소 서울특별시 종로구 홍은동 2길 20</td></tr>
<tr><td colspan="2">⑤ 대표자 성명 000</td><td colspan="3">⑥ 전화번호 02-2287-xxxx</td></tr>
<tr><td rowspan="11">전기설비</td><td>⑦ 설치장소의 주소</td><td colspan="4">제주특별자치도 서귀포시 색달동 624-1</td></tr>
<tr><td rowspan="2">⑧ 수전설비</td><td>용 량</td><td>10㎾</td><td>전 압</td><td>22,900V</td></tr>
<tr><td>계약종별</td><td>산업용</td><td>사용개시일</td><td></td></tr>
<tr><td rowspan="6">⑨ 발전설비</td><td>상 용</td><td>㎾</td><td>전 압</td><td>V</td></tr>
<tr><td>비 상 용</td><td>㎾</td><td>전 압</td><td>V</td></tr>
<tr><td>태양에너지</td><td>100.8㎾</td><td>전 압</td><td>380V</td></tr>
<tr><td>연료전지</td><td>㎾</td><td>전 압</td><td>V</td></tr>
<tr><td>전기저장장치</td><td>㎾h</td><td>전 압</td><td>V</td></tr>
<tr><td>기타( )</td><td>㎾</td><td>전 압</td><td>V</td></tr>
<tr><td rowspan="2">⑩ 그 밖의 설비
(심야·휴지설비 등)</td><td>용 량</td><td>㎾</td><td>전 압</td><td>V</td></tr>
<tr><td>용 도</td><td></td><td>휴지기간</td><td></td></tr>
<tr><td rowspan="3">전기안전관리 업무를 대행하는 자</td><td colspan="3">⑪ 등록번호 S-100</td><td colspan="2">⑫ 대표자 휴대전화번호
(업무용)010-xxxx-xxxx</td></tr>
<tr><td colspan="3">⑬ 회사명 또는 상호 ㈜전기안전관리</td><td colspan="2">⑭ 대표자성명 000</td></tr>
<tr><td colspan="3">⑮ 주소 서울시 강동구 상암로 22길 13</td><td colspan="2">⑯ 선·해임일 2024.xx.xx</td></tr>
</table>

「전기안전관리법」 제23조제1항 및 같은 법 시행규칙 제34조제2항에 따라 위와 같이 전기안전관리자의 [ ]선임 [ ]해임을 신고합니다.

년 월 일

신고인 000(서명 또는 인)

전력기술인단체 귀하

첨부서류	전기안전관리대행계약서 사본(선임신고의 경우만 해당합니다) 1부	수수료 없음

210㎜×297㎜[백상지(80g/㎡)]

[기재요령]

① 업체코드 : 기재하지마세요(협회가 업체를 관리하는 번호)

② 신고인 : 전기설비의 소유자 또는 점유자를 기재하며, 법인사업자는 법인등록번호를 기재하고, 개인사업자는 사업자등록번호 기재

⑦ 설치장소의 주소 : 전기설비가 설치된 사업장 주소와 건물명 등을 기재

⑧ 수전설비

-수전용량 및 전압 : 변압기설비는 1차 변압기 표시용량의 합계(1kVA = 1kW) 및 전압기재, 저압설비는 전기사업자와 계약전력 및 전압(높은전압) 기재

-계약종별 : 전기사업자와 계약한 계약종별 기재, 계약종별 혼합시 주된 계약 종별(계약용량이 큰 것) 기재

-사용개시일 : 현 수전설비 사용시작일

⑨ 비상용예비발전기 : 용량은 명판출력기준 연속출력 기재, [1kVA = 0.8kW]로 산정

⑯ 선임일,해임일 : 실제 선임일 또는 해임일을 기재

- 신고인 및 날인
  (법인인 경우 : 법인직인 또는 사용인감 , 개인인 경우 : 개인도장 날인)

  -소유자 또는 점유자가 신고인란에 서명 또는 날인

  (서명시에는 신고인이 직접 서명여부 확인가능 충족조건임)

※단, 전기설비 폐지, 사업장 부도, 폐업, 해임신고 거부 등 부득이한 사유로 신고인 날인 불가가한 경우에는 안전관리자가 아래의 증빙자료를 첨부하여 해임할 수 있음

-전기설비 폐지시 : 폐지확인서(한전발행)

-사업장 폐업시 : 폐업확인서(세무서 발행)

-대행수수료 미수 등 : 전기설비 소유자등에게 해임사실을 통보하고 발송일로부터 14일이 경과한 내용증명서

○ 안전관리자 선임신고증명서 발급

① 협회홈페이지(로그인필요) → ② 온라인신고 및 증명서 발급(본인확인 필요)

→ ③ 선해임신고 → ④ 증명서 신청, 결재 후 프린터 출력

<서식 8-5> 안전관리자 선임신고필증 발급 신청서

전기안전관리자 선임(해임) 신고필증 발급(재발급)신청서

전기설비	업체코드		신고번호	
	회 사 명	00태양광 발전소	대표자명	000
	설비위치	제주특별자치도 서귀포시 색달동 624-1		
신청구분	신청구분	□ 신규 □ 재발급 □ 기타	신청부수	
		□안전관리자□안전관리보조원		
	신청사유			

「전기안전관리법」 제23조제2항의 규정에 따라 전기안전관리자 선임·해임 신고필증 발급을 신청합니다.

년 월 일

신청인 000 (인)

한국전기기술인협회장 귀하

※작성요령

1. 신청인
   - ○ 전기설비 소유자·점유자 또는 전기안전관리자
   - ○ 전기안전관리업무를 위탁받은 자 또는 대행하는 자

8.5. 사용전 검사확인증 사본

○ 사용전 검사를 받았다는 확인여부를 확인하는 서류로 한국전기안전공사 홈페이지에 접속하여 확인증을 출력할 수 있음

- 발급방법 : 전기안전공사->확인증출력->로그인->한전고객번호, 민원신청번호 중 하나를 입력 (한전 고객번호를 모를경우 상호와 대표자명을 입력)

<서식 8-6> 사용전검사 확인증

KESCO

사용전검사 확인증

발행번호 제 ______ 호　　　　고객번호 :

신청인	대표자 성명		전화번호	
	회사명 또는 상호			
	주소	충청북도 충주시		
검사결과	검사전기설비	상용 발전설비 (태양광) 380(V) 99.36(kW)		
	검사연월일	2022-03-30		
	검사자	소속 충주음성지사	성명	
	판정	합격	다음검사	2026-03-25
임시사용	허용사유 :			
	사용기간 :			
	사용범위 및 사용방법 :			

기타 : 태양광발전설비 정상동작 여부 및 구조물 안정성 여부는 주기적으로 확인 하시기 바랍니다.

전기안전관리법 제9조로부터 제11조까지의 규정에 따라 검사를 하고 같은 법 시행규칙 제7조제3항 및 제9조제1항에 따라 위와 같이 검사확인증을 발급합니다.

2022 년 03 월 30 일

한국전기안전공사 사장

검사신청인

※ 이 확인증은 사무관리규정에 의하여 전자직인으로 발행되었습니다. 확인증 출력일시 : 2022-07-05

8.6. 전기사업허가증 사본

○ 전기사업허가증은 전기를 생산하여 전력시장을 통해 전기판매사업자에게 공급하는 발전사업을 하고자 하는 자가 산업통상자원부장관의 허가를 받아 발급받는 증서로 발전자사업허가단계 승인 이후 관할 지자체에 접수 후 발급받을 수 있음

<서식 8-7> 발전사업 허가증

충북 충주

발전사업 허가증

1. 성명(대표자) : ㈜솔
2. 삼　　호 : 주식회사
3. 소 재 지 : 충북 충주시
4. 사업의 내용 : 태양광발전
   사 업 장 소 : 충북 충주시
5. 사업규모
   원동력의 종류 : 태양광　　　　설비용량 : 99.44㎾
   공급전압 : 380V　　　　주 파 수 : 60㎐
6. 특정공급구역 : 해당없음
7. 사업준비기간 : 2021년 6월 23일 ~ 2024년 6월 22일
8. 허가조건 : 별도 붙임
9. 기타 : 계획관리지역, 가축사육제한구역

「전기사업법」 제7조 및 같은 법 시행규칙 제6조에 따라 위와 같이 발전사업을 허가합니다.

2021년　6월　23일

충　주　시

8.7 사업자등록증 사본

○ 사업자등록증은 납세 의무가 있는 사업자가 수익 발생에 대한 부가세 납부를 위해 정부에 신고하는 증명 문서로 사업자 등록을 신청한 사업장 관할 세무서장이 등록을 하고, 등록된 사업자에게 등록번호가 부여된 등록증을 발급

- 정부 24를 통해서 발급 가능

<서식 8-8> 사업자등록증

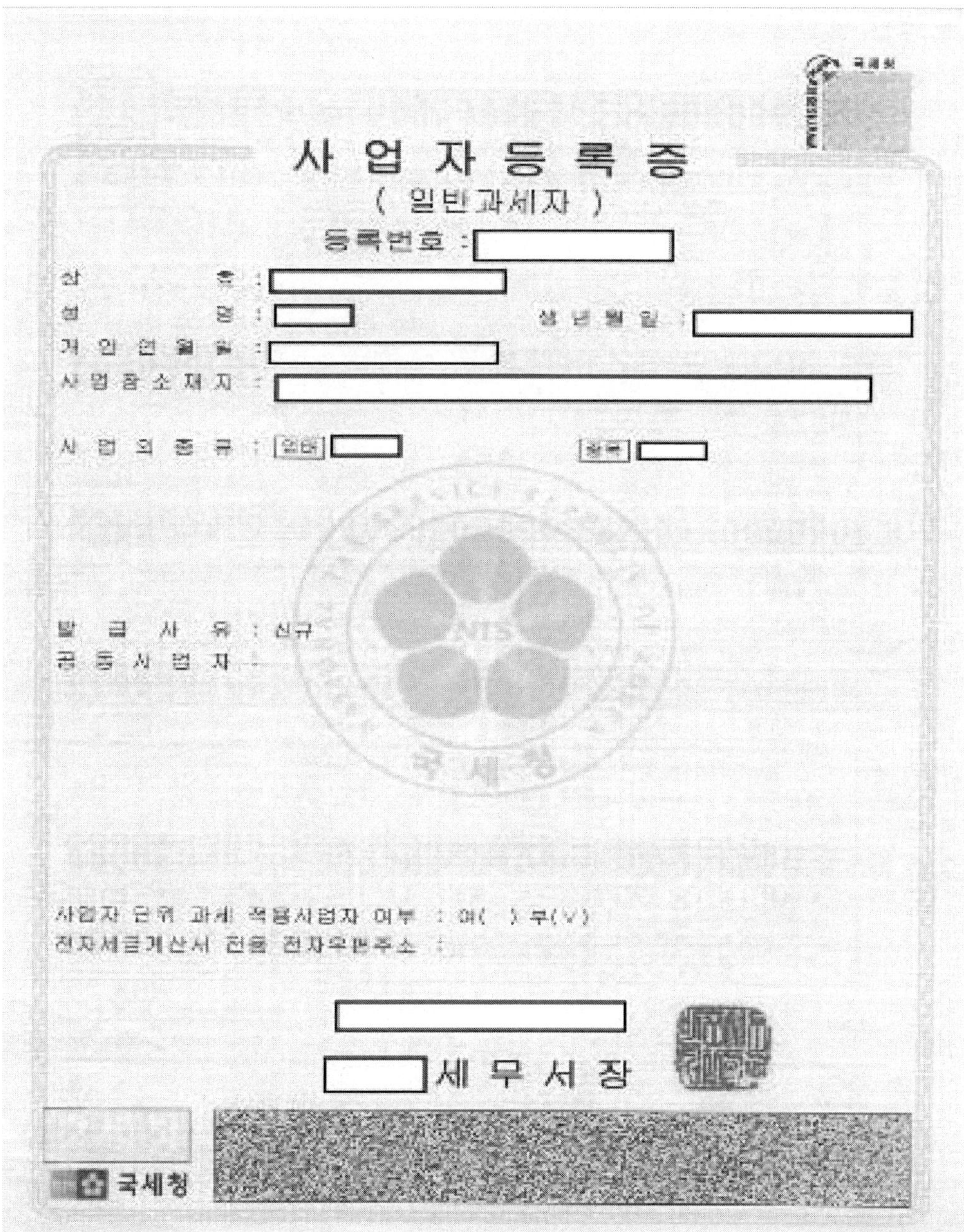

사 업 자 등 록 증
(일반과세자)
등록번호 :

상 호 :
성 명 : 생 년 월 일 :
개 업 연 월 일 :
사 업 장 소 재 지 :

사 업 의 종 류 : 업태 종목

발 급 사 유 : 신규
공 동 사 업 자 :

사업자 단위 과세 적용사업자 여부 : 여( ) 부(V)
전자세금계산서 전용 전자우편주소 :

세 무 서 장

국세청

8.8 준공사진

○ 준공사진은 준공이후 태양광 발전소 설치현장을 촬영한 사진으로 태양광 발전소의 전경, 모듈과 인버터의 명판, 구조물의 기초사진, 기타 배수로나 분전반등의 사진을 정리하여 제출

<서식 8-9> 준공사진

[별 첨1] 태양광 설치현장사진(사례)

□ **(Case1 : 일반부지 이용)** 현장여건에 따라 달라질 수 있으며, 아래의 주요사항을 확인할 수 있도록 **사진은 여러장 첨부**

구 분	제출 사진		Note
전경 사진		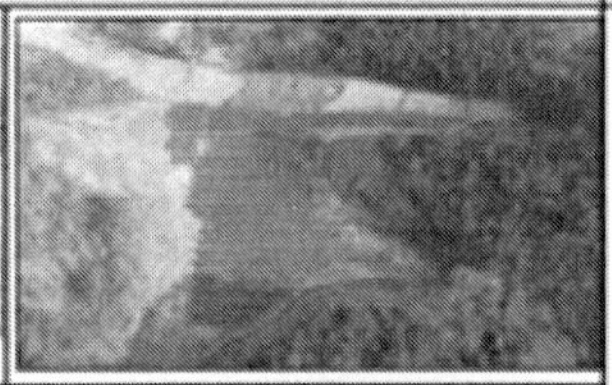	• 모듈 설치형태를 확인 할 수 있도록 전체 전경사진 <u>여러장</u> 첨부 • 발전소가 인접할 경우, 발전소별 조직 경계를 구분하여 사진 첨부
	전경 사진1	전경 사진2(경계 구분)	
명판 사진		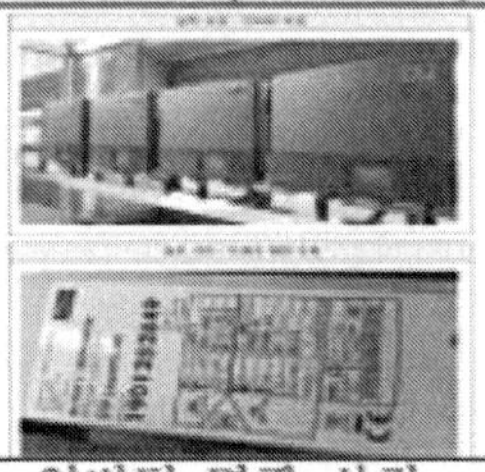	• 현장에 설치된 명판 사진 첨부 (해당설비 포함) -신청서의 모델명, 인증번호와 일치여부 확인 필요
	모듈 명판 사진	인버터 명판 사진	
구조물 기초 사진			• 설치도면과 부합하게 기초구조물의 사양을 확인할 수 있는 사진 <u>여러장</u> 첨부 • 스파이럴(각관 등) 구조 경우, GL내에 설치된 구조물의 측정사진 첨부 ※GL(Ground Level)
	기초구조물1	기초구조물2(길이측정)	
기타 사진			• 현장에 설치된 설비 및 관련 사진 여러장 첨부
	배수로	기타(접속반 등)	

9. RPS 설비확인 신청

○ RPS설비확인 신청의 경우 한국에너지 공단 신·재생에너지 공급의무화제도(RPS) 종합 지원시스템에 접속하여 온라인으로 신청을 진행함

9.1 사업자등록증 사본

○ 사업자등록증은 납세 의무가 있는 사업자가 수익 발생에 대한 부가세 납부를 위해 정부에 신고하는 증명 문서로 사업자 등록을 신청한 사업장 관할 세무서장이 등록을 하고, 등록된 사업자에게 등록번호가 부여된 등록증을 발급

- 정부 24를 통해서 발급가능

<서식 9-1> 사업자등록증

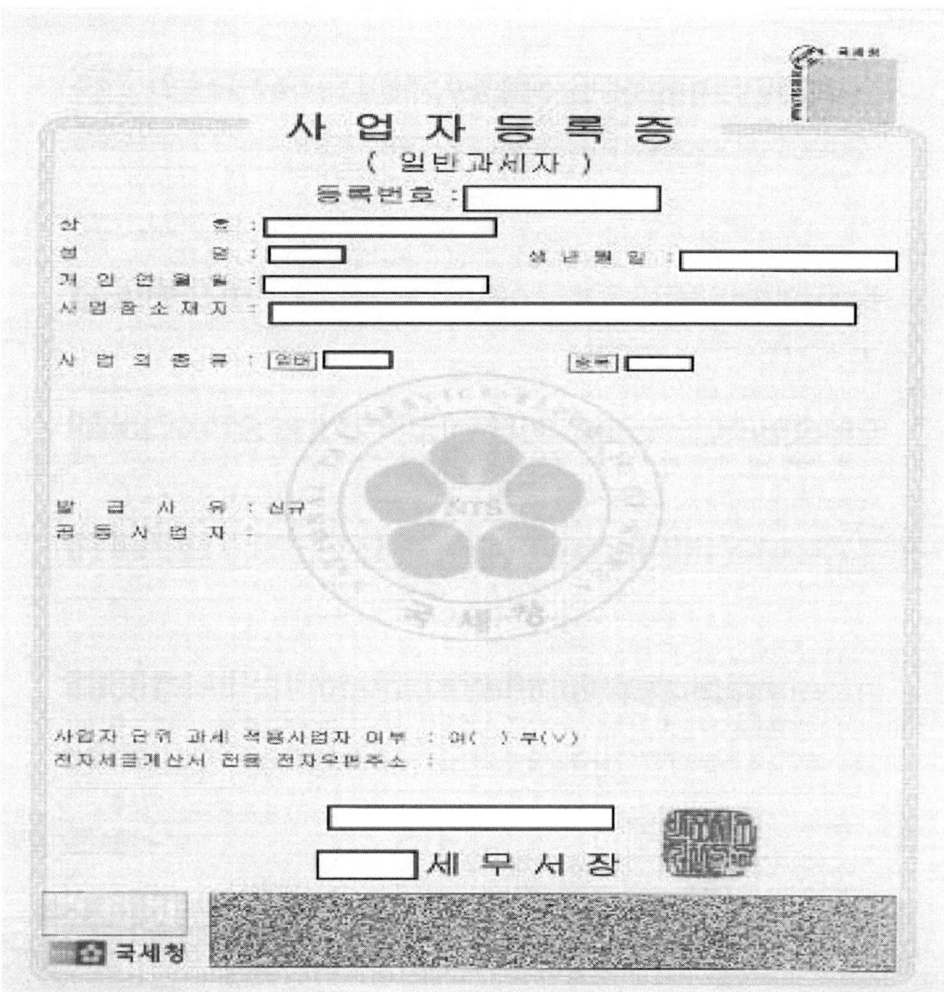
사업자등록증
(일반과세자)
등록번호 :
상 호 :
성 명 :
생년월일 :
개업연월일 :
사업장소재지 :
사업의 종류 : 업태 종목
발급사유 : 신규
공동사업자 :
사업자 단위 과세 적용사업자 여부 : 여( ) 부(V)
전자세금계산서 전용 전자우편주소 :
세무서장
국세청

9.2 발전사업 허가증

○ 전기사업허가증은 전기를 생산하여 전력시장을 통해 전기판매사업자에게 공급하는 발전사업을 하고자 하는 자가 산업통상자원부장관의 허가를 받아 발급받는 증서로 발전자사업허가단계 승인 이후 관할 지자체에 접수 후 발급받을 수 있음

<서식 9-2> 발전사업 허가증

충북 충주

발전사업 허가증

1. 성명(대표자) : ㈜솔
2. 상 호 : 주식회사
3. 소 재 지 : 충북 충주시
4. 사업의 내용 : 태양광발전
   사 업 장 소 : 충북 충주시
5. 사업규모
   원동력의 종류 : 태양광 설비용량 : 99.44㎾
   공급전압 : 380V 주 파 수 : 60㎐
6. 특정공급구역 : 해당없음
7. 사업준비기간 : 2021년 6월 23일 ~ 2024년 6월 22일
8. 허가조건 : 별도 붙임
9. 기타 : 계획관리지역, 가축사육제한구역

「전기사업법」 제7조 및 같은 법 시행규칙 제6조에 따라 위와 같이 발전사업을 허가합니다.

2021년 6월 23일

충 주 시 장

9.3 사용전검사 확인증

○ 사용전검사를 받았다는 확인여부를 확인하는 서류로 한국전기안전공사 홈페이지에 접속하여 확인증을 출력할 수 있음

- 발급방법 : 전기안전공사->확인증출력->로그인->한전고객번호, 민원신청번호 중 하나를 입력 (한전 고객번호를 모를경우 상호와 대표자명을 입력)

<서식 9-3> 사용전검사 확인증

KESCO

사용전검사 확인증

발행번호 제 호 고객번호 :

신청인	대표자 성명			전화번호	
	회사명 또는 상호				
	주 소	충청북도 충주시			
검사결과	검사전기설비	상용 발전설비 (태양광) 380(V) 99.36(kW)			
	검 사 연 월 일	2022-03-30			
	검 사 자	소속	충주음성지사	성명	
	판 정	합격	다음검사	2026-03-25	
임시사용	허용사유 :				
	사용기간 :				
	사용범위 및 사용방법 :				

기타 : 태양광발전설비 정상동작 여부 및 구조물 안정성 여부는 주기적으로 확인 하시기 바랍니다.

전기안전관리법 제9조로부터 제11조까지의 규정에 따라 검사를 하고 같은 법 시행규칙 제7조제3항 및 제9조제1항에 따라 위와 같이 검사확인증을 발급합니다.

2022 년 03 월 30 일

한국전기안전공사 사장

검사신청인

※ 이 확인증은 사무관리규정에 의하여 전자직인으로 발행되었습니다. 확인증 출력일시 : 2022-07-05

9.4. 견적서 및 비용산출 내역서

○ 견적서 및 비용산출 내역서(업체 연계 발급)

- ■ 설비별(모듈, 인버터, 구조물 등)로 구분된 견적서 첨부가 필요함
- ■ 공사 진행 초기, 총 공사비 산정을 위한 견적서의 내역서가 필요하므로, 해당 공사의 설계 및 시공업체에게 요청하여 구비가 필요

<서식 9-4> 견적서 및 비용산출 내역서

제 출 처 : 귀중
참 조 : **이용준 님** 귀하
제 출 일 : **2019. 01. 23**
주 소 : **경북 안동시 북후면 두산리 833, 834**

■ 본 견적서는 제출일로부터 30일간 유효합니다

상 호 : ㈜송주EPC
대 표 : 김 철 환
사업자등록번호 : 355 - 88 - 01149
법인등록번호 : 170111 - 0689408
전기공사업번호 : 제 대구 - 01203 호
주 소 : 대구 달성군 옥포면 원전길 38-20
업 태 / 업 종 : 건설업, 제조업 / 전기공사, 전기수배전반
T E L / F A X : 053 - 284 - 5722 / 053 - 284 - 5723

공 사 명 : 두산리 833, 834 산하 태양광발전소 신축공사 (200kW급)
견적금액 : 일금 삼억원정 (₩300,000,000-) (부가세 별도)

구 분	내용	수량	단위	단가	합계	비고
기자재비	태양전지모듈	512	EA	195,000	99,840,000	한화큐셀 단결정(390W)
	인버터	4	EA	8,000,000	32,000,000	ABB 50kVA
	모니터링	1	식	1,800,000	1,800,000	ABB 웹 모니터링 - 6CH
	구조물 자재 + 제작비	1	식	26,000,000	26,000,000	용융아연도금, 포스맥, 고정형
	전기 자재 + 제작비	1	식	25,000,000	25,000,000	내선공사분 일체
	소 계				184,640,000	
공사비	전기공사	200.00	kW	100,000	20,000,000	접지공사, 케이블공사등
	구조물 설치공사	200.00	kW	100,000	20,000,000	모듈설치, 운송비, 장비대 포함
	토목공사	1	식	32,500,000	32,500,000	배수로, 기초, 펜스 등
	소 계				72,500,000	
설계 및 인허가	기술검토비 및 각종인허가	1	식	3,000,000	3,000,000	전기사업허가 공작물축조신고 등
	개발행위 허가	1	식	12,000,000	12,000,000	개발행위허가 등
	구조물/전기설계	1	식	2,800,000	2,800,000	전기설계, 공사계획, 감리배치 등
	감리배치	1	식	1,500,000	1,500,000	감리원배치확인서 등
	구조안전검토	1	식	1,500,000	1,500,000	구조물안전진단
	사용전검사비	1	식	400,000	400,000	한국전기안전공사
	소 계				21,200,000	
경비	일반관리비 및 경비	6.0	%	-	7,122,000	(기자재 + 공사비 + 설계및인허가) × 요율
	이윤	15.0	%	-	15,123,300	(공사비 + 설계및인허가 + 일반관리및경비) × 요율
	소 계				22,245,300	
총공사비					**300,000,000**	**만단위 이하 절사**
부가가치세					**30,000,000**	
총합계					**330,000,000**	**V.A.T 포함**
Note	**1. 한전연계계통비(외선공사분) 별도**					
	2. 견적 외 별도					
	※ 담당자 : 김수정 이사 (010 - 2535 - 9463)					

9.5 설치현장사진

○ 태양광 발전소의 전체적인 전경사진, 태양광 발전 모듈 및 인버터의 명판, 구조물의 기초, 배수로나 분전반과 같은 기타 사진들을 표형식으로 정리하여 제출

<서식 9-5> 설지현장사진(일반부지)

[별 첨1] 태양광 설치현장사진(사례)

□ **(Case1 : 일반부지 이용)** 현장여건에 따라 달라질 수 있으며, 아래의 주요사항을 확인할 수 있도록 **사진은 여러장 첨부**

구 분	제출 사진		Note
전경 사진		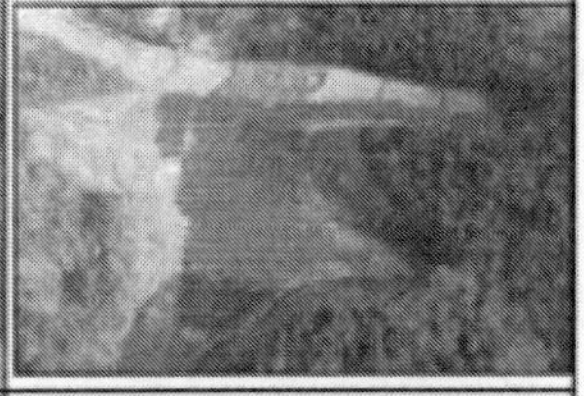	• 모듈 설치형태를 확인 할 수 있도록 전체 전경사진 여러장 첨부 • 발전소가 인접할 경우, 발전소별 조직 경계를 구분하여 사진 첨부
	전경 사진1	전경 사진2(경계 구분)	
명판 사진		 	• 현장에 설치된 명판 사진 첨부 (해당설비 포함) -신청서의 모델명, 인증번호와 일치여부 확인 필요
	모듈 명판 사진	인버터 명판 사진	
구조물 기초 사진	 		• 설치도면과 부합하게 기초구조물의 사양을 확인할 수 있는 사진 여러장 첨부 • 스파이럴(각관 등) 구조 경우, GL내에 설치된 구조물의 측정사진 첨부 ※GL(Ground Level)
	기초구조물1	기초구조물2(길이측정)	
기타 사진		 	• 현장에 설치된 설비 및 관련 사진 여러장 첨부
	배수로	기타(접속반 등)	

<서식 9-6> 설지현장사진(건축물이용)

☐ **(Case2 : 건축물 이용)** 현장여건에 따라 달라질 수 있으며, 아래의 주요사항을 확인할 수 있도록 **사진은 여러장 첨부**

구 분	제출 사진		Note
전경 사진			• 모듈 설치형태를 확인 할 수 있도록 전체 전경사진 <u>여러장</u> 첨부 • 건축물 전체 전경사진과 내부사진 여러장 첨부
	발전소 전경사진1	건축물 내부사진2	
명판 사진			• 현장에 설치된 명판 사진 첨부 (해당설비 포함) -신청서의 모델명, 인증번호와 일치여부 확인 필요
	모듈 명판 사진	인버터 명판 사진	
건축선 사진			• 건축물 외벽선 이내에 모듈이 설치됨을 확인 할 수 있도록 건축선을 따라 촬영된 사방면 사진 첨부 -건축물이 여러동 있을 경우 각각 구분하여 사진 추가
	동측	서측	

	남측	북측	

<서식 9-6> 설지현장사진(건축물이용)

건축물 외벽 사진			• 건축물의 외벽이 존재함을 확인 가능한 사진 첨부 -건축물이 여러동 있을 경우 각각 구분하여 사진 추가
	동측	서측	

	남측	북측	
구조물 기초 사진			• 설치도면과 부합하게 기초구조물의 사양을 확인할 수 있는 사진 첨부 • 태양광 구조물과 건축물의 체결방식을 확인할 수 있는 사진 첨부
	기초구조물1	기초구조물2	
구조물 기초 사진			• 태양광 기초구조물과 건축물 상부와 연결된 근접사진 추가 첨부 요망 (피스 또는 볼트체결로 고정한 사진 등)
	기초구조물3	기초구조물4	
기타 사진		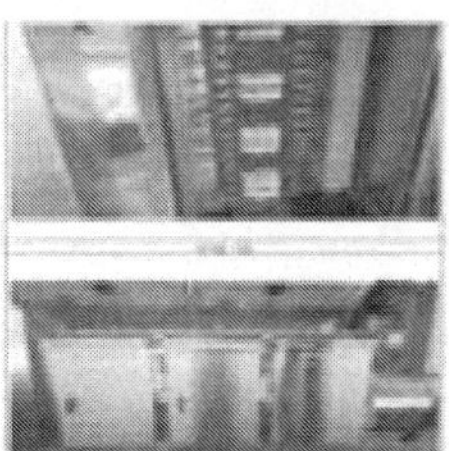	• 송, 수전 계량기 사진 등 첨부
	기타1	기타2(접속반 등)	

9.6 단선결선도

○ 단선결선도(업체 연계 발급)

- 태양광발전소 발전자 사업허가시 제출해야하는 단선결선도 발전소 시공을 하기 위해 선정한 업체에게 요청
- 삼상 평형 정현파 시스템에서 삼상 또는 삼선을 단순히 하나의 선으로 표시하고, 전기 기기의 존재와 상호 접속 관계를 단선으로 간단히 나타낸 그림
- 되도록 직선을 이용하고, 각 회로의 간격은 넓게, 기호와 문자는 깨끗하게 하여 이해하기에 편리하도록 나타냄

※ 참고. 100kW 급 태양광 발전소 단선결선도)

<서식 9-7> 단선결선도

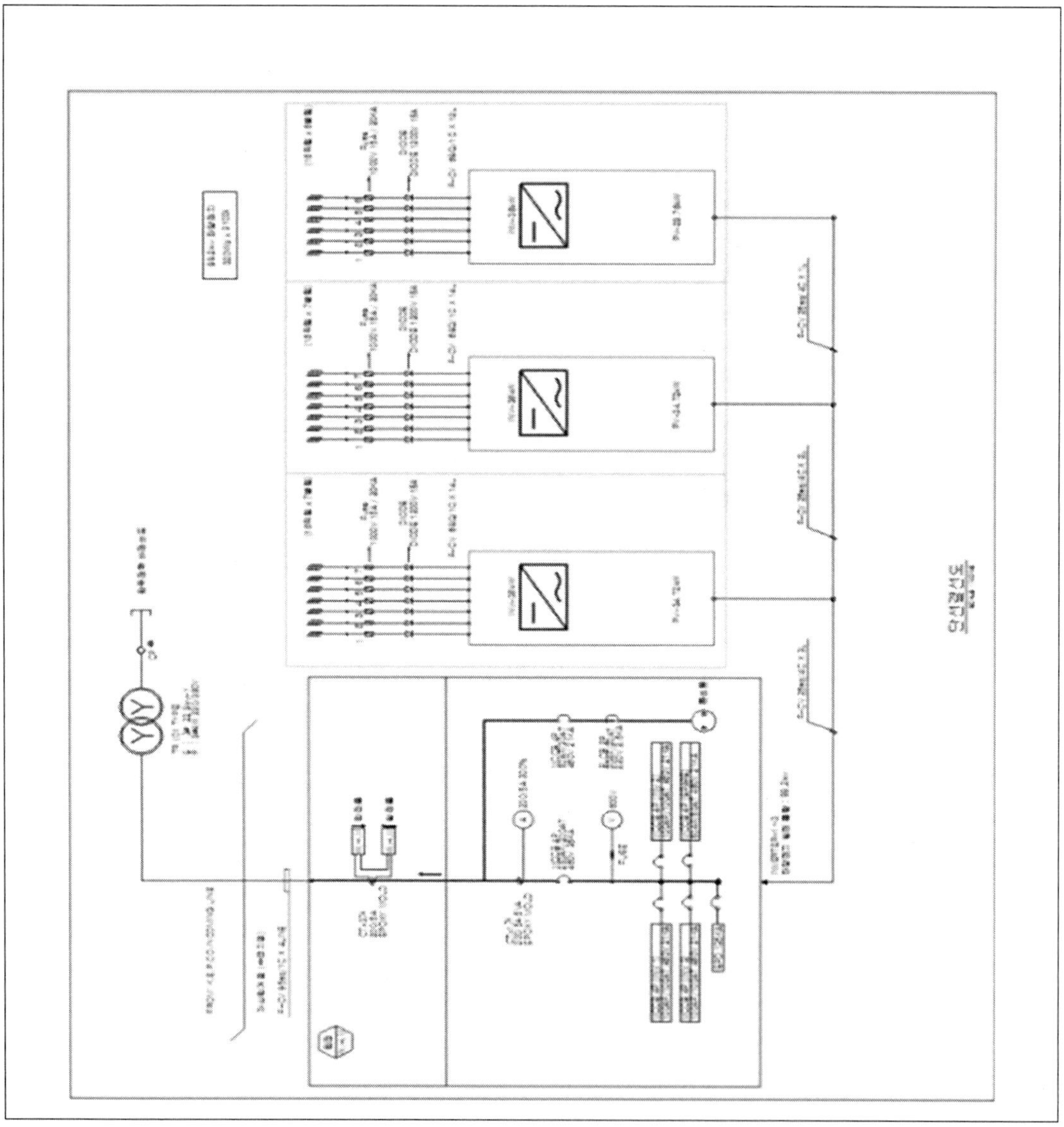

9.7 정보제공동의서

○ 태양광 발전사업자로서 RPS제도와 관련하여 신재생에너지센터에 제출한 공급인증서 발급대상 설비확인 신청서의 내용 및 전력거래처(한국전력공사 또는 한국전력거래소)가 매월 신재생에너지센터에 제출하는 전력거래 실적에 대하여 신재생에너지센터 및 한국전력거래소에서 RPS제도 추진을 위한 자료로 활용하는 것에 동의를 하는 정보제공 동의서

<서식 9-8> 정보제공동의서

정보제공 동의서

본인은 신・재생에너지 공급의무화(RPS)제도의 대상설비 대표자로서 RPS제도와 관련하여 본인이 귀 센터에 제출한 공급인증서 발급대상 설비확인 신청서의 내용 및 본인의 전력거래처(한국전력공사 또는 한국전력거래소)가 매월 귀 센터에 제출하는 전력거래 실적에 대하여 귀 센터 및 한국전력거래소에서 RPS제도 추진을 위한 자료로 활용하는 것에 동의합니다.

2024년 xx월 xx일

발 전 소 명 : 00태양광 발전소
대 표 자 : 0 0 0 (인)

신・재생에너지센터 소장 귀하

9.8 총 사업비에 대한 무상지원비율 확인서

○ 공급인증서 거래

■ 신에너지 및 재생에너지 개발・이용・보급 촉진법
제12조의7(신・새쟁에너지 공급인증서 등)

① 신・재생에너지를 이용하여 에너지를 공급한 자(이하 "신・재생에너지 공급자"라 한다)는 산업통상자원부장관이 신・재생에너지를 이용한 에너지 공급의 증명 등을 위하여 지정하는 기관(이하 "공급인증기관"이라 한다)으로부터 그 공급 사실을 증명하는 인증서(전자문서로 된 인증서를 포함한다. 이하 "공급인증서"라 한다)를 발급받을 수 있다. 다만, 제17조에 따라 발전차액을 지원받은 신・재생에너지 공급자에 대한 공급인증서는 국가에 대하여 발급한다. <개정 2013. 3. 23., 2015. 1. 28.>

② 공급인증서를 발급받으려는 자는 공급인증기관에 대통령령으로 정하는 바에 따라 공급인증서의 발급을 신청하여야 한다.

■ 신에너지 및 재생에너지 개발・이용・보급 촉진법 시행령
제18조의7(신・재생에너지 공급인증서의 발급 제한 등)

② 법 제12조의7제8항에서 "신・재생에너지 설비에 대한 지원 등 대통령령으로 정하는 정부의 지원을 받은 경우"란 법 제10조 각 호의 사업 또는 다른 법령에 따라 지원된 신・재생에너지 설비로서 그 설비에 대하여 국가나 지방자치단체로부터 무상지원금을 받은 경우를 말한다. <개정 2015. 6. 15.>

③ 제2항에 따른 무상지원금을 받은 신・재생에너지 공급자(신・재생에너지를 이용하여 에너지를 공급한 자를 말한다)에 대해서는 지원받은 무상지원금에 해당하는 비율을 제외한 부분에 대한 공급인증서를 발급하되, 무상지원금에 해당하는 부분에 대한 공급인증서는 국가 또는 지방자치단체에 대하여 그 지원비율에 따라 발급한다. <개정 2015. 6. 15.>

○ 법령에 따라 국가 또는 지방단체로부터 지원받은 지원비율만큼 제외한 공급인증서를 받게 됨

<서식 9-9> 총사업비에 대한 무상지원비율 확인서

총사업비에 대한 무상지원비율 확인서

☐ 발전소명 : 00태양광 발전소

☐ 소 재 지 : 제주특별자치도 서귀포시 색달동 624-1

☐ 총사업비 : 2.5억원 (자부담 : 2.5억원, 무상지원금 : 0억원)

위 발전설비는 「신에너지 및 재생에너지 개발·이용·보급 촉진법」 제12조의7 및 같은법 시행령 제18조의7에 따른 국가 또는 지방자치단체로부터 받은 무상지원금 지원비율이 (0)% 임을 확인합니다.

2024년 xx월 xx일

발전소명 : 00태양광 발전소

대 표 자 : 0 0 0 (인)

신·재생에너지센터 소장 귀하

1. 지원비율(%)은 소수점 넷째자리에서 절사하여 기재하며, 정부 연구개발(R&D) 지원금이 있는 경우는 기술료의 납부여부와 관계없이 무상지원금으로 기재
2. 연료비가 지속적으로 발생하는 설비의 무상지원금 지원비율 산정식은 아래와 같다.
   무상지원금 지원비율 = {(무상지원금÷내용연수)} ÷ {(총사업비÷내용연수)+연료비}
3. 내용연수는 법인세법시행규칙[별표6]의 전기, 가스, 증기 및 공기조절 공급업의 상한을 적용한다.

Table 9-1. 자금 용도에 관한 표

□ 자금 용도

구분	내용
시설자금	해당시설(중고설비 제외) 및 부대설비의 구입비, 설치·개수공사비(계통연계비 포함), 보수비·설계·감리비(기술도입비 포함) 및 시운전비 등에 한함(5,000kW초과 수력설비 제외) - 부가가치세, 토지구입비, 해당시설 설치에 필수적인 구축물을 수반하지 않는 건물공사비, 인허가 비용 등 제외
생산자금	신·재생에너지 전용 제품을 생산할 수 있는 시설(중고설비 제외)에 한하며, 공용화 품목을 제외한 소모성 부품 및 부속(원재료, 베어링 등) 생산시설, 타 제품 생산설비로 전용하여 사용할 수 있는 시설은 제외함
운전자금	신·재생에너지 전용 제품을 생산하는 중소기업을 대상으로 전년도에 관련 제품의 매출실적이 있는 경우에 한하여 지원하며, 관련 제품의 전년도 연간매출액의 50%이내의 금액 범위 내에서 소요자금을 지원 - 동일 사업자 운전자금 지원은 연 1회에 한하며, 운전자금 미상환액이 있는 사업자는 지원 대상에서 제외

* 「신·재생에너지 설비의 지원 등에 관한 지침(신·재생에너지센터 규정)」 제44조

9.9 한국전력공사(또는 전력거래소) 계약번호 및 상업운전개시일 확인서류

○ 상업운전개시일 확인서류 발급을 위한 상업운전개시 신고서를 작성 후 전력거래소 제출해야 함

<서식 9-10> 상업운전시신고서

<table>
<tr><th colspan="5">상업운전개시신고서</th></tr>
<tr><td rowspan="3">신청인</td><td>상 호(명칭)</td><td colspan="3">xxxx</td></tr>
<tr><td>대 표 자 명</td><td>xxx</td><td>전화번호</td><td>xxx</td></tr>
<tr><td>주 소(본사)</td><td colspan="3">서울특별시 종로구 홍은동 2길 20</td></tr>
<tr><td colspan="2">발 전 기 명</td><td colspan="3">태양광 발전</td></tr>
<tr><td colspan="2">소 재 지</td><td colspan="3">제주특별자치도 서귀포시 색달동 624-1</td></tr>
<tr><td colspan="2">설 비 용 량</td><td colspan="3">100.8 kW</td></tr>
<tr><td colspan="2">상업운전개시일</td><td colspan="3">2024. 11. 01</td></tr>
</table>

전력시장운영규칙 제12.4조의 규정에 따라 위와 같이 상업운전 개시를 신고합니다.

2024 년 xx 월 xx 일

신고인(대표자) 0 0 0 (인)

한국전력거래소 이사장 귀하

9.10 모듈 인증서

○ 태양전지 모듈 인증서(업체 연계 발급)

- ■ 태양광 모듈 구매 시, 구매하는 업체에게 태양전지 모듈 인증서 발급을 요청
- ■ 발전소 명이 포함되어 있어야 함

<서식 9-11> 모듈인증서

제 PV0117042 호

제 품 인 증 서

1. 제 조 업 체 명 (제품 수입사) : 에스와이패널(주)
2. 대 표 자 성 명 (수입사 대표) : 홍영돈
3. 공 장 소 재 지 (수입사 소재지) : No.53 ,Fugang Road ,Bingang Industrial Park ,Yuhuan ,Taizhou,Zhejiang,China

4. 인 증 제 품
   - 가. 표 준 명 : 결정질 태양전지 모듈
   - 나. 표 준 번 호 : KS C 8561
   - 다. 종류 · 등급 · 호칭 또는 모델 :
     - SY-330-72P 외 1개

     (인증제품 모델의 특징, 업체 정보의 변경 이력은 부속서 2 및 3을 따름)

5. 인증서 사용처 : 수요처 제출용
6. 출력(다운로드) 일자 : 2018-04-25 오전 9:53:56
7. 출 력 자 명 (담당자) : 에스와이패널(주)

「산업표준화법」 제17조제1항에 따른 인증심사를 한 결과 한국산업 표준(KS)과 인증심사기준에 적합하므로, 「산업표준화법」 제15조 및 같은 법 시행규칙 제10조제1항에 따라 위와 같이 한국산업표준(KS)에 적합함을 인증합니다.

2017년 11월 03일

한국에너지공단 부설

신 재 생 에 너 지 센 터 소 장

o 부속서 1 : 신재생에너지설비 KS인증모델 리스트
o 부속서 2 : 신재생에너지설비 KS인증제품 모델별 특징 및 변경 이력
o 부속서 3 : 신재생에너지설비 KS인증 업체 정보 변경 이력

9.11 인버터 시험성적서

○ 인버터 시험성적서(업체 연계 발급)

■ 인버터 구매 시, 구매하는 업체에게 인버터 시험성적서 사본 요청

※ 참고. 인버터 시험정석저 사본 예시

<서식 9-12> 인버터 시험성적서

ktl 한국산업기술시험원 Korea Testing Laboratory

페이지 1 / 6
Page 1 of 6 Pages

시 험 성 적 서
TEST REPORT

성적서번호 Report No.
13-015578-01-1

신 청 자
Applicant

회사명 : 한양전공(주)
Name :
주 소 : 경기도 파주시 조리읍 장곡리 603-2
Address

시험 규격/방법 : 태양광발전용인버터 일반시험
Test Standard/Procedure

시험 결과 : 적합
Test Result

성적서용도 : 일반성능 시험용
Pupose of Report

접수 일자 : 2013. 04. 10
Date of Application

시험 기간 : 2013. 04. 12 - 2013. 04. 19
Test Period

발급 일자: 2013. 04. 22
Date of Issue

시 험 품
Test Item

시험품 명 :
Name of Product
태양광발전용인버터 (3상 계통연계형)

모델 /형식 :
Model/ Ref No
PV351K4 / 3φ4w. 380Vac. 60Hz. 51kW. 변압기식.
S/N : 1303R318ST51K4

제조자명 및 주소 :
Name and Address of Manufacturer
좌동

기타 시험품 정보 :
Remarks

확 인 Confirmation	시험자 (Tested by) 직 위 (Title) : 선임연구원 Senior Engineer 성 명 (Name) : 윤용호 Yong-Ho Yoon	승인자 (Approved by) 직 위 (Title) : 기술책임자 Technical Supervisor 성 명 (Name) : 박준석 Park Jun-Seok

본 성적서의 시험결과는 신청자로부터 제공된 시험품에만 적용되며, 본원의 사전 승인없이는 본 성적서의 전부 혹은 일부를 복사하여 사용할 수 없습니다.

The test results contained apply only to the test sample(s) supplied by the named applicant, and this test report shall not be reproduced in full or in part without the written approval of the KTL.

한국산업기술시험원장
Korea Testing Laboratory

경기도 안산시 상록구 해안로 723 (426-901) TEL : 031-500-0327 FAX : 031-500-2511
723, Haean-ro, Sangnok-gu, Ansan-si, Gyeonggi-do, KOREA http://www.ktl.re.kr
FP204-05-01

9.12 토지대장, 토지등기부 등본

○ 토지대장이란 토지의 소재지·지번·지목·지적 및 소유자의 주소·성명 등을 나타내는 서류로 정부24에 접속하여 발급이 가능함

<서식 9-13> 토지대장

■ 공간정보의 구축 및 관리 등에 관한 법률 시행규칙 [별지 제63호서식] <개정 2017. 1. 31.>

고유번호	5013011900-10624-0001		
토지소재	제주특별자치도 서귀포시 색달동		
지 번	624-1	축 척	1:1200

토 지 대 장

도면번호	29	발급번호	
장 번 호	1-1	처리시각	
비 고		발 급 자	

토지 표시			소유자		
지 목	면 적(㎡)	사 유	변 동 일 자 변 동 원 인	주 소 성명 또는 명칭	등 록 번 호
(05) 임야	*3121*	(20) 2006년 07월 01일 제주도 서귀포시에서 행정관할구역변경	2014년 07월 07일	제주특별자치도 제주시 연화로 16, 102동 801호 (노형동, 해오름아파트)	
			(03) 소유권 이전	부숙경 외 1인	680110-2******
		--- 이하 여백 ---		--- 이하 여백 ---	

등 급 수 정 연 월 일	1987.08.01. 수정	1989.01.01. 수정	1990.01.01. 수정	1991.01.01. 수정	1992.01.01. 수정	1993.01.01. 수정	1994.01.01. 수정	1995.01.01. 수정
토 지 등 급 (기준수확량등급)	72	75	88	97	105	109	114	120
개별공시지가 기준일	2018.01.01	2019.01.01	2020.01.01	2021.01.01	2022.01.01	2023.01.01	2024.01.01	용도지역 등
개별공시지가(원/㎡)	29,200	36,300	41,000	44,500	51,000	47,200	47,000	

○ 공유지연명부는 지적공부에 속하는 대장으로, 지적측량을 통해 조사된 토지의 소유자 등을 기록한 문서로서 정부 24에 접속하여 발급 가능

<서식 9-14> 공유지 연명부

■ 공간정보의 구축 및 관리 등에 관한 법률 시행규칙 [별지 제63호서식] <개정 2017. 1. 31.>

공유지 연명부

고유번호	5013011900-10624-0001		
토지소재	제주특별자치도 서귀포시 색달동		
지 번	624-1	축 척	1:1200

도면번호	29	발급번호	
장 번 호	1-1	처리시각	
비 고		발 급 자	

순 번	변 동 일 자 / 변 동 원 인	소유권 지분	소유자 주소	소유자 등록번호 / 성명 또는 명칭
000001	2014년 07월 07일 (03) 소유권이전	2625/3121	제주특별자치도 제주시 연화로 16,102동801호 (노형동, 해오름아파트)	680110-2****** 부숙경
000003	2014년 07월 07일 (03) 소유권이전	496/3121	제주특별자치도 제주시 연화로 16,102동801호 (노형동, 해오름아파트)	930817-2****** 김윤슬
000004	2024년 05월 10일 (03) 소유권이전	1325/3121	제주특별자치도 제주시 연화로 16,102동801호 (노형동, 해오름아파트)	680110-2****** 부숙경
			--- 이하 여백 ---	

9.13 설치도면(모듈배치 평면도)

○ 모듈배치 평면도(업체 연계 발급)

■ 모듈배치 평면도는 태양광 패널(모듈)의 위치와 배열을 상세하게 나타낸 도면으로 태양광 발전소의 효율성과 안전성을 보장하기 위해 필수적으로 요구

- 모듈의 배열 방식: 태양광 패널이 어떻게 배치될 것인지, 직렬 또는 병렬 연결 방식, 각 모듈 사이의 간격 등을 나타냄
- 위치: 각 태양광 패널의 정확한 위치, 방향, 경사각 등을 표시
- 현장 정보: 설치할 부지의 지형, 주변 구조물, 접근 도로 등 현장 상황을 반영
- 안전 관련 사항: 패널 사이의 최소 거리, 소방 안전 거리 등 법적 요구사항을 준수하는지 확인할 수 있는 정보가 포함
- 기타 장비 배치: 인버터, 배터리, 전기 계통 등 다른 주요 장비의 위치도 함께 표시

■ 태양광발전소 발전자 사업허가 시 제출해야 하는 모듈배치평면도 직접 작성하는 것이 어려움으로 발전소 시공을 하기 위해 선정한 업체에게 요청

※ 참고. 모듈배치평면도 예시

<서식 9-15> 모듈배치 평면도(구조물상세도A)

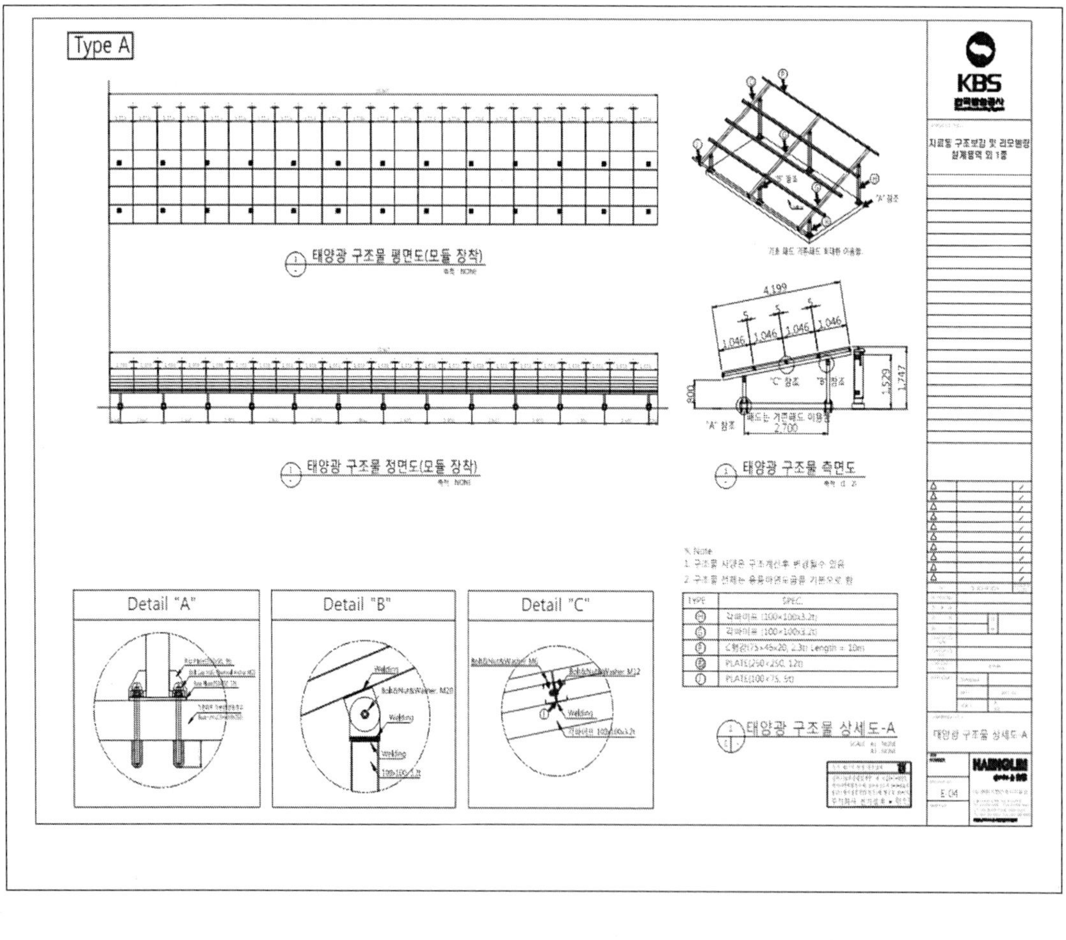

<서식 9-15> 모듈배치 평면도(구조도상세도B)

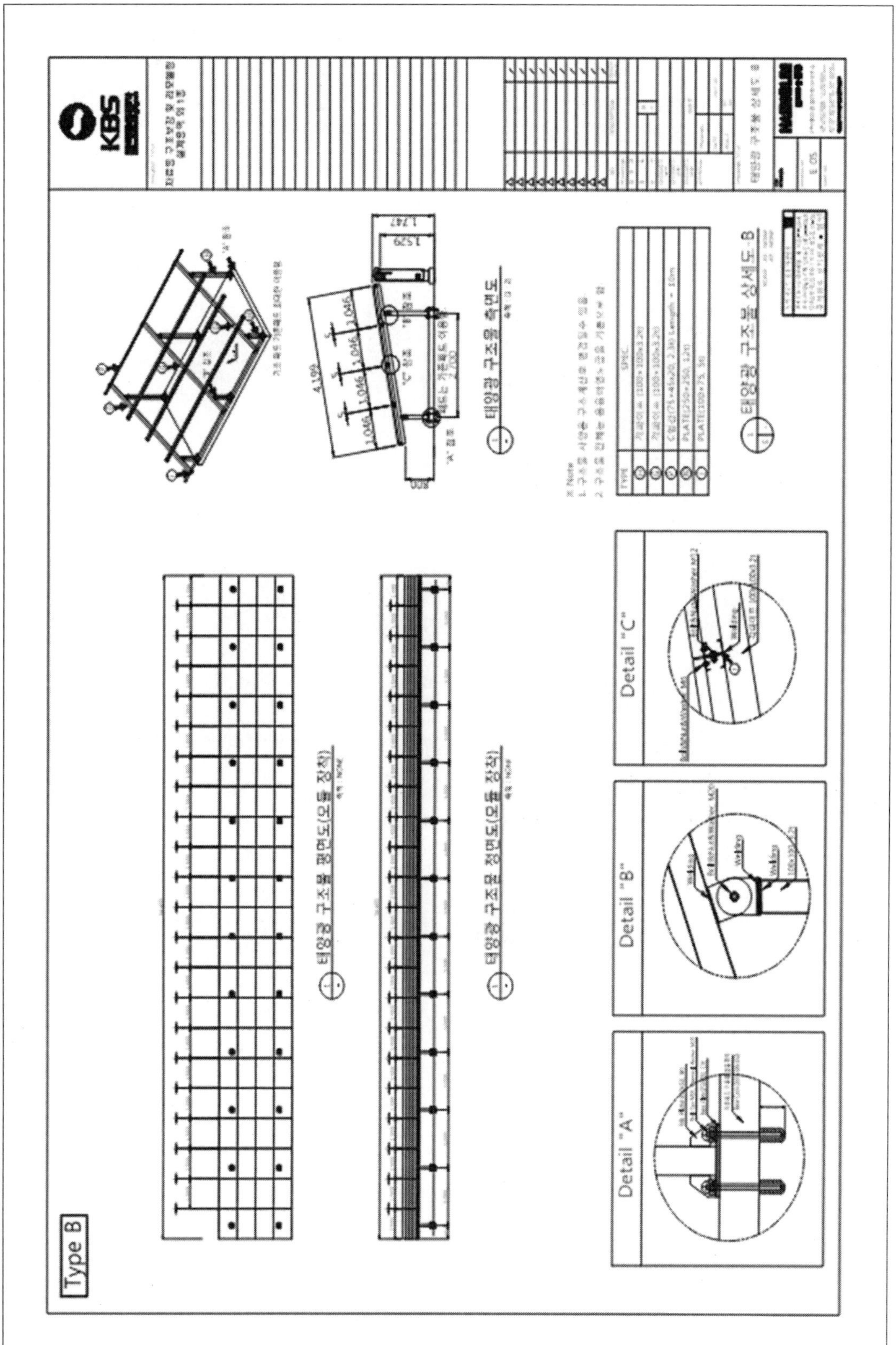

<서식 9-15> 모듈배치 평면도(모듈 Array배치 평면도)

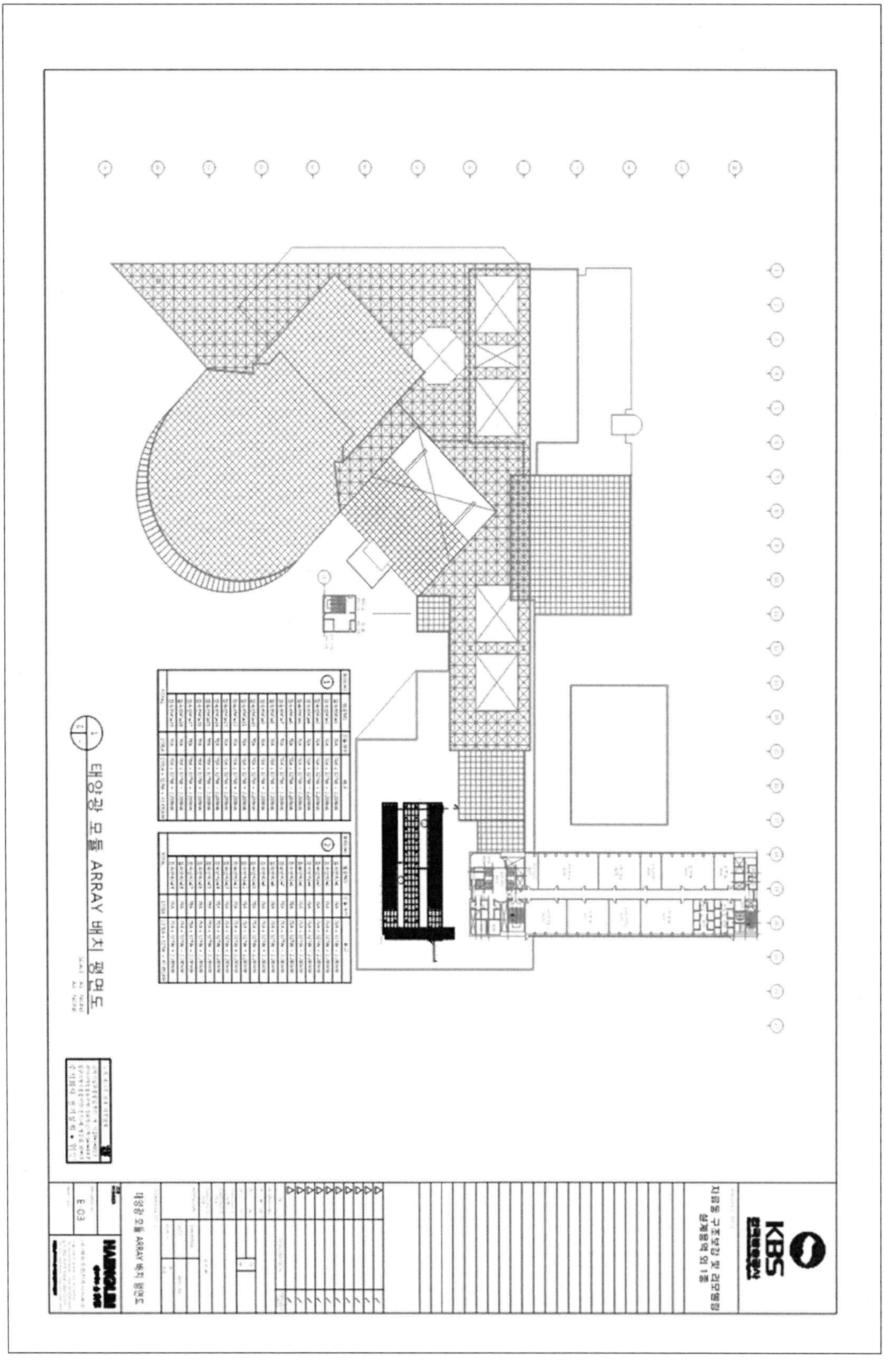

□ 작성해야할 원본 서류

1. 발전사업허가

1.1 전기사업 허가신청서

■ 전기사업법 시행규칙 [별지 제1호서식] <개정 2022. 1. 21.>

전기사업 허가신청서

※ 바탕색이 어두운 난은 신청인이 작성하지 않습니다.

접수번호	접수일자	처리기간 60일

신청인	대표자 성명	주민등록번호
	주소	
	상호	전화번호

신청 내용	사업의 종류
	설치장소
	사업구역 또는 특정한 공급구역
	전기사업용 전기설비에 관한 사항
	사업에 필요한 준비기간

「전기사업법」 제7조제1항 및 같은 법 시행규칙 제4조에 따라 위와 같이 전기사업의 허가를 신청합니다.

년 월 일

신청인 (서명 또는 인)

제주특별자치도지사 귀하

첨부서류	1. 「전기사업법 시행규칙」 별표 1의 작성방법에 따라 작성한 사업계획서(별표 1의2에 따른 서류를 첨부하여 제출합니다) 2. 정관 및 직전 사업연도말의 재무상태표·손익계산서(신청인이 법인인 경우만 해당하며, 신청인이 설립 중인 법인인 경우에는 정관만 제출합니다) 3. 신청자(발전설비용량이 3천킬로와트 이하인 신청자는 제외합니다)의 주주명부(신청자가 재무능력을 평가할 수 없는 신설법인인 경우에는 신청자의 최대주주를 신청자로 봅니다) 4. 「전기사업법 시행령」 제4조의2에 따른 의견수렴 결과(「신에너지 및 재생에너지 개발·이용·보급 촉진법」 제2조에 따른 태양에너지 중 태양광, 풍력, 연료전지를 이용하는 발전사업인 경우만 해당합니다) 5. 「전기사업법」 제7조의3제1항에 따라 의제받으려는 인·허가등에 관하여 해당 법률에서 정하는 관련 서류	수수료
산업통상자원부장관 또는 시·도지사 확인사항	법인 등기사항증명서	없음

처리절차

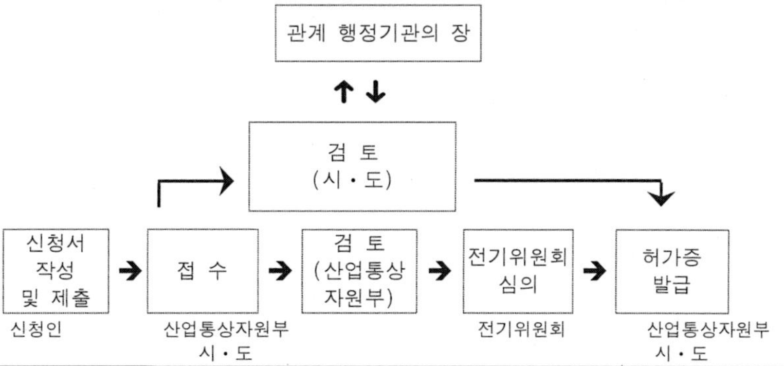

210㎜×297㎜(백상지 80g/㎡)

1.2 발전자 사업허가 사업계획서

가. 사업구분

○ 발전사업(태양광 발전사업)

나. 사업 계획개요

○ 발전소의 명칭 :

○ 발전소의 위치 :

○ 설 비 용 량 :

○ 설 치 방 법 :

○ 발 전 방 식 :

○ 전력수급방식 :

○ 선 로 규 격 :

○ 사 용 연 료 :

○ 건축물(관리동 및 건축면적) :

○ 총 사 업 비 : (내자.: 천원, 외자 : 천원)

○ 사업개시의 예정일 :

○ 연간전력생산량 :

월별	1월	2월	3월	4월	5월	6월
발전량 (kWh)						
월별	7월	8월	9월	10월	11월	12월
발전량 (kWh)						

다. 전기설비 개요

○ 발전설비

[태양광 모듈]

- 태양전지방식:
- 태양전지형식 :
- 모듈의 정격출력 :
- 모듈 경사각 :
- 개방전압 / 정격전압 :
- 단락전류 / 정격전류 :

- 외형크기 :
- 모듈무게 :

[태양광 어레이(배열)]
- 이격거리 :
- 어레이(배열) 용량 :
- 태양광 모듈 :
- 설 치 면 적 :

[인버터]
- 용 량 :
- 주 파 수 :
- 입력전압 :
- 정격전압 :
- 출력전압 :
- 크기(W*D*H) :
- 무 게 :

○ 송전, 변전설비

[계통연계]
- 연계점 및 접속점(인근 전주번호) :
- 발전소 구내 거리(인근 전주와의 거리) :
- 한전계통연계 전선규격 :

[변전설비]
- 변전소의 명칭 :
- 변전소의 위치 :
- 변압기용량 :
- 공급방식 :
- 선로규격 :

라. 전기설비 건설 계획

내　　　용	태양광 발전소 건설기간 (6개월)					
	4월	5월	6월	7월	8월	9월
1. 사업허가						
2. 발·변전 시스템 설계 - 자재 및 설비 도면 설계 - 송 · 변전 설계 - 배전반 설계						
3. 발전설비 및 설치 공사 - 지지대 제작 - 태양광 어레이 제작 - 인버터 설치						
4. 발전소 건축 및 부대설비 공사 - 발전소 건축공사 - 발전소 부대 설비공사						
5. 송전설로 공사 - 수배전반 설치 - 전기배선 공사						
6. 시운전 및 준공검사 - 설비성능 평가 - 시운전 - 현장 최종정리						
7. 상업 발전 개시						

○ 건설인력 관련 계획

- 태양광발전 kW

구　분	세부 내용	인원(명)
건설	1단계 : 태양광 모듈, 인버터, 접속함 제작	
	2단계 : 구조물공사(구조물설치에서 주기기 현장도착 전까지)	
	3단계 : 본 공사(주기기 현장도착 후부터 수전까지)	
시운전	4단계 : 계통 병입	
	5단계 : 시운전(계통병입부터 준공까지)	

마. 전기설비 운영 계획

○ 기술인력 확보 기준(전기안전관리자 : 선임대상)

- 전기안전 관리자의 대행 및 선임 여부
  - 법 제73조에 의하여 전기안전 관리자 대행

○ 기술인혁 확보계획

- 태양광발전 kW

구 분	세부 내용	인원(명)
유지관리	전기안전관리 대행사에 의해 유지관리	

바. 소요금액 및 재원조달 계획

○ 공사비 계산서

항	목	절	공 사 비	비 고
자동전기 공급설비	태양광 발전설비	토지 · 지상권		
		건물 · 개선설비		
		구조 및 구조물		
		태양광 발전기기		
		부대전기설비		
		토목, 부대공사		
		보안통신설비		
		비 품		
		무형고정자산		
		기타비용		
		계		

○ 년도별 공사비 계획 종합표 (단위 : 천원)

<table>
<tr><th colspan="4">공사비 항목</th><th>1차년도</th><th>2차년도</th><th>3차년도</th><th>계</th></tr>
<tr><td rowspan="21">직접공사비</td><td colspan="3">토 지</td><td></td><td></td><td></td><td></td></tr>
<tr><td colspan="3">설계 기술 용역비</td><td></td><td></td><td></td><td></td></tr>
<tr><td colspan="3">소계</td><td></td><td></td><td></td><td></td></tr>
<tr><td rowspan="9">기자재비</td><td rowspan="3">주기기</td><td>내자</td><td></td><td></td><td></td><td></td></tr>
<tr><td>외자</td><td></td><td></td><td></td><td></td></tr>
<tr><td>계</td><td></td><td></td><td></td><td></td></tr>
<tr><td rowspan="3">보조기기</td><td>내자</td><td></td><td></td><td></td><td></td></tr>
<tr><td>외자</td><td></td><td></td><td></td><td></td></tr>
<tr><td>계</td><td></td><td></td><td></td><td></td></tr>
<tr><td rowspan="3">소 계</td><td>내자</td><td></td><td></td><td></td><td></td></tr>
<tr><td>외자</td><td></td><td></td><td></td><td></td></tr>
<tr><td>계</td><td></td><td></td><td></td><td></td></tr>
<tr><td rowspan="6">시공비</td><td colspan="2">기계공사비</td><td></td><td></td><td></td><td></td></tr>
<tr><td colspan="2">전기/계측공사비</td><td></td><td></td><td></td><td></td></tr>
<tr><td colspan="2">토목/부대공사비</td><td></td><td></td><td></td><td></td></tr>
<tr><td colspan="2">통신공사비</td><td></td><td></td><td></td><td></td></tr>
<tr><td colspan="2">건축공사비</td><td></td><td></td><td></td><td></td></tr>
<tr><td colspan="2">소 계</td><td></td><td></td><td></td><td></td></tr>
<tr><td colspan="2" rowspan="3">합 계</td><td>내자</td><td></td><td></td><td></td><td></td></tr>
<tr><td>외자</td><td></td><td></td><td></td><td></td></tr>
<tr><td>계</td><td></td><td></td><td></td><td></td></tr>
<tr><td rowspan="5">간접공사비</td><td colspan="3">일 반 비 용</td><td></td><td></td><td></td><td></td></tr>
<tr><td colspan="3">안전관리비</td><td></td><td></td><td></td><td></td></tr>
<tr><td colspan="3">산재보험료</td><td></td><td></td><td></td><td></td></tr>
<tr><td colspan="3">기 타 경 비</td><td></td><td></td><td></td><td></td></tr>
<tr><td colspan="3">합 계</td><td></td><td></td><td></td><td></td></tr>
<tr><td colspan="2" rowspan="3">총 공사비</td><td colspan="2">내 자</td><td></td><td></td><td></td><td></td></tr>
<tr><td colspan="2">외 자</td><td></td><td></td><td></td><td></td></tr>
<tr><td colspan="2">계</td><td></td><td></td><td></td><td></td></tr>
</table>

○ 소요자금 및 그 조달 방법

- 소요자금 ⇒ 천원
  - 태양광발전설비 : 천원
  - 부대전기설비 : 천원
  - 구조 및 구조물 : 천원
  - 토목, 부대공사 : 천원
  - 보안통신설비 : 천원
  - 기 타 : 천원

• 소요자금 조달방법(자기자금 %, 타인자금 %)

- 자기자금 : 천원

- 타인자금 : 천원(금융기관 등) ⇒ 대출확약서

※ 자금확보 및 조달계획서 등 확인서 별도붙임

<세부자금조달계획> (단원 : 천원)

구 분	자금조달	내 용	금 액	비 고
자기자금	현금			
타인자금	금융기관대출			
계				

○ 소요자금 투입시기 (단원 : 천원)

연 도 별	투 입 자 금	비 고
1차년도		
계		

사. 연도별 공급계획

○ 전력 공급계획

• 전기사업의 개시일로부터 5년간 연도별공급계획

구분	발 전 량(MWh)						송 전 량(MWh)					
	1차 년도	2차 년도	3차 년도	4차 년도	5차 년도	계	1차 년도	2차 년도	3차 년도	4차 년도	5차 년도	계
1호기												
계												

○ 연도별 건설 예정량

연 도 별	건설 예정량	연간 발전량	비 고
1차년도			
2차년도			
3차년도			
계			

1.3.1 신원조회 동의서

신원조회 동의서

성　　　　명 :

주민등록번호 :

주　　　　소 :

등 록 기 준 지 :

전 화 번 호 :

상기인의 (전기사업허가) 신청에 따른 전기사업법 제8조의 결격사유조회에 동의합니다.

신청인 :　　(인)

붙임: 신분증 사본1 부.

1.3.3 주민동의서

OO공사 주민동의서

공 사 명 :

공사일정 :

공사내용 :

위와 같이 OOO 공사를하고자 주민의 동의를 얻어 최대한 빠르게 공사를 진행하고자 동의서를 구합니다

연번	성명(세대주)	주 소	주민등록번호	서명(인)	비고

2.1 개발행위허가신청서

■ 국토의 계획 및 이용에 관한 법률 시행규칙[별지 제5호서식] <개정 2023. 1. 27.>

개발행위(변경) 허가신청서

※ [ ]에는 해당되는 곳에 √표를 합니다. (앞쪽)

접수번호	접수일	처리기간	15일

[ ] 공작물설치 [ ] 토지형질변경 [ ] 토석채취 [ ] 토지분할 [✓] 물건적치

신청인	성명(법인명 및 대표자 성명)		생년월일(법인등록번호)
	주소 (전화번호 :)		
	창업자 해당 여부: [ ] 해당 [ ] 미해당 ※ 신청인은 뒷쪽의 '작성방법 안내'를 확인하고, 창업자 해당 여부에 √표를 합니다.		
	전자우편 송달동의	「행정절차법」 제14조에 따라 정보통신망을 이용한 개발행위허가 신청결과 등의 문서송달에 동의여부	
		[ ] 동의함 [ ] 동의하지 않음	
		전자우편 주소	

(변경)허가신청 사항

위치(지번)	지목
용도지역	용도지구

신청 내용	공작물 설치	신청면적		무게
		공작물구조		부피
	토지형질 변경	토지현황	경사도	토질
			토석매장량	
		입목식재 현황	주요수종	
			입목지	무입목지
		신청면적		
		입목벌채	수종	나무 수 그루
	토석채취	신청면적		부피
	토지분할	종전면적		분할면적
	물건적치	무게		부피
		품명		평균적치량
		적치기간		
개발행위목적 (변경사유)				
사업기간				

「국토의 계획 및 이용에 관한 법률」 제57조제1항 및 같은 법 시행규칙 제9조에 따라 위와 같이 허가를 신청합니다.

년 월 일

신청인 (서명 또는 인)

특별시장 · 광역시장 · 특별자치시장 · 특별자치도지사 · 시장 · 군수 귀하

첨부서류	뒤쪽 참조	수수료 없음

210㎜×297㎜[백상지(80g/㎡) 또는 중질지(80g/㎡)]

(뒤쪽)

첨부 서류

1. 토지의 소유권 또는 사용권 등 신청인이 당해 토지에 개발행위를 할 수 있음을 증명하는 서류. 다만, 다른 법령에서 개발행위허가가 의제되어 개발행위허가에 관한 신청서류를 제출하는 경우에 다른 법령에 의한 인가 · 허가 등의 과정에서 본문의 제출서류의 내용을 확인할 수 있는 경우에는 그 확인으로 제출서류에 갈음할 수 있습니다.
2. 배치도 등 공사 또는 사업관련 도서(토지의 형질변경 및 토석채취인 경우에 한정합니다)
3. 설계도서(공작물의 설치인 경우에 한정합니다)
4. 당해 건축물의 용도 및 규모를 기재한 서류(건축물의 건축을 목적으로 하는 토지의 형질변경인 경우에 한정합니다)
5. 개발행위의 시행으로 폐지되거나 대체 또는 새로이 설치할 공공시설의 종류 · 세목 · 소유자 등의 조서 및 도면과 예산내역서(토지의 형질변경 및 토석채취인 경우에 한정합니다)
6. 「국토의 계획 및 이용에 관한 법률」 제57조제1항에 따른 위해방지 · 환경오염방지 · 경관 · 조경 등을 위한 설계도서 및 그 예산내역서(토지분할인 경우는 제외합니다). 다만, 「건설산업기본법 시행령」 제8조제1항에 따른 경미한 건설공사를 시행하거나 옹벽 등 구조물의 설치 등을 수반하지 않는 단순한 토지형질변경의 경우에는 개략설계서로 설계도서에, 견적서 등 개략적인 내역서로 예산내역서에 갈음할 수 있습니다.
7. 「국토의 계획 및 이용에 관한 법률」 제61조제3항에 따른 관계 행정기관의 장과의 협의에 필요한 서류

작성방법 안내

1. 신청인이 「중소기업창업 지원법」 제2조제2호에 해당하는 창업자인 경우로서 「중소기업창업 지원법」 제33조에 따른 사업계획의 승인을 받은 경우에는 같은 법 제39조의3에 따라 부담금이 면제됨을 알려드립니다.
2. 개발행위허가 신청내용이 「건축법」의 적용을 받는 건축물의 건축 또는 「「건축법」상 축조신고 대상인 공작물의 설치인 경우본 신청서가 아닌 「건축법」에서 정하는 절차에 따라 신청서류를 제출하시기 바랍니다.
3. 공작물설치의 신청면적은 수평투영면적으로 기재하여 주시기 바랍니다.
4. 공작물 구조는 모양, 제작소재와 공작물의 종류 등을 포함하여 기재하여 주시기 바랍니다.
   (예시) 사람모양의 철재 광고탑, 정사면체 석재 기념탑
5. 토지형질 신청면적(개발행위허가규모와 별개)은 실제 토지의 형질변경이 이루어지는 면적을 의미합니다.
   (예시) 1,000㎡ 필지의 일부인 100㎡를 성토하고자 할 경우 신청면적은 100㎡로 기입(개발행위허가규모는 1,000㎡)
6. 변경허가 신청 시 신청내용에 변경된 내용에 한하여 변경 전 신청내용과 변경 후 신청내용을 모두 적습니다.
   (예시) (신청면적) 1,000㎡→2,000㎡ (입목벌채 나무수) 240그루 → 310그루

처리 절차

신 청 인	처 리 기 관(담 당 부 서)
	특별시 · 광역시 · 특별자치시 · 특별자치도 · 시 · 군(개발행위허가 담당부서)

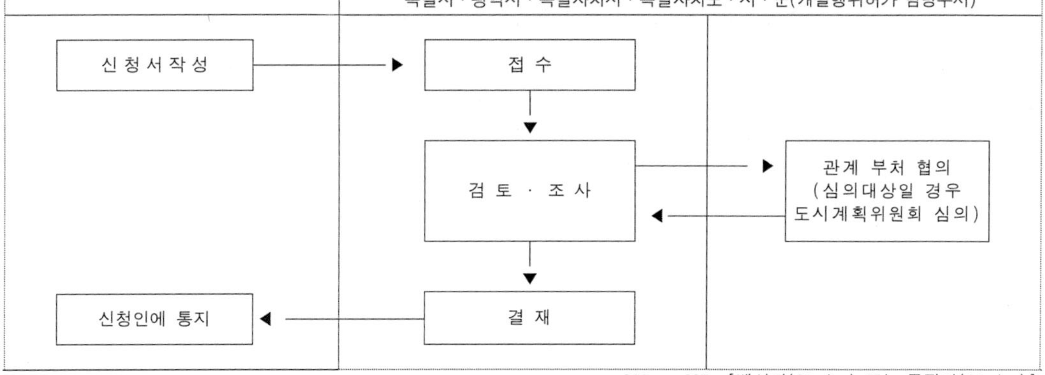

210㎜×297㎜[백상지(80g/㎡) 또는 중질지(80g/㎡)]

2.3.1 공사 또는 사업 개요 서류

가. 사업구분

○ 발전사업(태양광 발전사업)

나. 사업 계획개요

○ 발전소의 명칭 :

○ 발전소의 위치 :

○ 설 비 용 량 :

○ 설 치 방 법 :

○ 발 전 방 식 :

○ 전력수급방식 :

○ 선 로 규 격 :

○ 사 용 연 료 :

○ 건축물(관리동 및 건축면적) :

○ 총 사 업 비 : (내자.: 천원, 외자 : 천원)

○ 사업개시의 예정일 :

○ 연간전력생산량 :

월별	1월	2월	3월	4월	5월	6월
발전량 (kWh)						
월별	7월	8월	9월	10월	11월	12월
발전량 (kWh)						

다. 전기설비 개요

○ 발전설비

[태양광 모듈]

- 태양전지방식:
- 태양전지형식 :
- 모듈의 정격출력 :
- 모듈 경사각 :
- 개방전압 / 정격전압 :
- 단락전류 / 정격전류 :

- 외형크기 :
- 모듈무게 :

[태양광 어레이(배열)]

- 이격거리 :
- 어레이(배열) 용량 :
- 태양광 모듈 :
- 설 치 면 적 :

[인버터]

- 용 량 :
- 주 파 수 :
- 입력전압 :
- 정격전압 :
- 출력전압 :
- 크기(W*D*H) :
- 무 게 :

○ 송전, 변전설비

[계통연계]

- 연계점 및 접속점(인근 전주번호) :
- 발전소 구내 거리(인근 전주와의 거리) :
- 한전계통연계 전선규격 :

[변전설비]

- 변전소의 명칭 :
- 변전소의 위치 :
- 변압기용량 :
- 공급방식 :
- 선로규격 :

라. 전기설비 건설 계획

<table>
<tr><th rowspan="2">내 용</th><th colspan="6">태양광 발전소 건설기간 (6개월)</th></tr>
<tr><th>4월</th><th>5월</th><th>6월</th><th>7월</th><th>8월</th><th>9월</th></tr>
<tr><td>1. 사업허가</td><td></td><td></td><td></td><td></td><td></td><td></td></tr>
<tr><td>2. 발·변전 시스템 설계
- 자재 및 설비 도면 설계
- 송 · 변전 설계
- 배전반 설계</td><td></td><td></td><td></td><td></td><td></td><td></td></tr>
<tr><td>3. 발전설비 및 설치 공사
- 지지대 제작
- 태양광 어레이 제작
- 인버터 설치</td><td></td><td></td><td></td><td></td><td></td><td></td></tr>
<tr><td>4. 발전소 건축 및 부대설비 공사
- 발전소 건축공사
- 발전소 부대 설비공사</td><td></td><td></td><td></td><td></td><td></td><td></td></tr>
<tr><td>5. 송전설로 공사
- 수배전반 설치
- 전기배선 공사</td><td></td><td></td><td></td><td></td><td></td><td></td></tr>
<tr><td>6. 시운전 및 준공검사
- 설비성능 평가
- 시운전
- 현장 최종정리</td><td></td><td></td><td></td><td></td><td></td><td></td></tr>
<tr><td>7. 상업 발전 개시</td><td></td><td></td><td></td><td></td><td></td><td></td></tr>
</table>

○ 건설인력 관련 계획

- 태양광발전 kW

<table>
<tr><th>구 분</th><th>세부 내용</th><th>인원(명)</th></tr>
<tr><td rowspan="3">건설</td><td>1단계 : 태양광 모듈, 인버터, 접속함 제작</td><td></td></tr>
<tr><td>2단계 : 구조물공사(구조물설치에서 주기기 현장도착 전까지)</td><td></td></tr>
<tr><td>3단계 : 본 공사(주기기 현장도착 후부터 수전까지)</td><td></td></tr>
<tr><td rowspan="2">시운전</td><td>4단계 : 계통 병입</td><td></td></tr>
<tr><td>5단계 : 시운전(계통병입부터 준공까지)</td><td></td></tr>
</table>

마. 전기설비 운영 계획

○ 기술인력 확보 기준(전기안전관리자 : 선임대상)

- 전기안전 관리자의 대행 및 선임 여부
  - 법 제73조에 의하여 전기안전 관리자 대행

○ 기술인혁 확보계획

- 태양광발전 kW

구 분	세부 내용	인원(명)
유지관리	전기안전관리 대행사에 의해 유지관리	

바. 소요금액 및 재원조달 계획

○ 공사비 계산서

항	목	절	공 사 비	비 고
자동전기 공급설비	태양광 발전설비	토지 · 지상권		
		건물 · 개선설비		
		구조 및 구조물		
		태양광 발전기기		
		부대전기설비		
		토목, 부대공사		
		보안통신설비		
		비 품		
		무형고정자산		
		기타비용		
		계		

○ 년도별 공사비 계획 종합표 (단위 : 천원)

<table>
<tr><th colspan="4">공사비 항목</th><th>1차년도</th><th>2차년도</th><th>3차년도</th><th>계</th></tr>
<tr><td rowspan="21">직접공사비</td><td colspan="3">토 지</td><td></td><td></td><td></td><td></td></tr>
<tr><td colspan="3">설계 기술 용역비</td><td></td><td></td><td></td><td></td></tr>
<tr><td colspan="3">소계</td><td></td><td></td><td></td><td></td></tr>
<tr><td rowspan="9">기자재비</td><td rowspan="3">주기기</td><td>내자</td><td></td><td></td><td></td><td></td></tr>
<tr><td>외자</td><td></td><td></td><td></td><td></td></tr>
<tr><td>계</td><td></td><td></td><td></td><td></td></tr>
<tr><td rowspan="3">보조기기</td><td>내자</td><td></td><td></td><td></td><td></td></tr>
<tr><td>외자</td><td></td><td></td><td></td><td></td></tr>
<tr><td>계</td><td></td><td></td><td></td><td></td></tr>
<tr><td rowspan="3">소 계</td><td>내자</td><td></td><td></td><td></td><td></td></tr>
<tr><td>외자</td><td></td><td></td><td></td><td></td></tr>
<tr><td>계</td><td></td><td></td><td></td><td></td></tr>
<tr><td rowspan="6">시공비</td><td colspan="2">기계공사비</td><td></td><td></td><td></td><td></td></tr>
<tr><td colspan="2">전기/계측공사비</td><td></td><td></td><td></td><td></td></tr>
<tr><td colspan="2">토목/부대공사비</td><td></td><td></td><td></td><td></td></tr>
<tr><td colspan="2">통신공사비</td><td></td><td></td><td></td><td></td></tr>
<tr><td colspan="2">건축공사비</td><td></td><td></td><td></td><td></td></tr>
<tr><td colspan="2">소 계</td><td></td><td></td><td></td><td></td></tr>
<tr><td colspan="2" rowspan="3">합 계</td><td>내자</td><td></td><td></td><td></td><td></td></tr>
<tr><td>외자</td><td></td><td></td><td></td><td></td></tr>
<tr><td>계</td><td></td><td></td><td></td><td></td></tr>
<tr><td rowspan="5">간접공사비</td><td colspan="3">일 반 비 용</td><td></td><td></td><td></td><td></td></tr>
<tr><td colspan="3">안전관리비</td><td></td><td></td><td></td><td></td></tr>
<tr><td colspan="3">산재보험료</td><td></td><td></td><td></td><td></td></tr>
<tr><td colspan="3">기 타 경 비</td><td></td><td></td><td></td><td></td></tr>
<tr><td colspan="3">합 계</td><td></td><td></td><td></td><td></td></tr>
<tr><td colspan="2" rowspan="3">총 공사비</td><td colspan="2">내 자</td><td></td><td></td><td></td><td></td></tr>
<tr><td colspan="2">외 자</td><td></td><td></td><td></td><td></td></tr>
<tr><td colspan="2">계</td><td></td><td></td><td></td><td></td></tr>
</table>

○ 소요자금 및 그 조달 방법

- 소요자금 ⇒ 천원
  - 태양광발전설비 : 천원
  - 부대전기설비 : 천원
  - 구조 및 구조물 : 천원
  - 토목, 부대공사 : 천원
  - 보안통신설비 : 천원
  - 기 타 : 천원

- 소요자금 조달방법(자기자금 %, 타인자금 %)

- 자기자금 : 천원
- 타인자금 : 천원(금융기관 등) ⇒ 대출확약서

※ 자금확보 및 조달계획서 등 확인서 별도붙임

<세부자금조달계획> (단원 : 천원)

구 분	자금조달	내 용	금 액	비 고
자기자금	현금			
타인자금	금융기관대출			
계				

○ 소요자금 투입시기 (단원 : 천원)

연 도 별	투 입 자 금	비 고
1차년도		
계		

사. 연도별 공급계획

○ 전력 공급계획

- 전기사업의 개시일로부터 5년간 연도별공급계획

구분	발 전 량(MWh)						송 전 량(MWh)					
	1차 년도	2차 년도	3차 년도	4차 년도	5차 년도	계	1차 년도	2차 년도	3차 년도	4차 년도	5차 년도	계
1호기												
계												

○ 연도별 건설 예정량

연 도 별	건설 예정량	연간 발전량	비 고
1차년도			
2차년도			
3차년도			
계			

3. 전력수급계약 신청

3.1 전기사용신청서

전기사용신청서

☐ 전기사용자

성 명*		신청일자/접수번호		
전기사용장소*			상호(공동주택)	
주민등록번호*			전 화 번 호*	( ) -
e-mail			휴 대 전 화*	- -

☐ 건축물(토지) 소유자 (이하 "소유자"라 합니다.)

소 유 자 명*		주 소*	
주민등록번호*	-	전 화 번 호*	,

"*" 표시는 개인정보 필수입력사항입니다. 법인은 법인명 및 법인등록번호를 기재하여 주시기 바랍니다.

☐ 계약사항

신 청 구 분			공 급 방 식		사용희망일	20 . . .
계 약 종 별		전력	사 용 용 도		주 생 산 품	
계 약 전 력		kW	설 비 용 량	변압기설비 kVA, 사용설비 kW		
선 택 요 금	Ⅰ☐, Ⅱ☐, Ⅲ☐, Ⅳ☐		APT 계약방법	단일계약 ☐, 종합계약 ☐, 변압기설비 공동이용계약 ☐		
세 금 계 산 서 발 행	사업자등록번호:		상 호: 업태: 종목:			
청구방법	모바일 ☐	- -	이 메 일 ☐			
청구방법	※ 청구방법 미선택 시 전기사용자의 휴대전화 번호로 모바일 청구가 기본 선택됩니다.					
청구방법	우편청구 ☐	우편 수령주소 ( )				
자 동 이 체	은행명 : 예금주 : 계좌번호 :			생년월일 :		
전기공사업체명	(인)				면허번호	
					전화번호	
전 주 관 리	변압기설치 전주번호 :			인입전주 번호 :		

전기공사업체가 대리신청하는 경우 유자격 내선공사 업체명을 기재하고 공사업체의 인감을 날인하여야 합니다

※ 아래 밑줄 및 회색글씨는 직접 자필로 기재하여 주시기 바랍니다.

귀 공사의 약관을 준수할 것을 동 의하며, 위와 같이 전기사용을 신청합니다.

- 한전 전기설비에 대한 시공, 수리, 변경 등 공사의 안전한 작업환경을 위해 정전작업이 발생할 경우, 정전작업에 협조하고 사전조치를 통해 피해가 발생하지 않도록 주의하겠습니다.
- 비상용 자가발전기, 무정전전원공급장치(UPS), 결상보호장치, 정전경보장치 등의 자체보호장치를 설치하지 않아 발생하는 피해는 한전의 손해배상 대상에서 제외될 수 있으므로, 부득이한 사유로 전기공급이 중지될 경우 발생할 피해를 예방하기 위해 적절한 자체보호장치를 시설하여 피해가 발생하지 않도록 주의하겠습니다.
- 전기사용신청은 실제 사용자 명의로 신청하며, 매매(임대차) 등으로 전기사용계약자가 변경되는 경우에는 그 변경내용을 14일 이내에 한전에 통지하겠습니다.
- 사용설비 용량 또는 전기사용 용도가 변경되어 계약전력 또는 계약종별의 변경이 있는 경우 1개월 이내에 한전에 알리겠으며, 변경내용을 알리지 않아 발생하는 한전의 손해배상 청구(위약금 등)에 대해서는 이의신청을 하지 않겠습니다.

년 월 일

전기사용자 (서명 / 인)

【개인정보 수집, 이용 동의서】

한국전력은 전기사용계약 관련 서비스제공에 필요한 개인정보의 수집·이용을 위하여 개인정보보호법 제15조(개인정보의 수집·이용), 제22조(동의를 받는 방법)에 따라 귀하의 동의를 받고자 합니다.

1. 수집 및 이용 목적

① 전기사용계약신청, 시설부담금·전기요금의 청구 및 납부처리, 전기사용과 관련한 정보제공
② 고지사항 전달, 본인의사 확인, 업무처리 만족도 조사 등 원활한 의사소통 경로확보
③ 기타 한전의 개인정보처리방침에 따른 계약의 이행에 필요한 업무의 위탁

2. 수집 및 이용 항목

구 분	< 전 기 사 용 자 >	< 소 유 자 >
필수항목	성명, (*)주민등록번호, 주소, 전화번호, 휴대전화번호	성명, (*)주민등록번호, 주소, 전화번호
선택항목	이메일 주소, 은행명, 예금주명, 계좌번호, 예금주 생년월일	없 음

(*) 전기사업법 시행령 제62조의3(고유식별정보의 처리)에 의거 전기공급 및 전기요금 부과·징수에고객님의 주민등록번호 등 개인 고유식별정보가 포함된 자료를 처리할 수 있습니다

3. 보유 및 이용기간

특정법률에 정한 경우를 제외하고는 전기사용계약 해지 후 최장 10년까지 보유합니다. 다만, 채권·채무 잔존 시에는 채권·채무 정산시까지 보유합니다.

4. 동의거부 권리 및 불이익 고지

고객은 개인정보 수집 동의를 거부할 수 있습니다. 다만, 필수정보를 입력하지 않는 경우 전기사용신청 등이 제한되며, 선택정보를 입력하지 않는 경우 전기사용정보제공 및 자동이체가 제한됩니다. 또한, 수집·이용된 개인정보는 위의 목적 외 다른 목적으로 활용하지 않으며, 정보주체가 열람, 정정·삭제, 처리정지 하고자 할 때에는 개인정보보호책임자를 통해 요구할 수 있으며, 개인정보침해시 한전의 개인정보처리방침 제10조(정보주체의 권익침해에 대한 구제방법)를 통해 구제받을 수 있습니다.

구 분	필수 개인정보 수집 및 이용 동의(✓표시)	선택 개인정보 수집 및 이용 동의(✓표시)
전기사용자	동의함 □ 동의하지 않음 □	동의함 □ 동의하지 않음 □
소 유 자	동의함 □ 동의하지 않음 □	동의함 □ 동의하지 않음 □

5. 법정대리인 동의

만 14세 미만 가입자만 해당, 개인정보보호법 제22조 제5항에 의거 법정대리인 동의를 받습니다.

법정대리인 성명	연락처	관계
위의 내용에 동의합니다. 동의함 □ 동의하지 않음 □		

위와 같이 개인정보 수집, 이용 동의여부를 확인합니다.

20 년 월 일

전기사용자 (서명 / 인)

소 유 자 (서명 / 인)

위와 같이 전기사용 신청함을 동의합니다.

소 유 자 (서명 / 인)

【행정정보 공동이용에 대한 사전동의서】

본인은 전기사용 신청업무의 처리를 위하여 「전자정부법」제36조에 따른 행정정보의 공동이용을 통해 한국전력의 업무 처리 담당자가 전자적으로 본인의 구비서류를 확인하는 것에 동의합니다.

공동이용 행정정보(구비서류)	동의여부(동의시 서명 또는 날인)
건축허가서, 건축물대장, 토지대장	**소 유 자** (서명 / 인)
주민등록등(초)본	**전기사용자** (서명 / 인)

※ 건축물 대장 및 토지(임야)대장은 공시성 행정정보이므로 행정정보 공동이용에 대한 사전동의 불요

【개인정보 제3자 제공 동의서(TV수상기 등록과 수신료 납부 관련)】

한국전력은 개인정보보호법 제17조 1항에 따라 방송법 제64조의 업무수행을 위하여 필요한 일부 개인정보 등을 한국방송공사에 제공할 수 있습니다. **본 동의서는 선택사항이며, 전기사용계약과는 무관합니다.**

[정보제공 동의내용]

1. 제공받는 자 : **한국방송공사**

2. 제공받는자의 이용목적 : **방송법 제64조(텔레비전 수상기의 등록과 수신료 납부)의 관리**

3. 제공할 개인정보 항목 : 성명, 전화번호, 주소, TV수신료 관리에 필요한 전기사용정보

4. 제공받는 자의 보유 및 이용기간

특정법률에 정한 경우를 제외하고는 **전기사용계약 해지 후 최장 10년**까지 보유합니다. 다만, 채권·채무 잔존 시에는 채권·채무 정산시까지 보유합니다.

5. 동의거부 권리 및 불이익

고객은 개인정보 제공 동의를 거부할 수 있습니다. 이 경우 실사결과에 의하여 개인정보가 취득될 수 있으며 말소, 면제 등도 고객이 직접 KBS에 신청하여야 합니다.

[수신료 제도 안내(방송법 및 방송법 시행령)]

1. 수신료 징수근거 : TV수상기 소지만으로 납부의무 발생(방송법 제64조)

2. 수상기의 등록 : 소지자가 30일 이내에 등록신청을 하여야 함(시행령 제38조)

※ 30일 이내에 등록을 하지 않은 경우 1년분(3만원)의 추징금 부과(방송법 제66조)

3. 수상기 등록변경 : 장소, 소지대수의 변경 등은 2주일내에 신고하여야 함(시행령 제40조)

4. 수상기 등록말소 : 양도, 파손, 멸실 발생시 2주일내에 신고하여야 함(시행령 제41조)

※ 수상기를 폐기하더라도 등록말소 전까지는 수신료 납부의무가 유지됨(시행령 제40조)

5. 수신료의 징수 : 수신료를 납부하지 아니한 때에는 3%의 가산금 부과(시행령 제47조)

위와 같이 개인정보 제3자 제공 동의여부를 확인합니다.

제3자(KBS) 제공동의(✓표시)
동의함 □ 동의하지 않음 □

20 년 월 일

전 기 사 용 자 (서명 / 인)

【개인신용정보의 조회 및 이용 동의서】

※ 본 동의서는 소유자가 아닌 사용자 명의로 전기사용신청(변경)시 보증조치가 필요한 경우에 자신의 신용정보에 따라 보증금 면제를 희망하는 고객이 작성합니다. 신용정보를 조회한 기록은 신용등급에 영향을 주지 않습니다.

「신용정보의 이용 및 보호에 관한 법률」 제32조 제2항에 따라 한국전력이 아래와 같은 내용으로 신용정보회사, 신용정보집중기관 등에 본인의 신용정보를 조회 및 이용하는 것에 대하여 동의합니다.

- **조회할 신용정보** : 신용거래정보, 신용능력정보, 공공기관 보유정보, 신용등급·평점정보 및 기타 신용도 판단에 필요한 개인신용정보 등
- **조회 목적** : 보증금 설정 및 유지여부 등의 판단
- **동의서 유효기간** : 제출한 시점부터 전기수급계약 해지 시까지

전 기 사 용 자 (서명 / 인)

【전기사용신청 위임장】

전기사용신청서의 작성내용이 틀림없음과 신청서상의 서명·날인은 본인이 직접 하였음을 확인하고 전기사용신청 업무 일체를 위임합니다.

위임하는 사람	성명(법인명)	(서명 / 인)	주민등록번호 (법인번호)	
	주 소			
위임받는 사람	성명(법인명)	(서명 / 인)	주민등록번호 (법인번호)	
	주 소			

1. 다른 사람의 인장·서명 도용 등에 의해 허위로 위임장을 작성 신청한 경우에는 형법 제231조와 제232조의 규정에 의하여 사문서 위·변조죄로 5년 이하의 징역 또는 1천만원 이하의 벌금에 처하게 됩니다.
2. 전기사용신청을 위임받은 자는 「개인정보보호법」제 59조에 따라 **전기사용신청 목적 외 용도로 위임인의 개인정보를 수집할 수 없으며**, 동법 제21조 및 시행령 제16조에 전기사용신청 후 **위임인의 개인정보를 지체없이 파기**하여야 합니다. 이를 어길 경우 관계 법령에 의해 처벌받게 됩니다.

※ 대리인은 신분증과 전기공사업 등록증 원본을 모두 제시하기 바랍니다.

대리인	성명(법인명)	(서명 / 인)	주민등록번호 (법인번호)	
	주 소			

【기본공급약관 주요내용】

1. **(소유자 동의)** 소유자가 아닌 사용자 명의로 전기사용을 신청하거나 변경하고자 할 경우에는 소유자의 동의를 받고, 기본공급약관 제79조(요금의 보증)에 따라 전기요금에 대한 보증을 해야 합니다.
2. **(계약해지 조건)** 소유자는 전기사용자의 동의를 얻어야 전기사용자의 전기사용계약 해지를 신청할 수 있으며, 이 경우 전기사용자가 계속해서 전기를 사용하고자 할 경우에는 전기사용자가 전기요금에 대한 보증조치를 해야 합니다. 한전은 고객이 요금을 납기일부터 2개월이 되는 날까지 납부하지 않을 경우에는 전기사용계약을 해지할 수 있습니다. 다만 주거용 주택용 고객은 별도로 정하는 바에 따릅니다.
3. **(해지 희망일)** 고객이 전기사용계약을 해지하고자 할 경우 해지희망일을 정해 1일전까지 한전에 통지하여야 합니다.
4. **(해지후 재사용)** 전기사용계약 해지일로부터 3년 경과 후 전기를 재사용하는 경우 설계시설부담금과 재사용수수료를 합산한 금액과 표준시설부담금 중 적은 금액을 납부하여야 하며(10년 이후는 신규시설부담금 납부), 전기사용계약을 해지한(계약전력의 감소 포함) 고객과 동일한 고객이 1년 이내에 동일 전기사용장소에서 동일한 공급조건으로 전기를 재사용하는 경우 고객은 기본공급약관 제16조에 따라 해지기간의 기본요금을 부담하여야 합니다.
5. **(재사용수수료)** 전기사용계약이 해지되거나 공급이 정지된 장소에서 전기를 재사용하는 고객은 재사용수수료를 부담합니다.
6. **(수급지점)** 고객과 한전간의 전기설비에 대한 안전 및 유지보수의 책임한계는 수급지점으로 하며, 전원측은 한전이 고객측은 고객이 각각 책임집니다.
7. **(배상책임 한계)** 한전의 직접적인 책임이 아닌 사유로 전기공급을 중지하거나 사용을 제한한 경우 및 누전·기타 사고가 발생한 경우 고객이 받은 손해에 대해 배상책임을 지지 않습니다.
8. **(요금적용전력)** 최대수요전력계 설치한 고압이상의 고객은 검침당월을 포함한 직전 12개월 중 12, 1, 2, 7, 8, 9월분 및 당월분의 최대수요전력 중 가장 큰 최대수요전력을 요금적용전력으로 합니다.(최대수요전력이 계약전력의 30% 미만 시 계약전력의 30%를 요금적용전력으로 함)
9. **(역률요금)** 계약전력 20kW 이상 일반용·산업용·농사용·임시전력(을) 및 교육용 고압고객은 역률에 따라 요금을 추가 또는 감액합니다. 9시부터 23시까지는 지상역률에 대하여 적용하며, 평균역률이 90%에 미달하는 경우에는 역률 60%까지 미달하는 역률 매 1%당 기본요금의 0.2%를 추가하고, 평균역률이 90%를 초과하는 경우에는 역률 95%까지 초과하는 역률 매 1%당 기본요금의 0.2%를 감액합니다. 23시부터 익일 9시까지는 진상역률에 대하여 적용하며, 평균역률이 95%에 미달하는 경우에는 역률 60%까지 미달하는 역률 매 1%당 기본요금의 0.2%를 추가하여 부과되므로 적정용량의 콘덴서를 개별기기별로 설치하시기 바랍니다.
10. **(선택요금)** 고압이상의 전압으로 공급받는 일반용전력(갑)·교육용전력·산업용전력(갑) 고객은 고객의 희망에 따라 선택(Ⅰ)요금 또는 선택(Ⅱ)요금을 적용하고, 일반용전력(을), 산업용전력(을) 고객은 고객의 희망에 따라 선택(Ⅰ)요금, 선택(Ⅱ)요금 또는 선택(Ⅲ)요금을 적용합니다. 이 경우 고객이 선택한 요금은 1년이 경과해야 다른 선택요금으로 변경할 수 있습니다. (월간 사용시간이 200시간 이하인 경우에는 선택(Ⅰ)요금이, 200시간을 초과할 경우에는 선택(Ⅱ)요금이 유리하며, 500시간 초과 사용시에는 선택(Ⅲ)요금이 유리함)
11. **(1주택수가구 요금)** 1주택에 2가구 이상이 거주하는 경우 관할 읍 · 면·동사무소에 1주택수가구 전기요금의 적용을 신청할 수 있습니다.
12. **(전기요금 할인)** 장애인복지법에 의한 장애의 정도가 심한 장애인 등 기본공급약관 제67조 6항 2호에 해당하는 고객이 전기요금 할인을 신청하면 세칙이 정하는 바에 따라 주택용 전기요금을 감액합니다.(기타계절 월 8~16천원, 여름철 월 1~2만원 한도) 또한, 주택용전력 고객으로서 가구원 중 자녀가 3인 이상인 가구, 가구원수가 5인 이상인 가구, 호흡기 장애 또는 희귀난치성질환으로 산소발생기, 인공호흡기 등 생명유지장치를 사용하는 가구, 출산가구에 대하여는 해당 월 전기요금의 30%를 감액합니다.(월 16천원 한도. 단, 생명유지장치 사용 가구는 할인한도 없음)
13. **(최저요금)** 주택용전력 저압고객 및 임시전력(갑) 고객은 월간 전기요금이 1천원 미만시 최저요금 1천원이 부과됩니다.
14. **(연체료)** 고객이 납기일을 경과하여 전기요금을 납부하는 경우 처음 1개월과 다음 1개월에 대하여 각각 미납요금의 1.5%를 연체료로 부과합니다.(2개월 누계 최대 3% 부과)
15. **(초과사용부가금)** 계약전력을 요금적용전력으로 하는 일반용 · 교육용 · 산업용 · 농사용(을) · 가로등(을) 및 임시전력(을) 고객이 계약전력 1kW마다 월간 450kWh를 초과하여 사용하는 경우 첫 번째 초과하는 달에는 초과사용부가금의 부과를 예고하고 두 번째 달부터 초과 사용전력량에 대하여 초과 사용횟수에 따라 전력량요금, 기후환경요금 및 연료비조정요금을 합산한 단가의 150%~250%를 부과합니다. 계약전력 1kW마다 월 720kWh 초과사용시 전력량요금, 기후환경요금 및 연료비조정요금을 합산한 단가의 300%를 부과합니다.
16. **(위약금)** 고객이 약관을 위반하여 요금이 정당하게 계산되지 않았을 경우, 한전은 정당하게 계산되지 않은 금액의 3배를 한도로 위약금을 부과합니다. 단, 직전 위약금 부과일로부터 1년 이내 약관을 다시 위반하는 경우 정당하게 계산되지 않은 금액의 5배를 한도로 위약금을 부과합니다.
17. **(휴지)** 농사용전력 등 기본공급약관 제81조 제1항에 해당하는 고객은 사용하지 않는 기간 동안 한전에 휴지를 신청할 수 있으며, 휴지기간 중에는 전기요금이 부과되지 않습니다.
18. **(소용량고객 계약변경)** 계약전력 5㎾ 이하 일반용전력, 교육용전력, 산업용전력은 주택용전력으로 계약종별 변경을 신청할 수 있습니다.
19. **(약관준수 의무)** 기타 명시되지 않은 사항은 기본공급약관 및 기본공급약관시행세칙을 참고하시기 바라며, 약관 및 시행세칙이 변경된 경우에는 변경된 내용을 따릅니다. [한전 사이버지점(http://cyber.kepco.co.kr)에서 확인 가능]

상기내용을 읽고 이해하였음을 확인합니다.

전기사용자 (서명 / 인)

전기사용신청서 작성방법

□ 전기사용자

1. 성명 : 실제 전기사용자의 성명을 기재합니다. (법인은 법인명 기재)
2. 신청일자 및 접수번호 : 신청일자는 전기사용을 신청하는 날을 기재하며, 접수번호는 한전의 접수담당자가 기재합니다.
3. 전기사용장소 : 실제 전기를 사용하고자 하는 건물(장소)의 법정동 지번을 기재합니다. (건물이 없는 경우 토지 지번 기재)
4. 상호(공동주택) : 사업자등록증상의 상호 또는 공동주택의 경우 공동주택명을 기재합니다.
5. 주민등록번호 : 실제 전기사용자의 주민등록번호를 기재합니다. (법인의 경우 법인등록번호 기재)
6. 전화번호 : 실제 사용자의 전화번호를 기재합니다.
7. e-mail : e-mail이 있는 경우 기재합니다.
8. 휴대전화 : 실제 전기사용자의 휴대전화번호를 기재합니다.

□ 건축물(토지) 소유자

9. 소유자명 : 건물(또는 토지) 소유자의 성명을 기재합니다. (법인인 경우에는 법인명 기재)
10. 주소 : 소유자의 주소지를 기재합니다.
11. 주민등록번호 : 소유자의 주민등록번호를 기재합니다.
12. 전화번호 : 건축물(토지) 소유자와 연락 가능한 전화번호를 기재합니다.(휴대전화 포함)

□ 계약사항

13. 신청구분 : 신설, 증설, 일부해지, 공급방식 변경(증설), 계약단위 합병, 계약단위 분할, 공급선로 변경, 수급지점 변경, 인입선 위치 변경, 해지후 재사용 중 해당 사항을 기재합니다.
14. 공급방식 : 1상 2선식 220V, 3상 4선식 220/380V 또는 3상 4선식 22,900V, 154kV, 345kV 중 하나를 기재합니다.
15. 사용희망일 : 전기를 실제로 사용하고자 하는 날을 기재합니다. (공급설비의 공사유무에 따라 한전의 공급준비 기간이 소요되므로 사전에 한전과 협의하시기 바랍니다.)
16. 계약종별 : 실제 전기사용용도에 따라 주택용, 일반용, 교육용, 산업용, 농사용, 가로등, 예비전력, 임시전력 중 하나를 기재하며, 기본공급약관 및 동 시행세칙의 구분에 따라 결정합니다.
17. 사용용도 : 실제 전기사용용도를 구체적으로 기재합니다. (예시 : 주거용, 상업용, 관공용, 농사용, 가로등용, 광공업용, 공공용, 국군용 등)
18. 주생산품 : 주거용고객 이외의 고객이 작성하며 영업목적물 기재(예시 : 휴대폰 판매, 슈퍼, PC방, 농산물 건조, 자동차제조 등)
19. 계약전력 : 전기사용계약상 사용할 수 있는 최대전력을 의미하며, 사용설비 또는 변압기설비의 합계 중 고객이 신청한 것을 기준으로 결정합니다.
20. 설비용량 : 변압기설비와 사용설비 중 계약전력 결정기준으로 선택한 설비의 용량을 기재합니다.
21. 선택요금 : 월 사용시간에 따라 선택할 수 있는 요금종류입니다. (기본공급약관 주요내용 10번 참조)
22. APT 계약방법 : 아파트고객의 경우 선택하는 계약방법입니다. (자세한 내용은 직원과 상담하시기 바랍니다.)
23. 세금계산서 발행 : 전기요금 및 시설부담금에 대한 세금계산서를 발행받고자 하는 경우에 작성하며, 이 경우 사업자등록증 사본을 제출하셔야 합니다.
24. 청구방법 : 전기요금청구서 수령방법을 선택합니다. 탄소배출 저감을 위해 모바일·이메일 청구서를 우선 선택하고 불가피하게 종이청구서로 수령하고자 할 경우 수령할 주소지를 기재합니다.
25. 자동이체 : 금융기관을 통해 전기요금을 자동으로 계좌이체하고자 할 경우 작성합니다.
26. 전기공사업체명 : 전기공사가 수반되는 전기사용신청의 경우 적법한 면허가 있는 전기공사업체명을 기재하고, 공사업체의 인감을 날인합니다.
27. 전주관리 : 한전이 작성합니다.

□ 기타사항

28. 전기사용자 날인 : 실제 전기를 사용하고자 하는 고객이 신청사항을 확인하고 서명(날인)합니다.
29. 소유자 날인 : 실제 사용자와 소유자가 다른 경우 소유자가 사용자의 전기사용에 관한 동의 의사표현을 위해 서명(날인)합니다.
30. 개인정보 수집· 이용 및 제3자 제공 동의 : 전기사용신청서에 기재된 개인정보의 수집 목적, 수집항목, 이용· 보유기간 및 제3자 제공 조건을 전기사용자 및 소유자가 확인하고 동의하기 위해 각각 서명(날인)합니다.
31. 행정정보 공동이용에 대한 사전동의 : 전기사용자와 소유자의 전기사용신청 구비서류 제출에 따른 불편을 해소하기 위해 전자정부를 통해 한전이 관련 서류를 직접 열람하는 것을 희망할 경우 각각 서명(날인)합니다.
32. 개인신용정보의 조회 및 이용 동의 : 소유자가 아닌 사용자 명의로 전기사용 신청하여 전기사용자의 신용정보에 따라 보증금 면제를 희망하는 경우 개인신용정보의 조회 및 이용에 동의함을 서명(날인)합니다.
33. 전기사용신청 위임장 : 전기공사업체를 통해 신청할 경우 전기사용신청 업무를 위임했음을 확인하기 위해 서명(날인)합니다.

3.2 전력거래계약 신청

3.2.1 전력거래계약 신청서

제3자간 전력거래계약 신청서

접수번호 :

접수일자 : 년 월 일

1. 발전사업자 기재사항

발전사업자	성 명(상호)			상업운전 희 망 일	
	신청인거주지			전화번호	
	거래대금 통보	휴대폰		이메일 주소	
	대표자 성명			주민등록번호	-
	사업자등록사항	등록번호 : 업 태 :		상 호 : 종 목 :	
	정부지원내역	정부무상지원금액 :		총 설비투자액 :	
	계약체결(예정)일			상업운전개시(예정)일	

2. 발전사업허가서에 관한 사항(발전자 사업허가 단계에서 발급된 발전사업허가서를 바탕으로 작성)

발전사업허가번호		※ 발전설비 현장약도
허 가 일 자		
설 치 장 소		
발 전 원		
발 전 방 식		
허가용량(kW)		
시설용량(kW)		
공 급 전 압		
공 급 방 식		
주 파 수		

3. 제3자간 전력거래계약에 관한 사항(별도첨부 가능, 택 1)

계 약 방 식	☐ 실제 시간대별 발전량	☐ 발전량 균등화 (☐ 월간, ☐ 연간)

4. 기타 사항

공급 설비 공사업체명	( )	공사업체 면허번호		공사업체 전화번호		개발행위허가대상 ☐ 대상 ☐ 비대상

* 공사업체명에는 유자격 업체명을 기재하고 공사업체(또는 대표자)의 인감을 날인하여야 합니다.
* 접수 시 제출한 개발행위허가 비대상 여부가 변경되었을 경우 이전 접수는 효력을 잃고, 전력구입계약 신청을 재접수해야 합니다.

5. 가족관계 사항 (4촌 이내 친족 및 그 배우자가 한전에 근무하는 경우 작성)

한전근무직원* 유무	성명	관계	근무부서
있음( ), 없음( )			

* 한전근무직원이란, 4촌 이내 친족 및 그 배우자 중에 한국전력공사에 재직중인 임직원을 의미하며, 이에 해당하는 신청자는 해당 내용에 대한 자율적인 정보제공 및 수집·이용에 동의

귀사와 상기와 같이 제3자간 전력거래계약 체결을 신청합니다.

제3자간 전력거래계약 체결 신청자 : 000 (인)

붙임서류 : 신·재생에너지 발전전력의 제3자간 전력거래계약에 관한 지침에 따라 체결한 [별지 제1호 서식] 합의서 1부

사업자등록증 사본 1부

발전사업허가증 사본 1부

내선설계도면 1부

발전설비(인버터) 시험성적서 사본 1부

개발행위허가서 사본 1부(해당시)

위임장 1부

「소규모 신·재생에너지발전전력 등의 거래에 관한 지침」에 따라 계약한 전력구입계약 해지 신청서 1부 (해당시)

전력거래소 회원탈퇴 또는 발전기 말소신청 접수 확인서(해당시)

신재생에너지 공급인증서 잔여량 확인서(해당시)

별첨 1 1부(해당시)

【개인정보 수집 및 이용 동의서】

한국전력은 제3자간 전력거래계약과 관련된 서비스제공에 필요한 개인정보의 수집·이용을 위하여 개인정보보호법 제15조(개인정보의 수집·이용), 제22조(동의를 받는 방법)에 따라 귀하의 동의를 받고자 합니다.

1. 수집.이용 항목

구분	< 발 전 사 업 자 >	< 제3자간 전력거래계약 신청 위임자 >
필수 항목	성명, (*)주민등록번호, 전화번호, 주소, 휴대전화번호, 이메일주소	- 위임받는 사람 : 성명, (*)주민등록번호, 주소 - 대리인 : 성명, 주민번호 앞 6자리, 연락처
선택	가족 중 한전근무직원 유무, 성명, 관계, 근무부서	없음
(*) 주민등록번호는 전기사업법 시행규칙 제62조의3(고유식별정보의 처리)에 의해 수집		

2. 수집.이용 목적

- 제3자간 전력거래계약 신청, 계약 체결, 공사비의 청구 및 납부처리, 요금의 지급 등 계약의 이행과 관련한 정보 이용
- 제3자간 전력거래계약 체결 및 이행과정의 부적절한 관여여부 조사 또는 기타 내부감사 목적

3. 이용.보유기간

- 특정 법률에 정한 경우를 제외하고는 전력거래계약 해지후 최장 10년간 보관합니다. [관련근거 : 민법 제162조(채권, 재산권의 소멸시효)], 다만, 채권.채무 잔존시에는 채권.채무 정산시까지로 합니다.

4. 동의거부 권리 및 불이익 고지

- 귀하는 개인정보 수집 동의를 거부하실 수 있습니다. 다만 미동의시 제3자간 전력거래계약 신청 등이 제한됩니다.

구분	동의자 (성명)	개인정보 수집 및 이용 (해당란에 ✓ 표시)
발전사업자		위의 내용에 동의합니다. □동의함 □동의하지 않음
위임받는 사람		위의 내용에 동의합니다. □동의함 □동의하지 않음
대리인		위의 내용에 동의합니다. □동의함 □동의하지 않음

상기 본인은 위와 같이 개인정보 수집 및 이용에 동의합니다.

년 월 일

(발전사업자)성 명 : (인/서명)

(위임받는사람)성 명 : (인/서명)

(대리인)성 명 : (인/서명)

【제3자간 전력거래계약 신청 · 전기사용신청 위임장】

제3자간 전력거래계약 신청·전기사용신청서의 작성내용이 틀림없음과 신청서상의 서명 • 날인은 본인이 직접하였음을 확인하고 위 업무 일체를 위임합니다.

위임하는 사람	성명(법인명)	(인)	주민등록번호 (법인번호)
	주 소		
위임받는 사람	성명(법인명)	(인)	주민등록번호 (법인번호)
	주 소		

1. 다른 사람의 인장 • 서명 도용 등에 의해 허위로 위임장을 작성 신청한 경우에는 형법 제231조와 제232조의 규정에 의하여 사문서 위 • 변조죄로 5년 이하의 징역에 처하게 됩니다.
2. 제3자간 전력거래계약 신청을 위임받은 자는 「개인정보보호법」제59조에 따라 제3자간 전력거래계약 **신청 목적 외 용도로 위임인의 개인정보를 수집할 수 없으며** 동 법 제21조 및 시행령 제16조에 전기사용신청 후 **위임인의 개인정보를 지체없이 파기**하여야 합니다. 이를 어길 경우 관계 법령에 의해 처벌받게 됩니다.

※ 대리로 오신분은 신분증 원본을 제시하시기 바랍니다.

대리인 성명 : , 주민번호(앞 6자리) : , 연락처 :

【제3자간 전력거래계약 주요내용 및 유의사항】

제1조 【제3자간 전력거래계약 주요내용】

1. 한전과 신청자는 정부가 고시한 "신·재생에너지 발전전력의 제3자간 전력거래계약에 관한 지침"(이하 "지침"이라 합니다)을 근거로 하여 제3자간 전력거래계약을 체결합니다.
2. 신청자는 제1호의 지침 [별지 제1호서식]에 따라 이 신청서 제3조의 [발전량 계약방식]의 방법 중 하나를 택해 발전량을 계약합니다.
3. 2개 이상의 발전사업허가를 합산하여 신청하는 경우, 대표사업자 외 발전사업자는 계통연계 등을 위한 관련 서류 등을 제출하여야 하며, 이 경우 대표사업자는 다른 발전사업자들이 제출하는 서류 등을 확인하여야 합니다.
4. 발전량에 대한 요금정산은 제1호 지침 제13조 및 제14조에 따라 계량된 값에 제5조에 따라 신청자가 제출한 합의서에 기재된 가격을 적용합니다.
5. 요금은 제1호의 지침 제16조 및 제17조에 따라 지급합니다. 2개 이상의 발전사업허가를 합산하여 제3자간 전력거래계약을 신청하는 경우 지침 제15조에 따른 거래 수수료는 각 전력량계별로 산정 및 합산하여 요금에서 차감합니다.
6. 계약의 효력은 제1호의 지침에 따라 전기위원회 심의 후 산업통상자원부장관의 인가일로부터 발생합니다.
7. 계약의 유효기간은 제1호의 지침 제7조 및 제8조에 따릅니다.

제2조 【발전량 계약 및 정산방식】

1. 발전사업자의 실제 시간대별 발전량으로 요금계산을 원하는 경우, 신청자는 시간대별 계량이 가능한 전력량계를 설치하여야 하며, 발전량은 시간대별 전기계기에 시현된 계량값으로 합니다. 이 경우 발전량으로 요금을 정산합니다.
2. 발전사업자가 연간 예상발전량을 산정 후 8,760시간으로 나누어 시간당 평균 발전량을 산정해 계약하는 경우, 계량은 매월 1회 실시함을 원칙으로 하며, 발전량은 검침일에 전력량계에 시현된 계량값으로 합니다. 이 경우 월 발전량을 해당 월의 총 시간으로 나누어 발전량을 확정한 후, 요금을 정산합니다. 매년 12월 31일 이후에 연간 예상 발전량과 실제 발전량의 차이를 추가로 정산합니다.
3. 발전사업자가 월평균 발전량으로 계약하는 경우, 계량은 매월 1회 실시함을 원칙으로 하며, 발전량은 검침일에 전력량계에 시현된 계량값으로 합니다. 이 경우 월발전량을 해당 월의 총 시간으로 나누어 발전량을 확정한 후, 요금을 정산합니다.

제3조 【접수가 불가한 경우】

1. "신에너지 및 재생에너지 개발.이용.보급 촉진법" 제2조 제1호의 규정에 의한 재생에너지를 이용한 발전설비가 아닌 경우
2. 공급신뢰도 및 전기품질(전압, 주파수, 역률 등) 측면에서 한전 전력계통 및 다른 사람에 대한 전력공급에 악영향을 미치는 경우
3. 한전 및 다른 사람의 전기설비에 악영향을 미치는 경우
4. 공중의 안전 및 다른 사람의 생명.신체에 위해를 미치는 경우
5. 제4조 (접수가 취소되는 경우) 2~5호에 따라 제3자간 전력거래계약 신청이 취소된 신청자가, 취소일자로부터 1개월 이내에 동일한 발전사업 허가로 제3자간 전력거래계약을 재신청하는 경우.
6. 기타 법령 및 규정, 기술적 사유에 의해 제3자간 전력거래계약을 접수하지 못하는 경우

제4조 【접수가 취소되는 경우】

1. 신청자가 희망하는 경우
2. 발전사업자가 개발행위허가 대상임에도 비대상으로 허위 접수한 경우
3. 준공일로부터 6개월이 경과했음에도 신청자의 사유로 계약이 체결되지 않을 경우
4. 발전사업허가 용량과 실제시설용량의 차이가 10%를 초과하였으나, 신청자가 사업허가용량이나 실제시설용량을 변경하지 않는 경우
5. 발전사업허가의 사업준비기간이 만료되었을 경우

제5조 【전력량계 설치 관련】

1. 전기사용자의 전기요금 계산을 위해 발전사업자와 전기사용자의 전력량계의 계량방식은 동일해야 합니다.
2. 전력량계 및 부대설비는 발전사업자의 부담으로 부설·소유·유지관리 하는 것이 원칙입니다. 단, 한전의 원격검침 시스템과 연계하고자 할 경우 한전이 한전의 전력량계 및 계량정보 전송을 위한 통신장치를 설치하며 한전이 관리합니다.
3. 한전의 단방향계량장치 및 통신장치를 설치하는 경우 발전사업자는 해당 설치비용, 매월 발생하는 통신회선비 및 유지보수비를 부담합니다.
4. 한전의 양방향계량장치 및 통신장치를 설치하는 경우 발전사업자와 한전은 해당 설치비용, 매월 발생하는 통신회선비 및 유지보수비를 똑같이 나누어 부담합니다.
5. 「소규모 신·재생에너지발전전력 등의 거래에 관한 지침」에 따라 계약한 전력구입계약 또는 시장거래로 발전소를 운영중이던 발전사업자가 제3자간 전력거래계약으로 변경하고자 할 경우 발생하는 전력량계 철거 등 교체에 소요되는 비용은 발전사업자가 부담합니다.
6. 2개 이상 발전사업허가를 합산하여 계약을 체결하는 경우 전력량계는 개별 발전사업허가를 기준으로 설치하여 각 발전량이 별도로 계량될 수 있게 해야 합니다. 이 경우, 발전사업자가 부담하는 통신회선비는 전력량계별로 산정합니다.

제6조 【계약체결시 제출서류】

1. 제3자간 전력거래 표준계약서 2부, 계좌이체거래약정서, 송배전용 전기설비 이용계약서 사본, 발전기 병렬운전조작합의서 사본, 안전관리자 선임필증(해당시), 전력량계 시험성적서(해당시), RPS설비확인서

   ※ 2개 이상의 발전사업허가 합산 계약시 개별발전사업자 제출 서류 : 송배전용 전기설비 이용계약서 사본, 발전기 병렬운전조작합의서 사본, 안전관리자 선임필증(해당시), 전력량계 시험성적서(해당시), RPS설비확인서
2. 필요 서류를 제출하지 않을 시, 한전은 제3자간 전력거래계약 체결을 거부할 수 있습니다.

제7조 【1MW이하 신재생 무제한 계통접속(해당시)】

1. 회선 신설, 인근선로 연계, M.Tr 인출변경 및 증설 등 공사여건상 불가피한 경우에는 접속순서가 바뀔 수 있음을 숙지합니다.
2. 제1호에 의거 접속순서가 바뀌는 경우 이의를 제기하지 않습니다.

상기내용을 읽고 숙지하였음을 확인합니다. 제3자간 전력거래계약 신청자 (인)

【별첨 1. 2인 이상의 발전사업자가 합산하여 계약을 신청하는 경우】

개별 발전사업자에 관한 사항

1. 발전사업허가서에 관한 사항 (사업자별 작성)

<table>
<tr><td>발전소명</td><td></td><td rowspan="15">※ 발전설비 현장약도</td></tr>
<tr><td>대표자 성명</td><td></td></tr>
<tr><td>주민등록번호</td><td></td></tr>
<tr><td>휴대폰</td><td></td></tr>
<tr><td>발전사업허가번호</td><td></td></tr>
<tr><td>허 가 일 자</td><td></td></tr>
<tr><td>설 치 장 소</td><td></td></tr>
<tr><td>발 전 원</td><td></td></tr>
<tr><td>발 전 방 식</td><td>고정식 또는 추적식 표기
(태양광인 경우)</td></tr>
<tr><td>허가용량(kW)</td><td>발전사업허가증의 용량</td></tr>
<tr><td>시설용량(kW)</td><td>모듈의 정격표시출력의 합
(태양광인 경우)</td></tr>
<tr><td>공 급 전 압</td><td></td></tr>
<tr><td>공 급 방 식</td><td></td></tr>
<tr><td>주 파 수</td><td></td></tr>
</table>

* 대표사업자 외 합산하는 모든 사업자의 정보를 사업자별로 기재하여야 합니다.

붙임서류 : 발전사업허가증 사본1부
개발행위허가서 사본1부 (해당시)
내선설계도면 1부
발전설비(인버터) 시험성적서 사본 1부
「소규모 신·재생에너지발전전력 등의 거래에 관한 지침」에 따라 계약한 전력구입계약 해지 신청서 1부 (해당시)
전력거래소 회원탈퇴 또는 발전기 말소신청 접수 확인서 1부 (해당시)
신재생에너지 공급인증서 잔여량 확인서 1부 (해당시)

【개인정보 수집 및 이용 동의서】

한국전력은 제3자간 전력거래계약과 관련된 서비스제공에 필요한 개인정보의 수집·이용을 위하여 개인정보보호법 제15조(개인정보의 수집·이용), 제22조(동의를 받는 방법)에 따라 귀하의 동의를 받고자 합니다.

1. 수집.이용 항목

구분	< 발 전 사 업 자 >
필수 항목	성명, (*)주민등록번호, 주소, 휴대전화번호,
(*) 주민등록번호는 전기사업법 시행규칙 제62조의3(고유식별정보의 처리)에 의해 수집	

2. 수집.이용 목적

- 제3자간 전력거래계약 신청, 계약 체결, 공사비의 청구 및 납부처리, 요금의 지급 등 계약의 이행과 관련한 정보 이용
- 제3자간 전력거래계약 체결 및 이행과정의 부적절한 관여여부 조사 또는 기타 내부감사 목적

3. 이용.보유기간

- 특정 법률에 정한 경우를 제외하고는 전력거래계약 해지후 최장 10년간 보관합니다. [관련근거 : 민법 제162조(채권, 재산권의 소멸시효)], 다만, 채권.채무 잔존시에는 채권.채무 정산시까지로 합니다.

4. 동의거부 권리 및 불이익 고지

- 귀하는 개인정보 수집 동의를 거부하실 수 있습니다. 다만 미동의시 제3자간 전력거래계약 신청 등이 제한됩니다.

구 분	동의자 (성명)	개인정보 수집 및 이용 (해당란에 ✓ 표시)
발전사업자		위의 내용에 동의합니다. □동의함 □동의하지 않음
위임받는 사람		위의 내용에 동의합니다. □동의함 □동의하지 않음
대리인		위의 내용에 동의합니다. □동의함 □동의하지 않음

상기 본인은 위와 같이 개인정보 수집 및 이용에 동의합니다.

년 월 일

(발전사업자)성 명 : (인/서명)

(위임받는사람)성 명 : (인/서명)

(대리인)성 명 : (인/서명)

정보제공 동의서

한전은, 4촌 이내의 친족 및 그 배우자중에 한전에 재직중인 임직원이 있는 자가 제3자간 전력거래계약 체결을 위한 신청시에는 해당 임직원의 정보를 자율적으로 신고하게 하여 아래의 목적으로 정보를 수집·이용함을 알려드리오니 정보제공에 동의하여 주시기 바랍니다.

1. 수집·이용 항목
   성명, 한전근무 여부 및 소속부서, 연락처, 사업신청자와의 관계

2. 수집·이용 목적
   ① 사업신청자의 제3자간 전력거래계약 체결 및 사업진행 과정에 본 정보제공자의 부적절한 관여 여부 조사 또는 내부관리 목적
   ② 기타 제3자간 전력거래계약 및 관련 절차 등의 적정성 검토 목적

3. 이용 · 보유 기간
   특정 법률에 정한 경우를 제외하고는 사업신청자의 제3자간 전력거래계약 해지 후 최장 10년간 보관 [관련근거 : 민법 제162조(채권, 재산권의 소멸시효)], 다만, 채권·채무 잔존시에는 채권·채무 청산시까지 보관가능

4. 동의거부 권리 및 불이익
   상기 개인정보 수집·이용 동의를 거부할 수 있으며, 동의거부로 인한 정보제공자 및 사업신청자에게 어떠한 불이익도 없음을 알려드립니다.

본인은 상기 내용에 대하여 정확하게 인지하였으며 관련 정보의 제공에 동의함을 확인합니다.

20 년 월 일

동의자 성명 : ○ ○ ○ (인)
(연락처 :)

3.2.2 제3자간 전력거래계약 체결 합의서

[별지 제1호 서식]

제3자간 전력거래계약 체결 합의서(1:1계약)

발전사업자	상　　호		대 표 자 명	
	법인등록번호		전 화 번 호	
	본사 주소			
	발 전 소 명		발전사업허가일	
	발전소 주소			
	설비용량(kW)		준공(예정)일	
	발전원 (택1)	■ 태양광 □ 풍력 □ 수력 □ 해양 □ 지열 □ 바이오		

전기사용자	상　　호		대 표 자 명	
	법인등록번호		전 화 번 호	
	본사 주소			
	체결 사업장 주소			
	계약전력(kW)		한전 고객번호	
	계약종별 (택1)	□ 일반용전력(을) □ 산업용전력(을)		

거래내용	발전량 구매 및 정산방식 (택1)	전체 발전량 구매 □ 시간대 □ 월간 □ 연간	□ 시간대별 사용량 구매 및 정산 (초과발전량 시장거래)
	계약단가(원/kWh)		
	계약체결(예정)일		
	계 약 기 간		

본 계약을 증명하기 위하여 합의서 원본 3부에 쌍방의 대표자가 기명날인한 후 각 1부씩 보관하며, 1부는 계약체결일 1개월 전까지 전기판매사업자에게 제출한다.

년　월　일

발전사업자 : (인)　　　**전기사용자 :** (인)

(주 소)　　　(주 소)

첨부1. 발전량 산정방식 및 합의단가 기재 서류 (필요 시)

4. 공사계획신고

4.1 공사계획 신고서

■ 전기사업법 시행규칙 [별지 제26호서식] <개정 2021. 4. 1.>

공사계획 [√] 신고서
[ ] 변경신고서

※ [ ]에는 해당되는 곳에 √표를 합니다.

공사명		
신고인	대표자 성명	전화번호
	회사명 또는 상호	
	주소	

「전기사업법」 제61조 및 같은 법 시행규칙 제29조제2항에 따라 공사계획 [√]신고 [ ]변경신고를 합니다.

2024년 5월 17일

신고인 (서명 또는 인)

산업통상자원부장관
시·도 지 사 귀하

첨부서류	1. 공사계획서 1부 2. 전기설비의 종류에 따라 별표 8의 제2호에 따른 사항을 적은 서류 및 기술자료 1부 3. 공사공정표 1부 4. 기술시방서 1부 5. 원자력발전소의 경우에는 원자로 및 관계시설의 건설허가서 사본 1부 6. 전기안전공사 사전기술검토서 1부 7.「전력기술관리법」 제12조의2제4항에 따른 감리원 배치확인서(공사감리대상인 경우만 해당합니다). 다만, 전기안전관리자가 자체감리를 하는 경우에는 자체감리를 확인할 수 있는 서류 1부 8. 공사계획을 변경하는 경우에는 변경이유서 및 변경내용을 적은 서류 1부

처 리 절 차

신고서 작성 → 접 수 → 검 토 → 접수 처리 → 신고확인증 발급

신고인 / 처리기관: 산업통상자원부, 시·도

첨부 요령

1. 변경공사 중 전기설비 폐지공사의 경우에는 첨부서류 중 제2호 서류를 첨부하지 않을 수 있습니다.
2. 공사계획을 나누어 인가신청을 하려는 경우에는 해당 인가신청 부분 외의 공사계획의 개요를 적은 서류를 첨부해야 합니다.
3. 「신에너지 및 재생에너지 개발·이용·보급 촉진법」제2조에 따른 태양에너지를 이용하는 발전설비 중 용량 500킬로와트 미만인 설비로서 저압으로 전력계통에 연계되는 경우에는 첨부서류 중 제6호의 서류를 제출하지 않습니다.

210mm×297mm(백상지 80g/㎡)

4.5.1 감리원 배치현황

■ 전력기술관리법 시행규칙 [별지 제27호서식] <개정 2012.10.5>

감리원 배치현황 [√]신고서
[ ]변경신고서

([√]감리업자 [ ]자체감리)

※ 바탕색이 어두운 난은 신고인이 작성하지 않으며, [ ]에는 해당되는 곳에 √표를 합니다. (앞 쪽)

접수번호	접수일자	처리기간 3일

구분	내용	
발주자	회사명	대표자
	소재지 (전화번호:)	
신고인 (감리업자등)	회사명	법인등록번호(사업자등록번호)
	대표자	감리업 등록번호
	소재지 (전화번호:)	
공사업자	회사명	대표자 / 공사업등록번호
	소재지 (전화번호:)	

<table>
<tr><td rowspan="8">공사감리
용역현황</td><td>공사구분</td><td>[√]신설공사 [ ]보수공사</td><td>참여분야</td></tr>
<tr><td colspan="3">용역명</td></tr>
<tr><td colspan="3">현장주소
(전화번호:)</td></tr>
<tr><td>용역구분</td><td colspan="2">[√]단독감리 [ ]통합감리 [ ]연차감리
[ ]공동・승계감리(감리 이행비율: %)
(공동・승계감리업체의 등록번호 및 업체명:)</td></tr>
<tr><td>용역개요</td><td colspan="2">○전기설비: 수전(kW, V), 그 밖의 심야전력 등(kW, V),
발전(상용)()), 발전(비상용)(kW, V)
○내용: 연면적( ), 지상/지하 층수(/ 층),
공동주택(세대, 동), 선로 길이(km)
○그 밖의 개요:</td></tr>
<tr><td rowspan="2">기간 및 금액</td><td>공사기간:</td><td>공사금액: 천원</td></tr>
<tr><td>공사감리기간:</td><td>공사감리금액: 천원</td></tr>
</table>

감리원 배치현황	직무	등급	성명	생년월일	감리원 배치기간(일수)
					~ ( )

<table>
<tr><td rowspan="3">변경내용</td><td>구분</td><td>변경 전</td><td>변경 후</td></tr>
<tr><td>변경내용</td><td></td><td></td></tr>
<tr><td colspan="3">※ 감리원이 변경된 경우 아래의 해당 사유에 √표기
[ ] 군 입대 [ ] 4주 이상의 입원 또는 치료 [ ] 부도・폐업으로 인한 퇴직
[ ] 이민 [ ] 사망 [ ] 발주자의 교체 요청
[ ] 양도・양수 또는 법인합병으로 인한 퇴직 [ ] 2개월 이상의 공사 착공 지연 또는 공사 중지</td></tr>
</table>

「전력기술관리법」 제12조의2제2항 및 같은 법 시행규칙 제21조의2제1항에 따라 위와 같이 감리원 [ ]배치현황신고 [ ]배치현황 변경신고를 합니다.

년 월 일

신고인 (서명 또는 인)

전력기술인단체의 장 귀하

210mm×297mm(백상지 80g/㎡)

4.5.2 감리원 배치계획서

감리원 배치계획서

1. 용역명 :

2. 계약금액 :

3. 착수일 :

4. 완료일 :

5. 배치현황

직무 (총괄/보조/기술지원)	등급 (특급/고급/중급/초급)	성명	생년월일	감리원배치기간(일수)

6. 상세배치현황

성명	5월				6월				7월				8월				합계
	1주	2주	3주	4주	1주	2주	3주	4주	1주	2주	3주	4주	1주	2주	3주	4주	

용역업자

상 호 :

주 소 :

대표자 : (인)

전화번호 :

발주자

상 호 :

주 소 :

대표자 : (인)

전화번호 :

4.5.3 감리원 배치확인서

■ 전력기술관리법 시행규칙 [별지 제27호의2서식] <개정 2012.10.5>

감리원 배치확인서

[√]감리업자 [ ]자체감리

[ ]에는 해당되는 곳에 √표를 합니다.

발주자	회사명	대표자	
	소재지 (전화번호:)		
신고인 (감리업자등)	회사명	법인등록번호(사업자등록번호)	
	대표자	감리업 등록번호	
	소재지 (전화번호:)		
공사업자	회사명	대표자	공사업등록번호
	소재지 (전화번호:)		

공사감리 용역현황	공사구분	[√]신설공사 [ ]보수공사	참여분야
	용역명		
	현장주소(전화번호:)		
	용역구분	[√]단독감리 [ ]통합감리 [ ]연차감리 [ ]공동・승계감리(감리 이행비율: %) (공동・승계감리업체의 등록번호 및 업체명:)	
	용역개요	○전기설비: 수전(kW, V), 그 밖의 심야전력 등(kW, V), 발전(상용)( ), 발전(비상용)(kW, V) ○내용: 연면적( ), 지상/지하 층수(/ 층), 공동주택(세대, 동), 선로 길이(km) ○그 밖의 개요:	
	기간 및 금액	공사기간:	공사금액: 천원
		공사감리기간:	공사감리금액: 천원

감리원 배치 현황

1. 총괄

직무	등급	성명	생년월일	감리원 배치기간(일수)

2. 감리원 배치일정

성명	근무형태	감리원 배치일정

「전력기술관리법」 제12조의2제4항 및 같은 법 시행규칙 제21조의2제2항에 따라 위와 같이 감리원 배치 변경현황을 신고(변경신고)하였음을 확인합니다.

년 월 일

전력기술인단체의 장 인

210mm×297mm(백상지 80g/㎡)

4.5.4 감리용역계약서

전력시설물의 공사감리 용역 표준계약서

1. 공사감리 용역명 : ______

2. 소 재 지 : ______

3. 공 사 개 요 : ______

① 수 전 설 비: V kW ② 수급계약용량 kW

③ 송·배전설비: (가공,지중,수중)전선로, 전선종류: 긍장: kW

④ 발 전 설 비: (상용) V kW (비상용): V kW

⑤ 대 지 면 적: ㎡ (평) ⑥ 건축면적 ㎡ (평)

⑦ 용 도: ⑧ 층수 지하 층 지상 층

⑨ 허가(인가신고)일: 19 년 월 일 (허가번호 제_____호)

4. 설 계 자

① 업 체 명: ______

② 설 계 자 명: ______ ③ 전화/FAX ______

5. 공 사 업 체

① 업 체 명: ______

② 대 표 자 명: ______ ③ 전화/FAX ______

④ 전력시설물공사금액: 일금 원정 (₩)

⑤ 감리용역계약금액: 일금 원정 (₩)

⑥ 공 사 기 간: 19 . . . ~ 19 . . .

⑦ 감 리 기 간: 19 . . . ~ 19 . . .

"갑"과 "을"은 이 계약서에 의하여 공사감리계약을 체결하고 각 1부씩 보관한다.

발 주 자 (갑) 주 소 :
성 명 :
주민등록번호 :
전 화 / FAX :

공사감리자 (을) 소 재 지 :
회 사 명 : 등록번호 :
대 표 자 : (인)
주민등록번호 :
전 화 / FAX :

년　　　월　　일

제1조(총 칙) 이 계약은 전력기술관리법 제12조 및 전력기술용역 대가기준(이하 "대가기준"이라 한다)에 의하여 발주자(이하 "갑"이라 한다)가 감리업자(이하"을"이라 한다)에게 위탁한 공사감리업무의 수행에 필요한 상호간의 권리와 의무 등을 정한다.

제2조(업무기간) 공사감리용역 수행기간은 착공일로부터 완공일까지로 한다.

_____년_____월_____일부터 _____년_____월______일까지

제3조(감리대가 산출 및 지불방법)

① 공사감리대가의 산출기준 및 방법은 대가기준에 의한다. 단, 현장여건 및 공사감리 조건이 특수한 경우에는
"갑"과 "을"이 협의하여 정한다.

② 공사감리용역 대가는 일시불로 또는 분할하여 지불할 수 있다.

③ 대가를 분할하여 지불하는 경우에 그 지불시기 및 지불금액은 다음과 같이 이행함을 원칙으로 하되,
"갑"과 "을"이 협의하여 조정할 수 있다.

지 불 시 기	지 불 금 액	비　　고
공사감리용역 계약시	₩	
	₩	
	₩	
공사감리용역 완료시	₩	
계	₩	

제4조(특약등) 이 계약에서 정하는 공사감리용역 이외에 "갑"과 "을"간의 특약이 있는 경우에는 이에 부수되는 개발을 추가로 체결할 수 있으며, 이에 소요되는 비용은 대가기준에 의하여 별도로 산정한다.

제5조(대가의 조정) 공사감리용역 수행기간이 60일을 초과하는 경우 이 기간 중 대가기준에 의한 인건비의 변경이 있을 때에는 국가를당사자로하는계약에관한 법률 시행규칙 제74조의 규정에 의하여 "갑"과 "을"이 협의하여 대가를 조정할 수 있다.

제6조(자료의 제공 및 성실 의무)

① "갑"은 공사감리용역을 수행하는데 필요한 다음 각호의 자료를 "을"이 요구할 때는 지체없이 제공하여야

하며 이때 "갑"이 "을"에게 자료수집을 위탁할 수 있다.

1. 전력시설물공사 설계도서 및 공사계획신고서
2. 공사도급계약서 및 현장대리인의 인적사항 관련자료
3. 시공도면 및 공정표
4. 사용자재납품서 및 시험성적표
5. 지반 및 지질조사서
6. 산재보험가입증서
7. 기타 공사감리용역수행에 필요한 자료

② "갑"이 제1항의 자료수집을 "을"에게 위탁한 경우에는 "갑"은 이에 소요되는 비용을 지불한다.

③ "갑"과 "을"은 신의와 성실의 관계를 유지하고 관계법령을 준수하며, "을"은 전력시설물의 품질향상을 위하여 노력한다.

제7조(용역의 착수시기)

① "갑"은 착공 3일전에 "을"에게 착공일자를 통지하고, "을"은 착공일로부터 공사감리용역를 착수한다.

② "을"은 감리원을 배치 또는 변경시 7일이내에 한국전력기술인협회에 신고해야 한다.

③ "갑"은 공사업자에게 "을"의 인적사항을 착공전까지 통지한다.

제8조(용역의 수행)

① "을"은 관계법령이 정하는 바에 의하여 전력시설물이 설계도서와 관계서류의 내용대로 시공되는지의

여부를 확인하고, 전력시설물공사 감리세부기준을 정하여 공사감리용역을 수행한다.

② "을"은 당해 공사가 설계도서대로 시행되지 아니하거나 관계법령 및 이 규정에 의한 명령이나 처분에

위반된 사항을 발견한 경우에는 이를 "갑"에게 통보한 후 공사업자에게 이를 시정 또는 재시공하도록 요청한다.

③ "을"은 제2항의 규정에 의한 요청에 대하여 공사업자가 취한 조치의 결과 를 확인

한 후 이를 “갑”에게 통보한다.

④ “을”은 공사업자가 제2항의 규정에 의한 요청에 응하지 아니하는 경우에는 당해 공사를 중지할 수 있다.

⑤ “을”은 공사업자가 시정·재시공 또는 공사중지 요청에 응하지 아니하는 경우에는 이를 “갑”에게 통보하고

행정적인 조치를 취할 수 있다.

⑥ “갑”은 제2항·제4항 및 제5항의 규정에 의한 조치를 취한 “을”에 대하여 이를 이유로 공사감리원의 배치를

취소하라고 요구하거나 대가의 지불을 거부 또는 지연시키는 등 불이익을 주어서는 아니된다.

⑦ “갑”은 공사업자가 “을”의 시정·재시공 등 조치에 응하도록 적극 협조하여야 한다.

제9조(현장확인지도)

“을”은 다음 각호의 경우에 대하여는 현장에서 확인지도를 실시한 후에 공사진행을 하게 한다.

1. 공사착공시
2. 기초 및 접지공사시
3. 배관 공사시
4. 배선공사시
5. 주요 전기기기 설치시
6. 기타 전력시설물의 규격 및 품질관리상 주요 부분의 공사시

제10조(주요 공정의 확인 점검)

① "을"은 공사의 주요 공정의 경우에는 그 적합성을 확인하고 서명한 후 "갑"에게 그 결과를 통보한다.

② 제1항의 규정에 의한 주요 공정은 설계도서에 따른 시공 여부의 확인과 전력시설물의 품질향상을 위하여 필요한 공정으로 전력시설의 유형에 따라 "갑"과 "을"이 협의하여 다음과 같이 정한다.

1. ____________________
2. ____________________
3. ____________________
4. ____________________
5. ____________________
6. ____________________

제11조(시공상세도면의 작성 요청등)

① "을"은 설계도면의 누락·오류 또는 불명확한 부분이 있어 시공에 어려움이 있다고 판단되면 공사업자에게
시공 상세도면을 작성하여 제출하도록 요청할 수 있다.

② "을"은 제출된 시공상세도면을 반드시 확인·검토하여 공사업자에게 의견을 제시하고 "갑"에게 이를 통보한다.

제12조(공기 및 공법의 변경)

① "갑" 또는 공사업자가 공기 및 공법을 변경할 때는 7일전까지 "을"에게 통보한다.

② "을"은 제1항의 규정에 의한 공법의 변경과 관련하여 공법의 안전성, 품질확보, 공사업자의 기술력 확보 등에 대한 검토 의견을 제시할 수 있다.

제13조(감리보고서등)

① "을"은 "갑"에게 감리결과를 보고서로 제출하여야 한다. 공기가 2년 이상인 경우 중간보고서를, 공사를 완료한 때에는 최종보고서를 각각 작성하여 "갑"에게 제출한다.

② "을"은 감리일지와 공사감리 관련 서류를 기록·유지한다.

제14조(감리원등)

① "을"이 지정 배치한 감리원이 공사감리업무를 수행하는 경우에는 "을"이 행하는 것으로 본다.

② "을"은 감리원의 변경이 필요한 경우에는 발주자의 승인을 득하여 변경하고, 변경 후 3일 이내에 "갑"과 공

사업자에게 변경사항을 통지한다.

③ "을"은 공사감리업무를 수행하는 감리원의 신상명세, 자격여부 등을 기록한 서류를 공사현장에 비치한다.

제15조(자재의 검사등)

① "을"은 자재의 검사 및 품질시험을 "갑"과 협의하여 관련 전문기관에 의뢰할 수 있으며 "갑"은 이에 소요되는 비용을 지불한다.

② "을"은 자재의 검사 및 품질시험의 결과를 검토·확인한다.

③ "갑" 또는 공사업자가 자재의 검사 및 품질시험을 의뢰하는 경우에는 그 일시, 장소, 시험목록을 시험일 7일전까지 "을"에게 통지한다.

④"을"은 제3항의 규정에 의한 자재의 검사 및 품질시험에 입회할 수 있다.

제16조(계약의 양도 및 변경)

① "갑"과 "을"은 상대방의 승낙 없이는 이 계약상의 권리와 의무를 제3자에게 양도, 양수등 기타 처분행위를 할 수 없다.

② "갑"의 계획 변경, 관계법규의 개·폐, 천재지변 등 불가항력적인 사유의 발생 기타 공사감리용역 내용을 수정하거나 계약기간을 연장할 상당한 이유가 있는 때에는 "갑"과 "을"은 서로 협의하여 계약의 내용을 변경 할 수 있다.

제17조(이행보증보험증서의 제출)

① "갑"은 "을"의 계약의 이행을 보증하기 위하여 계약 체결시에 "을"에게 이행보증보험증서를 제출하게 할 수 있다.

②제1항의 규정에 의하여 이행보증보험증서를 제출 받은 경우에는 이를 계약서에 첨부하여 보관한다.

第18조("갑"의 계약 해제·해지)

① "갑"은 다음 각호의 경우에 계약의 전부 또는 일부를 해제·해지할 수 있다.

1. "을"이 관할 행정청으로부터 등록의 취소, 업무정지 등의 처분을 받은 경우
2. "을"이 금융기관의 거래정지 처분, 어음 및 수표의 부도, 제3자에 의한 가압류·가처분·강제집행·금치산·한정치산·파산선고 또는 회사정리의 신청등으로 계약이행이 곤란한 경우
3. "을"이 상대방의 승낙 없이 계약상의 권리 또는 의무를 이행하지 않거나 계약을 위반한 경우
4. 사망, 실종, 질병, 기타 사유로 계약이행이 불가능한 경우

② 천재지변 등 부득이한 사유로 계약이행이 곤란하게 된 경우에는 상대방과 협의하여 계약을 해제·해지할 수 있다.

③ "갑"은 제1항의 규정에 의하여 계약을 해제·해지하고자 할 때에는 그 뜻을 "을"에게 해제·해지날의 14일전에 통지한다.

第19조("을"의 계약 해제·해지)

① "을"은 다음 각호의 경우에 계약의 전부 또는 일부를 해제·해지할 수 있다.

1. "갑"이 "을"의 업무를 방해하거나 그 대가의 지불을 지연시켜 "을"의 업무가 중단되고 30일 이내에 이를 재개할 수 없다고 판단된 때
2. "갑"이 계약당시 제시한 설계요구조건을 현저하게 변경하여 그 실현이 객관적으로 불가능한 것이 명백할 때
3. "갑"이 상대방의 승낙 없이 계약상의 권리 또는 의무를 침해하거나 위반한 경우
4. "갑"이 "을"의 업무 수행상 필요한 자료를 제공하지 아니하여 '을"의 계약이행이 곤란하게 된 경우
5. 사망, 실종, 질병, 기타 사유로 계약이행이 불가능한 경우

② 천재지변 등 부득이한 사유로 계약이행이 곤란하게 된 경우에는 상대방과협의하여 계약을 해제·해지할 수 있다.

③ "을"은 제1항의 규정에 의하여 계약을 해제·해지하고자 할 때에는 그 뜻 을 "갑"에게 해제·해지날의 14일전에 통지한다.

第20조(손해배상) "갑"과 "을"은 상대방이 제16조제2항의 규정에 의한 계약변경, 제18조 및 제19조의 규정에 의한 계약의 해제·해지 또는 계약위반으로 인하여 손해를 발생시킨 경우에는 상대방에게 손해배상을 청구할 수 있다.

第21條("을"의 면책사유) "을"은 다음 각호의 경우에는 책임을 지지 아니한다.
단, 감리원의 결격사유로 인하여 발생된 손해사정은 그러하지 아니한다.

1. "갑"이 임의로 공사감리용역에 대한 대가의 지불을 지연시켜 업무가 중단된 경우
2. 공사업자의 공사중단으로 인하여 손해가 발생한 경우
3. 공사업자가 제8조의 규정에 의한 "을"의 요청에 응하지 아니하고 임의로 공사를 계속 진행하여 손해가 발생된 경우
4. 공사업자가 제9조의 규정에 의한 현장확인지도를 받지 아니하고 공사를 진행하여 손해가 발생한 경우

第22條(공사감리용역 중단시의 대가지불)

① "갑"의 귀책사유로 인하여 공사감리용역의 전부 또는 일부가 중단된 경우에는 "갑"은 "을"이 이미 수행한 공사 감리용역에 대하여 중단된 시점까지의 대가를 지불하여야 한다.

② 중단된 시점까지 수행한 업무에 대한 대가는 대가기준에 의하여 정산한다.

③ "을"의 귀책사유로 인하여 공사감리용역의 전부 또는 일부가 중단된 경우에는 "갑"이 "을"에게 이미 지불한 대가에 대하여 이를 정산하고 남은 금액에 대하여 반환을 요구할 수 있다.

第23條(기성공사비의 지불검토)

① "갑"은 "을"로부터 제출 받은 부분감리조서와 공사업자의 기성공사비의 지불청구에 대한 재확인 검토를 요구할 수 있다.

② "을"은 제1항의 규정에 의한 기성공사비의 지불청구에 대한 재확인 검토결과를 "갑"에게 통보한다.

第24條(다른 공사에 대한 확인점검)

① "갑"이 건축 및 기계설비 등 다른 공사 에 대하여 제3자에게 도급을 준 경우에는 "을"이 그 특정공사에 대하여 확인·점검 할 수 있도록 보장한다.

② "갑"은 "을"이 건축 및 기계설비 등의 다른 공사의 시공자에게 공사감리에 필요한 자료를 제시받을 수 있도록 보장한다.

第25條(비밀보장) "갑"과 "을"은 용역수행중 알게 된 비밀을 제3자에게 누설하여서는 아니된다.

제26조(외주의 제한)

① "을"은 공사감리용역의 전부를 "갑"의 승낙없이 제3자 에게 외주를 주어서는 아니된다. 단, 특수전문분야에 대한 감리의 경우에는 "갑"과 협의하여 전문기술자에게 의뢰할 수 있다.

② 전문기술자에게 감리를 의뢰한 경우 외주용역의뢰부분에 대한 책임은 당해 전문기술자가 진다.

제27조(분쟁조정)

① 이 계약과 관련하여 용역수행상 분쟁이 발생한 경우에는 관계기관의 유권해석이나 판례에 따라 "갑"과 "을"이 협의하여 정한다.

제28조(통지·통보방법)

① "갑"과 "을"은 계약과 관련된 사항을 통지·통보할 때에는 서면으로 하는 것을 원칙으로 한다.

② 통지·통보후 7일 이내에 회신이 없는 경우에는 통지·통보내용을 승낙한 것으로 본다.

제29조(설계도서의 보관등) "을"은 그가 감리한 당해 시설물의 준공설계도서를 하자 담보책임기간이 종료될 때까지 보관하여야 한다.

제30조(전기안전관리담당자 선임등)

① "갑"이 "을"에게 공사기간중 배치된 감리원으로 하여금 전기사업법 시행규칙 제58조제2항의 규정에 의거 해당전기설비에 대한 전기안전관리담당자의 선임을 요청할 경우에는 쌍방의 합의에 의하여 겸임 선임할 수 있다.

② "을"은 제1항의 규정에 의하여 감리원이 전기안전관리담당자로 겸임 선임 한 경우 전기안전관리담당자의 안전관리업무관련 비용 및 수당의 추가부담과 그의 의견 및 지시를 "갑"이 수용하여야 한다.

5. 사용전 검사단계

5.1 사용전 검사 신청서

■ 전기사업법 시행규칙 [별지 제28호서식] <개정 2022. 4. 22.>

사용전검사 신청서

※ 바탕색이 어두운 난은 신청인이 작성하지 않습니다. (앞 쪽)

접수번호	접수일자	처리기간

신청인	대표자 성명		전화번호	
	회사명 또는 상호		사업자등록번호	
	주소			

시공자	대표자 성명	㉟	전화번호	
	회사명 또는 상호		전기공사업 등록번호	
	주소			

검사받을 전기설비에 관한 사업장 명칭 및 소재지	
전 기 설 비 개 요	
검사받을 공사공정	
검 사 희 망 연 월 일	년 월 일
사용개시예정연월일	년 월 일

「전기사업법」 제63조 및 같은 법 시행규칙 제31조제5항에 따라 위와 같이 사용전검사를 신청합니다.

년 월 일

신 청 인 (서명 또는 인)

한국전기안전공사 귀하

첨부서류	1. 공사계획인가서 또는 신고수리서 사본 1부. 2. 「전력기술관리법」 제2조제3호에 따른 설계도서 및 「전력기술관리법」 제12조의2제4항에 따른 감리원 배치확인서 1부. 3. 자체감리를 확인할 수 있는 서류(전기안전관리자가 자체감리를 하는 경우만 해당합니다) 1부. 4. 전기안전관리자 선임신고증명서 사본 1부 5. 그 밖에 사용전검사를 실시하는데 필요한 서류로서 산업통상자원부장관이 정하여 고시하는 서류	수수료 「전기안전관리법」 제42조에 따라 산업통상자원부령으로 정하는 금액

작성방법
전기설비 개요란에는 전기설비의 종류 및 용량을 적습니다.

210㎜×297㎜(백상지 80g/㎡)

처리절차

이 신청서는 아래와 같이 처리됩니다.

신 청 인	처 리 기 관
	한 국 전 기 안 전 공 사
신 청 서 작 성 →	접 수
	↓
	검 토
	↓
	검 사
	↓
검사결과 통보	← 결 정

5.5 전기안전관리자 선임신고

-한국전기기술인협회에 방문/우편/팩스/온라인으로 신고

■ 전기안전관리법 시행규칙[별지 제16호서식] <개정 2022. 12. 21.>

전기안전관리자 [ ]선임 [ ]해임 신고서

([ ]안전공사 [ ]대행사업자 [ ]개인대행자)

※ 뒤쪽의 작성방법을 읽고 작성하시기 바라며, [ ]에는 해당되는 곳에 √표를 합니다. (앞쪽)

접수번호	접수일자	처리기간 3일

① 업체코드	

신고인	② 법인등록번호 (사업자등록번호)	③ 회사명 또는 상호
	④ 주소	
	⑤ 대표자 성명	⑥ 전화번호

전기설비	⑦ 설치장소의 주소		
	⑧ 수전설비	용 량 kW	전 압 V
		계약종별	사용개시일
	⑨ 발전설비	상 용 kW	전 압 V
		비 상 용 kW	전 압 V
		태양에너지 kW	전 압 V
		연료전지 kW	전 압 V
		전기저장장치 kWh	전 압 V
		기타( ) kW	전 압 V
	⑩ 그 밖의 설비 (심야·휴지설비 등)	용 량 kW	전 압 V
		용 도	휴지기간

전기안전관리 업무를 대행하는 자	⑪ 등록번호	⑫ 대표자 휴대전화번호(업무용)
	⑬ 회사명 또는 상호	⑭ 대표자성명
	⑮ 주소	⑯ 선·해임일

「전기안전관리법」 제23조제1항 및 같은 법 시행규칙 제34조제2항에 따라 위와 같이 전기안전관리자의 [ ]선임 [ ]해임을 신고합니다.

년 월 일

신고인 (서명 또는 인)

전력기술인단체 귀하

첨부서류	전기안전관리대행계약서 사본(선임신고의 경우만 해당합니다) 1부	수수료 없음

210㎜×297㎜[백상지(80g/㎡)]

(뒤쪽)

개인정보의 수집·이용 및 제3자 제공·활용 동의서

■ 개인정보 수집 및 이용 내역(필수사항)

수집·이용 항목	수집·이용 목적
성명, 휴대전화번호	「전기안전관리법」 제43조 및 같은 법 시행령 제17조 및 「전기사업법」 제6조에 따라 전기설비 안전관리, 안정적인 전력공급 등 공공의 이익과 안전확보 등

※ 위의 개인정보의 수집·이용에 대해 동의를 거부하실 수 있으며, 거부하실 경우 전기안전관리자 선임 신고가 불인정될 수 있습니다.

위와 같은 개인정보 수집·이용에 동의하십니까? ○ 동의 ○ 부동의

■ 개인정보 제3자 제공·활용 내역(필수사항)

제공받는 자	제공 목적	제공 항목
산업통상자원부와 권한이 위임·위탁된 기관 및 전기판매사업자	「전기안전관리법」 제43조 및 같은 법 시행령 제17조 및 「전기사업법」 제6조에 따라 전기설비 안전관리, 안정적인 전력공급 등 공공의 이익과 안전확보 등	성명, 휴대전화번

* 산업통상자원부는 전기안전관리자 해임 후에도 전기설비 이력 정보관리 등을 위하여 위 개인정보를 보유·이용할 수 있습니다.

※ 위의 개인정보의 제공·활용에 대해 동의를 거부하실 수 있으며, 거부하실 경우 전기안전관리자 선임 신고가 불인정될 수 있습니다.

위와 같이 개인정보 제공·활용에 동의하십니까? ○ 동의 ○ 부동의

대표자 성명 (서명 또는 인)

작성방법

1. ②란은 법인사업자는 법인등록번호를 적고, 개인사업자는 사업자등록번호를 적습니다.
2. ⑩란은 심야전력, 휴지설비 등을 적으며, 용도난은 계절용, 농사용, 심야용 등으로 적습니다.

처리절차

이 신고서는 아래와 같이 처리됩니다.

신 고 인	처 리 기 관 전력기술인단체
신고서 작성 →	접 수 → 첨부서류 확인 → 자료 전산입력·관리

210㎜×297㎜[백상지(80g/㎡)]

[기재요령]

① 업체코드 : 기재하지 마세요(협회가 업체를 관리하는 번호임)

② 신고인(상주) : 전기설비의 소유자 또는 점유자를 기재하며, 법인사업자는 법인등록번호를 기재하고, 개인사업자는 사업자등록번호를 기재

⑦ 신고인(위탁사업자) : 위탁선임시 "상주"란과 "위탁사업자"란에 모두 기재하며, 등록번호는 전기안전관리전문(전문대행기관)은 업등록번호를 기재하고, 시설물관리전문(시설물관리업자)은 사업자등록번호 기재⑫ 설치장소의 주소 : 전기설비가 설치된 사업장 주소와 건물명 등을 기재

⑬ 수전설비

- 수전용량 및 전압 : 변압기설비는 1차변압기 표시용량의 합계(1㎸A=1㎾) 및 전압기재, 저압설비는 전기사업자와 계약전력 및 전압(높은 전압)기재
- 계약종별 : 전기사업자와 계약종별 기재, 계약종별 혼합시 주된 계약종별(계약전력이 큰것) 기재
- 사용개시일 : 현 수전설비 사용시작일 기재

⑭ 비상용예비발전기 : 용량은 명판출력기준 연속출력 기재, [1㎸A=0.8㎾] 로 산정

⑳ 선임일·해임일 : 실제 선임일 또는 해임일을 기재

○ 신고인 및 날인

(법인인 경우 : 법인직인 또는 사용인감 날인, 개인인 경우 : 개인도장 날인)

- 직영선임시 : 소유자 또는 점유자가 신고인란에 날인
- 위탁선임시 : 위탁사업자가 신고인란에 날인

(서명시에는 신고인 직접 서명여부 확인가능 충족조건임)

※ 단, 전기설비 폐지, 사업장 부도·폐업, 해임신고거부 등 부득이한 사유로 신고인 날인 불가한 경우에는안전관리자가 아래의 증빙자료를 첨부하여 해임할 수 있음

- 전기설비 폐지시 : 폐지확인서(한전 발행)
- 사업장 폐업시 : 폐업확인서(세무서 발행)
- 해임신고거부 등 : 전기설비 소유자등에게 해임사실을 통보하고 발송일로부터 14일이 경과한 내용증명서

○ 신고일자 : 협회 신고서 제출일자(우편접수시 우편소인 날인일)

○ 안전관리자 선임신고증명서 발급 신청서

전기안전관리자 선임(해임) 신고필증 발급(재발급)신청서

<table>
<tr><td rowspan="3">전기설비</td><td>업체코드</td><td></td><td>신고번호</td><td></td></tr>
<tr><td>회 사 명</td><td></td><td>대표자명</td><td></td></tr>
<tr><td>설비위치</td><td colspan="3"></td></tr>
<tr><td rowspan="3">신청구분</td><td rowspan="2">신청구분</td><td>□ 신규 □ 재발급 □ 기타</td><td rowspan="2">신청부수</td><td></td></tr>
<tr><td>□안전관리자□안전관리보조원</td><td></td></tr>
<tr><td>신청사유</td><td colspan="3"></td></tr>
<tr><td colspan="5">「전기안전관리법」 제23조제2항의 규정에 따라 전기안전관리자 선임·해임 신고필증 발급을 신청합니다.

년 월 일

신청인 (인)

한국전기기술인협회장 귀하</td></tr>
<tr><td colspan="5">※작성요령
1. 신청인
○ 전기설비 소유자·점유자 또는 전기안전관리자
○ 전기안전관리업무를 위탁받은 자 또는 대행하는 자</td></tr>
</table>

6. 전력수급계약 체결

6.2.1 표준전력구입 계약서

제3자간 전력거래계약용

(시,군)　　　　(동,리)

태양광발전소
제3자간 전력거래계약서

년　　월　　일

전력공급자 :

전력구입자 : 한국전력공사

제3자간 전력거래계약서

한국전력공사(이하 “한전”이라 함)와 ____에 위치한 태양광발전소에서 전력을 생산하는 자 ______________(이하 “전력공급자”라 함)는 발전설비용량 ____의 전력을 거래함에 있어 산업통상자원부장관이 고시한 「신·재생에너지 발전전력의 제3자간 전력거래계약에 관한 지침」(이하 “지침”이라 함) 제5조 제2항에 따라 다음 각 조항을 내용으로 하는 제3자간 전력거래계약(이하 “본 계약”이라 함)을 체결한다.

제 1 장 총 칙

제1조(전력수급지점) 한전과 전력공급자의 전력수급지점은 한전의 ______에 설치하는 인입개폐기의 전력공급자의 발전소측 연결점으로 한다.

제2조(책임한계점과 재산한계점) 한전과 전력공급자의 책임한계점과 재산한계점은 제1조에 정한 전력수급지점으로 한다.

제3조(전력수급방식) 한전과 전력공급자의 전력수급방식은 제1조에 정한 전력수급지점에서 “______”으로 한다.

제4조(연계기준) 전력공급자는 한전의 계통 연계시 한전의 분산형 전원 배전계통연계기술기준 및 발전기 병렬운전 연계선로 보호업무기준에 따라야한다.

제5조(선로구성)

① 전력공급자가 한전에 전력을 공급하는 공급용(발전) 선로와 한전으로부터 수전하는 수전용 선로는 동일선로로 구성한다. 다만, 예비선로를 구성하는 등 기술적 기타 부득이한 사유가 있는 경우에는 쌍방이 협의하여 별도 선로로 구성할 수 있다.

② 기존 한전의 전기공급설비로부터 전력수급지점까지의 선로는 한전이 설치ㆍ소유하되, 설치비용은 전력공급자가 부담한다.

③ 전력수급지점으로부터 전력공급자의 발전소까지의 선로는 전력공급자가 설치・소유한다.

④ 전력공급자의 설비를 한전선로에 접속함으로 발생되는 한전설비 보강분에 대한 소요공사비는 전력공급자가 부담한다.

第6条(지침의 적용) 본 계약에서 정하지 아니한 사항에 대하여는 지침에 따르며, 지침이 변경되는 경우에는 변경된 지침을 적용한다.

第7条(세부시행사항 결정) 본 계약에서 정하지 아니한 사항이나 본 계약의 시행에 필요하다고 인정되는 사항은 지침에 반하지 아니하는 범위 내에서 상호 협의하여 결정한다.

제 2 장 발전시설 운전

第8条(기기설치)

① 전력공급자가 발전전력을 송출함에 따라 발생되는 보호계전장치 설치 등 제반비용은 전력공급자가 부담한다.

② 한전이 전력공급자에게 수전용 전력을 공급함에 따른 제반비용 및 공급조건・요금 등에 대해서는 전기사업법 제16조의 규정에 따라 산업통상자원부장관의 인가를 받은 전기공급약관(이하 "약관"이라 함)에 따른다.

③ 제1항 및 제2항에 의하여 설치된 모든 설비는 제2조의 재산한계점을 기점으로 하여 각각 소유하고 유지, 보수 및 보안의 책임을 진다.

第9条(피해방지장치 등의 설치)

① 전력공급자는 다음 각 호의 1에 해당하는 원인으로 다른 사람의 전기사용을 방해하거나 방해할 우려가 있는 경우 또는 한전의 전기공급설비에 지장을 주거나 지장을 줄 우려가 있을 경우에는 전력공급자의 부담으로 한전과 협의하여 조정장치나 피해방지장치를 설치하여야 하며, 특히 필요한 경우에는 전선로를 변경하거나 전용전선로를 설치해야 한다.

1. 각 상의 전류가 현저하게 평형을 잃을 경우
2. 전압이나 주파수가 현저하게 변동하는 경우
3. 고조파 발생 등 파형에 현저한 왜곡이 발생하는 경우
4. 기타 상기에 준하는 경우

② 한전의 전선로 고장 등 부득이한 사유로 전력 송·수전이 중지되거나 급격한 전압변동 또는 결상 등으로 경제적 손실이 발생할 우려가 있을 때에는 무정전전원공급장치(UPS), 결상보호장치 등 적절한 자체 보호장치를 설치해야 하며, 이를 이행하지 않아 발생하는 손해는 전력공급자가 부담한다.

제10조(전기안전을 위한 고객의 협력)전력공급자가 공중의 안전 및 한전의 송·배전용 전기설비의 안정적 관리를 위하여 한전의 송·배전용 전기설비이용규정의 [발전기 운전관련 협조사항]을 준수하여야 한다.

제11조(운전절차) 전력공급자는 발전소의 상업운전개시 7일전까지 상업운전 예정일을 한전에 통보하고 정확한 상업운전개시일은 양사가 합의하여 결정한다.

제 3 장 계 량

제12조(전력량계 등의 설치)

① 전력공급자는 송전용 전력량계를 전력공급자의 부담으로 태양광발전소 구내에 설치, 소유하고 유지, 관리한다. 지침에 따라 시간대별 실제 발전량으로 계약하는 방식을 택한 경우, 전력공급자는 반드시 시간대별 계량이 가능한 계량기를 전력공급자의 부담으로 태양광발전소 구내에 설치, 소유하고 유지, 관리하며, 수전용 전력량계는 약관에 따라 한전이 부담 설치·소유한다.

② 제1항에도 불구하고 원격검침을 위해 한전이 송전용 단방향계량장치 및 계량정보 전송을 위한 통신장치를 설치하는 경우 한전이 설치·관리하되,

설치·관리에 드는 비용은 전력공급자가 부담한다.

③ 제1항에도 불구하고 지침 제12조 제1항에 따라 발전전력량과 수전전력량을 동시에 계량할 수 있는 양방향 계량장치, 계량정보 전송을 위한 통신장치를 설치하는 경우 한전이 설치·관리하되, 설치·관리에 드는 비용은 한전과 전력공급자가 똑같이 나누어 부담한다.

④ 제1항부터 제3항까지의 계기는 계량에 관한 법률에서 정하는 규격 또는 이와 동등한 규격에 적합한 제품이어야 하며, 기술기준은 한전의 "전기계기업무기준" 및 "배전계통연계 분산형전원 계량장치 시설지침"에 따른다.

⑤ 제1항 및 제2항의 전력량계는 역방향 계량이 되지 않는 것이어야 한다.

제13조(검침 및 계량)

① 전력량계의 검침은 지침 제13조 및 제14조에 따른다.

② 전력공급자와 한전이 지침에 의거 시간대별 실제발전량 방식으로 계약하는 경우 시간대별 발전량을 계량한다.

③ 전력공급자와 한전이 지침에 의거 발전량 균등화 방식으로 계약하는 경우 월누적 발전량을 계량한다.

④ 전력공급자의 수급전력량은 송전용 계량장치에 시현된 계량값으로 한다. 단, 원격검침이 가능한 경우 한전의 원격검침 시스템에 표시되는 값을 계량값으로 인정할 수 있다.

⑤ 원격검침시 통신회선비 등 원격검침에 따른 소요비용은 단방향계량장치를 설치한 경우에는 전력공급자가 부담하고, 양방향계량장치를 설치한 경우에는 한전과 전력공급자가 똑같이 나누어 부담한다.

⑥ 한전에서 원격검침 추진시 전력공급자는 구내 통신망 구성, 전력량계측 모뎀 설치, 작업자 구내출입 등에 협조하여야 한다.

제14조(검정, 점검 및 검사)

① 전기계기의 검정은 계량에 관한 법률에 따라 시행하고, 점검 및 검사는 한전이 정하는 규정에 따라 쌍방의 합의하에 별도로 정하는 일시에 실시한다.

② 전기계기의 고장, 기타 필요하다고 인정되어 일방 당사자가 요청한 때에는 수시로 점검 및 검사를 실시한다.

③ 제1항 및 제2항에 의한 점검 및 검사는 전력공급자 입회하에 한전이 실시하며, 발생비용은 전력공급자가 부담한다.

④ 전력공급자가 고의 또는 과실로 한전의 계량장치 등을 손상하거나 망실한 경우에는 손해를 배상해야 한다.

⑤ 한전이 설치한 송전용 단방향계량장치의 검정기한 만료 및 고장으로 계량장치를 교체할 경우 등 유지비용은 전력공급자가 부담하며, 한전이 설치한 양방향계량장치의 검정기한 만료 및 고장으로 계량장치를 교체할 경우 등 유지비용은 한전과 전력공급자가 똑같이 나누어 부담한다. 다만, 수전용 전력량계는 전기공급약관에 의거 한전이 부담한다.

제15조(오차시험 및 수급전력량협정)

① 전력량계의 오차가 법정 사용공차를 초과한 경우에는 다음 산식에 의거 협정전력량을 산출한다.

$$\text{협정전력량} = \frac{\text{계량된 전력량}}{100\% + (\pm \text{오차율})}$$

이 경우 협정기간은 오차발견일이 속하는 월부터 국가검정을 받아 재부설한 날까지로 하며, 시험점 전류는 협정기간중의 발전시간에 대한 평균전류로 한다.

② 고장, 기타 원인에 의하여 전력량계가 동작하지 않을 경우의 협정전력량 계산은 다음 산식에 의한다.

$$\text{협정전력량} = \text{고장기간의 발전단전력량} \times \frac{\text{고장전월의 수급전력량}}{\text{고장전월의 발전단전력량}}$$

③ 고장, 기타 원인에 의하여 협정전력량을 정확하게 확인하기 곤란한 경우에는 쌍방이 입수할 수 있는 운전 및 기타 관계자료를 기준으로 쌍방이 협의 결정한다.

제 4 장 요금의 산정, 청구 및 지급 등

제16조(요금의 산정)

① 한전이 전력공급자로부터 받은 전력에 대한 요금은 지침 제13조 및 제14조에 따라 계량된 값에 지침 제5조 제1항에 따라 전력공급자가 제출한 합의서에 기재되어 있는 단가를 적용 후, 지침 제15조, 제16조 및 본 계약 제13조 제5항에 따라 산정하여 확정한다.

② 2개 이상 발전사업허가를 합산하여 제3자간 전력거래계약을 체결하는 경우 지침 제15조에 따른 거래 수수료 및 본 계약 제13조 제5항에 따른 원격검침 통신회선비는 전력량계별로 산정 및 합산하여 요금에서 차감한다.

제17조(요금의 청구 및 지급) 한전은 지침 제17조에 따라 요금을 지급한다. 단, 지급일이 공휴일이거나 영업일이 아닌 경우에는 그 익일에 지급한다.

제18조(요금의 체불) 한전이 전력공급자에게 지급할 요금을 한전의 사정으로 지침 제17조에 명시한 기일까지 지급하지 아니한 경우, 한전은 미지급 요금에 대하여 한전이 약관에 따라 일반 전기사용자에게 적용하는 것과 동일률의 연체료를 일할계산하여 지급한다.

제19조(단수처리) 본 계약의 모든 계산에 있어서 단수의 처리는 다음 각 호와 같이 한다.

1. 연미만은 월할계산하고, 월미만은 일할 계산한다.
2. 전력요금의 총액은 국고금 단수처리기준에 따른다.

제20조(부족발전량 공급)

① 전력공급자가 지침 제6조에 따라 발전량을 공급하고도 전기사용자가 추가 발전량이 필요한 경우, 추가 발전량은 지침 제10조에 제1항에 따라 한전이 공급한 것으로 본다.

② 한전은 지침 제10조 제2항에 따라 전력공급자가 고의 또는 중대한 과실로 인해 공급하지 못한 전력량에 대하여 한전은 해당 시간대 계통한계

가격과 약관에 따른 전기사용자의 경부하 시간대에 적용하는 전력량 요금과의 차액에 100분의 130을 곱한 금액을 부과한다.

③ 전력공급자가 제2항에 따른 위약금을 지급하지 않을 경우 한전은 지침 제16조에 따라 전력공급자에게 지급할 금액 중 위약금을 차감하고 지급한다.

제 5 장 전력수급의 중지 또는 제한

제21조(전력수급의 중지 등) 한전은 다음 각 호에 해당할 경우에는 전력공급자의 전력 송·수전을 중지 또는 제한할 수 있으며(신재생발전기 출력제어 포함), 이 경우 한전은 그 내용을 전력공급자에게 미리 통지한다. 다만, 긴급하거나 부득이한 경우에는 중지 또는 제한 후에 통지할 수 있다.

1. 전기설비를 개조, 변조, 훼손 및 조작(造作)하여 부정하게 전기를 수급하는 경우
2. 고의 또는 중대한 과실로 한전의 전기공급을 저해하거나 저해할 우려가 있는 경우
3. 제9조(피해방지장치 등의 설치)의 규정에 의한 조정장치나 피해방지장치를 설치하지 않은 경우
4. 한전 직원의 출입을 정당한 이유없이 거절한 경우
5. 법령에 의하여 산업통상자원부장관 또는 기타 행정기관의 장이 요청하는 경우
6. 전기의 수급조절로 인해 부득이한 경우
7. 한전의 전기설비에 고장이 발생하거나 발생할 우려가 있는 경우
8. 한전의 전기설비에 대한 수리, 변경 등의 공사로 인해 부득이한 경우
9. 전압 및 주파수에 심한 불균형이나 변동이 발생하거나 발생할 우려가 있는 경우
10. 전쟁, 천재지변 등 전력공급자 또는 한전이 합리적으로 통제할 수 없는 부득이한 사유가 발생한 경우
11. 기타 전기안전을 위하여 필요한 경우

제22조(계약의 해지)

① 한전은 다음 각 호의 사유가 발생할 경우 본 계약을 해지할 수 있다. 제1호, 제2호 및 제4호에 해당되는 경우 한전은 해지 예정 1주일 전에 내용증명으로 전력공급자에게 해지를 통보하고, 제3호에 해당하는 경우 전력공급자는 해지 예정 1주일 전에 내용증명으로 한전에 해지를 요청하여야 한다.

1. 전력공급자가 설비의 소유권을 상실하거나 사업허가가 취소되는 등 계약을 이행하지 못할 것이 명백하여 이의 해소를 서면으로 안내하고 안내 후 1개월 경과 후에도 미해소된 경우
2. 전력공급자가 「국토의 계획 및 이용에 관한 법률」을 위반하여 개발행위허가를 받지 않고 계약을 체결하거나 개발행위허가가 취소된 경우
3. 전력공급자가 제3자간 전력거래계약용 송·배전용전기설비 이용계약을 유지할 수 없는 경우
4. 전력공급자가 관련 법령을 또는 본 계약을 위반하여 본 계약을 유지할 수 없는 경우

② 한전은 지침 제9조에 따라 전력공급자와의 전력거래계약을 해지하는 경우 전력공급자에게 지체없이 계약 해지 사실을 통지하여야 한다.

제 6 장 보 칙

제23조(손해배상의 면책) 한전은 다음 각 호에 해당하는 사유로 전력공급자가 받은 손해에 대해서는 배상책임을 지지 않는다.

1. 전력공급자와 전기사용자의 합의에 의해 제3자간 전력거래계약을 해지한 경우
2. 한전의 고의 또는 중대한 과실이 아닌 사유로 전력 송ㆍ수전이 이루어지지 않는 경우
3. 한전의 책임이 아닌 원인으로 누전 또는 기타 사고가 발생한 경우

제24조(법령 위반시의 책임) 전력공급자는 본 계약과 관련하여 「전기사업법」, 「국토의 계획 및 이용에 관한 법률」(개발행위 허가 관련 사항 포함)

등 관련 법령을 위반한 경우, 이로 인해 발생한 분쟁에 대하여 모든 민·형사상의 책임을 진다.

제25조(통고 및 청구) 본 계약에 의한 모든 통고, 요청 또는 청구는 서면에 의함을 원칙으로 하며, 그 의사표시가 상대방에 도달한 때 효력이 발생한다.

제26조(해석 및 분쟁해결)

① 본 계약에 명시되지 아니한 사항 또는 계약조항의 해석은 지침 등 관련 법령을 기준으로 상호 협의하여 결정한다.

② 제1항에도 불구하고 협의가 이루어지지 아니하여 분쟁이 발생하는 경우에는 「전기사업법」 제57조에 의한 전기위원회 재정에 따라 해결한다.

제27조(계약의 효력 발생) 본 계약의 효력은 지침 제5조에 따라 산업통상자원부장관의 전력거래계약 인가를 받은 날부터 발생한다.

제28조(계약의 유효기간) 본 계약의 유효기간은 지침 제5조에 따라 제출한 합의서에 기재된 기간 및 제7조, 제8조에 따른다.

제29조(승계인과 양수인) 본 계약상 쌍방의 모든 권리, 의무는 각자의 승계인과 양수인에게 대하여도 동일한 효력을 가진다.

본 계약을 증명하기 위하여 본 계약서 원본 2부에 쌍방의 대표자가 기명날인한 후 각 1부씩 보관한다.

년 월 일

전력공급자 :

전력구입자 :
○○시 ○○구 ○○동 ○○번지
한국전력공사 ○○본부(지사)
본부(지사)장 ○ ○ ○

6.2.2 병렬운전 조작합의서

병렬운전 조작합의서

[특고압 연계]

____________에 소재한 ______________를 한국전력공사(이하 "을"이라 한다)에서 운영하는 전력계통과 병렬운전하기 위한 적절한 조치와 고장 발생시 신속한 복구를 위해 상호간 협조해야 할 급전운영에 대한 기본사항을 아래와 같이 합의하고 이를 준수한다.

1. 병렬운전

가. 갑의 발전기는 kV 변전소의 배전선로와 상시 병렬운전되어야 한다.

나. 갑의 발전기와 을의 계통과의 병렬투입은 갑 구내에 설치되어 있는 동기 검정장치에 의해 조작한다.

다. 갑 발전기의 병렬투입 또는 해제조작은 그 전·후에 반드시 을에게 연락되어야 한다.

라. 갑의 발전기와 조상기는 전압변동을 최소로 억제하도록 운전되어야 한다.

마. 갑 발전기의 조속기는 을의 계통과 병렬운전 중 정상 운전되어야 하며 계통 주파수의 안정을 위해 갑과 을이 동시에 노력해야 한다.

바. 만일 병렬운전 중 갑의 발전기 또는 을의 계통에 이상현상(무경고 정전, 계통 동요, 과도한 전압 및 주파수 변동 등)이 발생할 경우에는 갑은 고장 확대를 방지하기 위하여 즉시 을에게 이상현상을 통보해야 하며, 자체 설비를 보호하기 위한 충분한 보호장치를 구비해야 한다.

사. 갑의 발전기를 을의 계통에 연계하기 위한 연계 변압기의 중성점 접지방식은 을의 결정에 따른다.

2. 급전운영

가. 갑의 발전소와 을의 ___kV 변전소간의 연락은 전력보안 통신용 직통 전화(또는 가입 동일지역인 경우 "발전소 전용 국선전화")를 이용하는 것을 원칙으로 하되, 필요시 갑과 을이 협의하여 다른 통신수단을 이용할 수 있으며 주요 급전사항에 관하여는 갑과 을이 협의하여 결정한다.

나. 전력보안 통신용 직통전화가 불통 시에는 국선전화 또는 통화 가능한 모든 통신 수단을 이용하여야 하며 갑은 직통전화의 신속한 복구에 적극적으로 노력하여야 한다.

3. 잉여전력 수급

갑의 발전기를 을의 계통과 병렬운전 중 갑의 발전기에서 잉여전력이 발생하는 경우에는 을의 계통에 송전할 수 있으며 송전전력량에 대한 요금 및 수급계약은 별도로 정하는 바에 따른다.

※ 단순병렬의 경우 상기 3항을 아래 사항으로 대체
3. 역송방지 가. 갑의 발전기를 을의 계통과 병렬운전 중 갑의 급격한 부하감소 또는 을의 계통 사정으로 인하여 갑의 발전전력이 을의 계통으로 역송되지 않도록 갑은 필요한 조치를 취해야 한다. 나. 갑은 어떠한 형태로도 역송에 대한 보상을 요구하지 않으며, 역송으로 인해 일어나는 모든 고장 및 안전사고의 책임(민·형사상 포함)을 진다.

4. 고장시 조작

가. 갑의 발전소

1) 갑은 고장이 발생하면 즉시 구내계통 고장의 유무를 확인하고 개폐기 조작상황, 보호계전기 동작상황, 고장원인, 조치내용, 기타 필요한 사항을 을에게 즉시 통보해야 하며, 을로부터 요청이 있을 경우 문서로 상기 내용을 송부하여야 한다.

2) 갑의 구내계통측 연계 차단기가 자동 차단되었을 경우 을의 계통 선로가 무전압이면 가압을 기다리고, 가압이 되어 있거나 가압이 되어오면 을과 협의 후 해당 차단기를 투입하여 발전기를 병입하거나 수전하고 그 결과를 을에게 통보한다.

3) 갑의 구내계통측 연계 차단기가 동작함이 없이 을의 계통 선로가 무전압 상태(단독운전 상태)가 되면, 갑의 구내계통측 연계 차단기를 수동 개방하고 2)항에 준한 조작을 한다. 단, 전용선로가 아닌 일반선로로 연계된 경우에는 갑에게 연락 없이 을이 선로 가압을 할 수 있으므로 가압으로 인해 충전되는 부위에는 절대로 접근해서는 안 된다.

4) 갑은 갑의 구내계통에 고장이 발생하였을 경우에는 즉시 고장개소를 분리하고 고장원인을 제거한 후 을에게 통보하고 상호 협의하여 조작한다.

나. 을의 _____kV 변전소 또는 ‘ ’ 배전선로

※ 지중선로의 경우

1) 을은 지중선로의 강행송전은 시행하지 않는 것을 원칙으로 한다. 단, 고장원인이 제거된 후 갑의 요청이 있을 경우에는 선로가 무전압임을 확인 후 변전소의 운전전압으로 송전을 시행한다. 이 때, 선로 고장으로 판단될 경우에는 갑은 고장복구를 위하여 적극 협조하여야 한다. 단, 전용선로가 아닌 일반선로로 연계된 경우에는 갑의 요청 없이 을이 선로가 무전압임을 확인 후 강행송전할 수 있다.

2) 전원측(을의 변전소 또는 T/L측) 정전이 되었을 경우에는 을은 갑에게 고장상황을 통보하고 전원 복구를 기다려 1)항에 준한 조작을 한다.

※ 가공선로의 경우

1) 을의 계통 선로 고장시 갑은 고장복구를 위하여 적극 협조하여야 하며 선로 고장의 원인이 제거되면 을은 선로가 무전압임을 확인한 후 갑의 요청에 의해 변전소의 운전전압으로 가압한다. 단, 전용선로가 아닌 일반선로로 연계된 경우에는 갑의 요청 없이 을이 선로

가 무전압임을 확인 후 가압할 수 있다.

2) 전원측(을의 변전소 또는 T/L측) 정전이 되었을 경우에는 을은 갑에게 고장상황을 통보하고 전원 복구를 기다려 1)항에 준한 조작을 한다.

5. 전기설비의 휴전작업

가. 갑은 수전이 중단되거나 발전기 운전이 곤란한 전기설비의 예정 휴전작업을 1주일 전에 을에게 통보하여야 하며, 을의 변전소 구내 또는 ' ' 배전선로 휴전작업 등으로 송수전을 중단하고자 할 때는 1주일 전에 갑과 협의하여 작업기일을 결정한다. 단, 긴급을 요하는 휴전작업은 당일 사전통보로도 실시할 수 있다.

나. 갑의 발전기가 연계되어 있는 을의 계통 선로 휴전작업 시에는 갑의 발전전력 역송으로 인한 안전사고 예방을 위해 을의 선로용 차단기 및 개폐기의 개방과 함께 갑의 구내계통측 연계 차단기 및 개폐기도 반드시 개방되어야하며 갑 은 그 결과를 을에게 통보하여야 한다.

다. 갑과 을은 전기설비가 휴전되었음을 확인한 후 해당 전기설비를 접지하여 안전사고를 예방하여야 한다.

6. 보호장치의 시설

가. 최초 병렬운전 또는 병렬운전 조건이 변동(연계용량 변경, 연계선로 또는 설비 변경 등)될 때 연계선로 및 설비에 대한 보호방식(보호장치 및 관련설비)은 갑과 을이 협의하여 결정한다.

나. 갑은 보호방식 검토에 필요한 관련 자료를 첨부하여 을에게 검토 의뢰한다.

다. 갑은 을과 협의하여 결정한 구내계통측 보호장치 및 관련설비를 발전기 병렬운전 개시 전에 시설하여야 한다.

라. 갑은 차단기 투입시 비동기로 인한 고장파급을 방지하기 위하여 갑의 발전기에 동기 투입장치를 시설하여야 한다.

7. 보호계전기의 정정 및 시험

가. 연계선로 및 설비 보호를 위한 보호계전기 정정은 을측 소유설비는 을이, 갑측 소유설비는 갑이 실시한다. 이 경우 갑은 보호협조를 위하여 갑 소유의 구내계통측 보호배전반에 대한 보호계전기 정정 검토서를 을에게 제출하여 기술검토를 받아야 한다.

나. 갑 소유 보호계전기의 준공시험은 갑이 실시하고, 그 결과를 지체없이 을에 통보한다. 또한 갑은 전기사업법 제65조(정기검사)에 의해 정기검사를 실시하고, 그 결과를 3개월 이내에 을에게 통보한다.

다. 보호계전기의 재 정정시험 또는 임시시험 등이 필요하다고 인정되어 일방 당사자가 요청할 경우에는 상호 협의하여 정하는 일시에 갑과 을은 각각의 해당 소유설비에 대하여 시험을 시행한다.

8. 발전, 수전 및 송전기록

갑과 을은 상호간에 발전, 수전 및 송전기록 통보를 요구할 수 있고 이에 협조하여야 한다.

9. 발전기가 연계된 전력계통의 전력량계는 3상4선식(3CT) 계량방식으로 하여야 한다.

10. 기타 사항

가. 이 합의서에서 정하지 않은 사항은 갑과 을이 상호 협의하여 결정한다.

나. 갑 또는 을의 발전, 수전 및 송전설비가 변경되거나 계통운영이 자동화되어 본 합의서 항목의 적용이 불합리하거나 미비할 경우에는 쌍방 서면 합의에 의하여 본 합의서를 개정할 수 있다.

다. 관련 법령 제·개정 등 전력산업 환경이 변동될 경우 제·개정된 법령 등에 따라 필요시 본 합의서를 다시 체결한다.

라. 본 합의서에 대하여 갑과 을 당사자간 합의가 되었음을 증명하기 위해 쌍방의 대표자가 기명 날인한 후 1통씩 보관한다.

년 월 일

갑 ○ ○ ○ (인)

을 제주특별자치도 제주시 문연로 36 한국전력제주특별지사
한국전력공사 제주도전력지사장
○ ○ ○ (인)

6.2.3 계좌이체거래 약정서

계좌이체거래 약정서('16.08.22 시행)

계좌이체거래 약정서

【 ■사업자, □개인 】

1. 고객사항 (* 필수항목)

*상 호		*성 명		*사업자/주민등록번호	
*주 소					
담당자		전화번호		e-mail	

○ 주민등록번호는 「소득세법」 제127조(원천징수의무), 제164조(지급명세서의 제출)에 의거하여 수집 · 이용합니다.

2. 계좌이체 거래은행

*은행명		*계좌번호		*예금주	
				*약정자와의 관계	

3. 약정사항

○ 본 약정서에 명시된 거래은행, 예금주, 계좌번호에 의하여 대금을 계좌 입금한 이후에 발생한 손해에 대하여 당사는 일체 그 책임을 지지 않습니다.
○ 이체금액 착오발생시 한전은 예금주의 동의 없이 취소 또는 정정할 수 있습니다.
○ 기재된 전화번호 및 e-mail을 통해 입금정보를 제공 받는 것에 동의합니다.

【개인정보 수집 · 이용 동의서】

한국전력공사와 발생한 거래에 대한 대금지급을 위하여 개인정보보호법 제15조(개인정보의 수집 · 이용), 제22조(동의를 받는 방법)에 따라 동의를 받고자 합니다.

개인정보의 수집 • 이용 목적	거래에 대한 입금처리 및 이와 관련한 소득세, 지방소득세, 부가세 등 각종 세무 신고 및 상기 업무 수행 관련 문제 발생 시 연락
수집하려는 개인정보의 항목	**(필수)** 상호, 성명, 사업자(주민)번호, 주소, 은행명, 계좌번호, 예금주, 약정자와의 관계 **(선택)** 담당자, 전화번호, e-mail
개인정보의 보유 및 이용기간	특정 법률에 정한 경우를 제외하고는 민법 제162조(채권, 재산권의 소멸시효)에 따라 거래 완료 후 최장 10년간 보관. 다만, 채권 · 채무 잔존 시에는 채권 · 채무 정산 시까지
※ 귀하는 상기 개인정보 수집 · 이용에 대한 동의를 거부할 권리가 있으나 미동의시 대금 지급이 필요한 업무의 참여, 수행 등에 제한을 받을 수 있습니다.	

(위 내용에 동의합니다. ■ 동의함 □ 동의하지 않음)

[법정대리인 동의]
(만 14세 미만인 경우에 해당하며, 개인정보보호법 제22조 제5항에 의거 법정대리인의 동의를 받습니다)

법정대리인 성명	연락처	관계
(인/서명)		
위 내용에 동의합니다. □ 동의함 □ 동의하지 않음		

년 월 일

약정자(대표자) (서명 또는 날인)

한국전력공사 KOREA ELECTRIC POWER CORPORATION

한전결재	담 당	차 장	팀 장

7. 준공검사

7.1 개발행위준공검사 신청서

■ 국토의 계획 및 이용에 관한 법률 시행규칙 [별지 제6호서식] <개정 2015.6.4.>

개발행위준공검사신청서

(앞쪽)

접수번호	접수일	처리기간	7일

신청인	성명(법인인 경우 그 명칭 및 대표자 성명)	생년월일(법인인 경우 법인등록번호)
	주소 (우편번호 :) (전화번호 :)	
신청사항	사업(행위)의 종류	
	위치	
	면적	허가일자
	사업기간 착공 년 월 일, 준공 년 월 일	

신청내용	준공면적
	도로
	급수시설
	배수시설
	기타시설
	기타사항

「국토의 계획 및 이용에 관한 법률」 제62조제1항 및 같은 법 시행규칙 제11조에 따라 위와 같이 준공검사를 신청합니다.

년 월 일

신청인 (서명 또는 인)

특별시장·광역시장·특별자치시장·특별자치도지사·시장·군수 귀하

첨부서류	1. 준공사진 2. 지적측량성과도(토지분할이 수반되는 경우와 임야를 형질변경하는 경우로서 「공간정보의 구축 및 관리 등에 관한 법률」 제78조에 따라 등록전환 신청이 수반되는 경우에 한정합니다) 3. 「국토의 계획 및 이용에 관한 법률」 제62조제3항·제4항에 따른 관계 행정기관의 장과의 협의에 필요한 서류	수수료 없음

210mm×297mm[백상지 80g/㎡(재활용품)]

유의 사항

「국토의 계획 및 이용에 관한 법률」 제56조제1항제1호의 행위에 대하여 「건축법」 제22조에 따른 건축물의 사용승인을 얻은 경우에는 준공검사를 받은 것으로 봅니다.

처리 절차

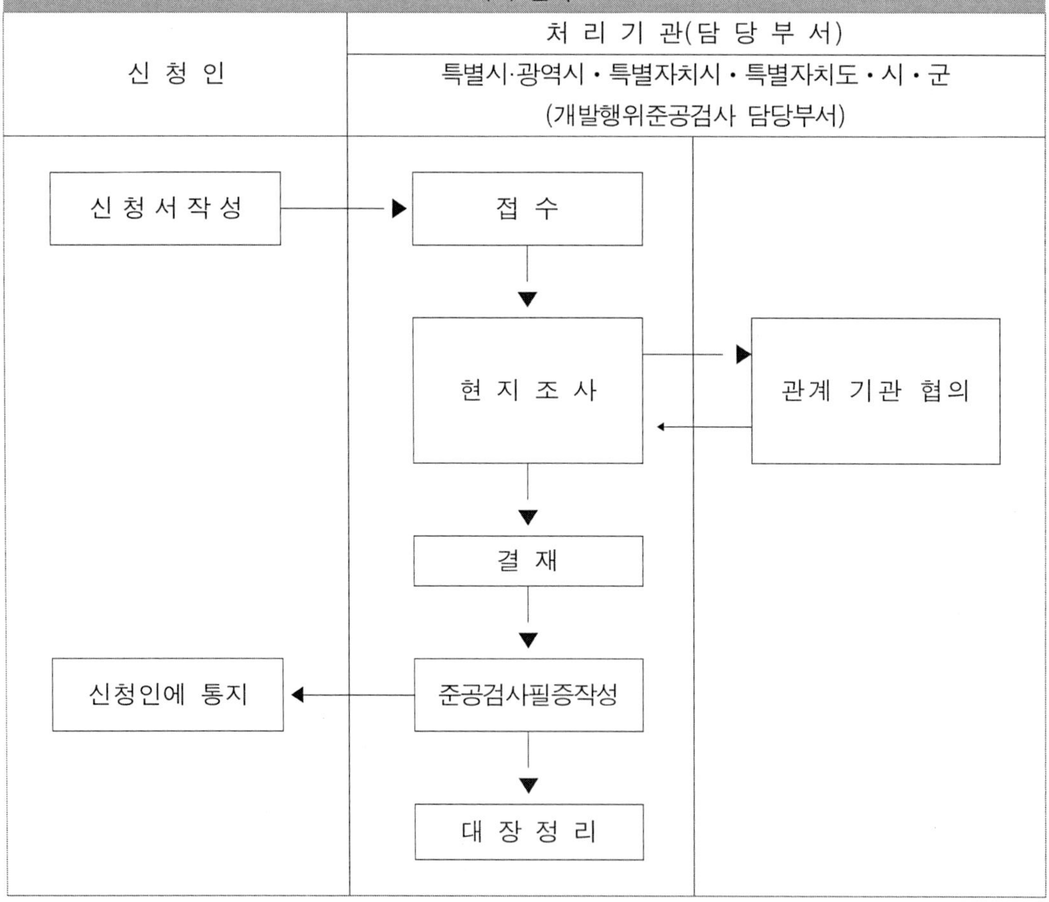

7.3.1 지적측량 의뢰서

■ 공간정보의 구축 및 관리 등에 관한 법률 시행규칙 [별지 제15호서식] <개정 2017. 1. 31.>

지적측량 의뢰서

(앞쪽)

상담번호	상담일	측량 예정일	처리 기간	아래참조

의뢰인	성명	생년월일(사업자등록번호)
	전화번호	소유자와의 관계
	전자우편	
	주소	

토지소재		지번	지목	원면적(㎡)	분할후 예정 면적	축척	측량 종목	필지 수	단가	수수료	용도지역
구·읍·면	동·리										
계											

측량목적 또는 요망사항

신청 방법	영수증 발급 구분	측량성과도 받는 방법	신청대행
[ ]방문 [ ]전화 [ ]팩스 [ ]인터넷 [ ]우편 [ ]기타	[ ]현금영수증 [ ]세금계산서	[ ]본인수령 [ ]우송 [ ]전자우편 [ ]기타	[ ]공부정리신청 [ ]등본신청 대장 통

「공간정보의 구축 및 관리 등에 관한 법률」 제24조제1항 및 같은 법 시행규칙 제25조제1항에 따라 위와 같이 의뢰합니다.

년 월 일

의뢰인 (서명 또는 인)

상담자 (서명 또는 인)

귀하

첨부서류	의뢰 사유를 증명하는 서류	수수료 국토교통부장관의 고시에 따름

처리기간

1. 일반업무
   ○ 측량 5일, 검사 4일(지적측량기준점 설치 시 15점 이하는 4일, 15점을 초과할 때는 4점마다 1일 가산)
2. 계약업무
   ○ 계약에 의한 경우에는 협의 또는 계약에 의한 기간

210mm×297mm[백상지(80g/㎡) 또는 중질지(80g/㎡)]

처 리 절 차

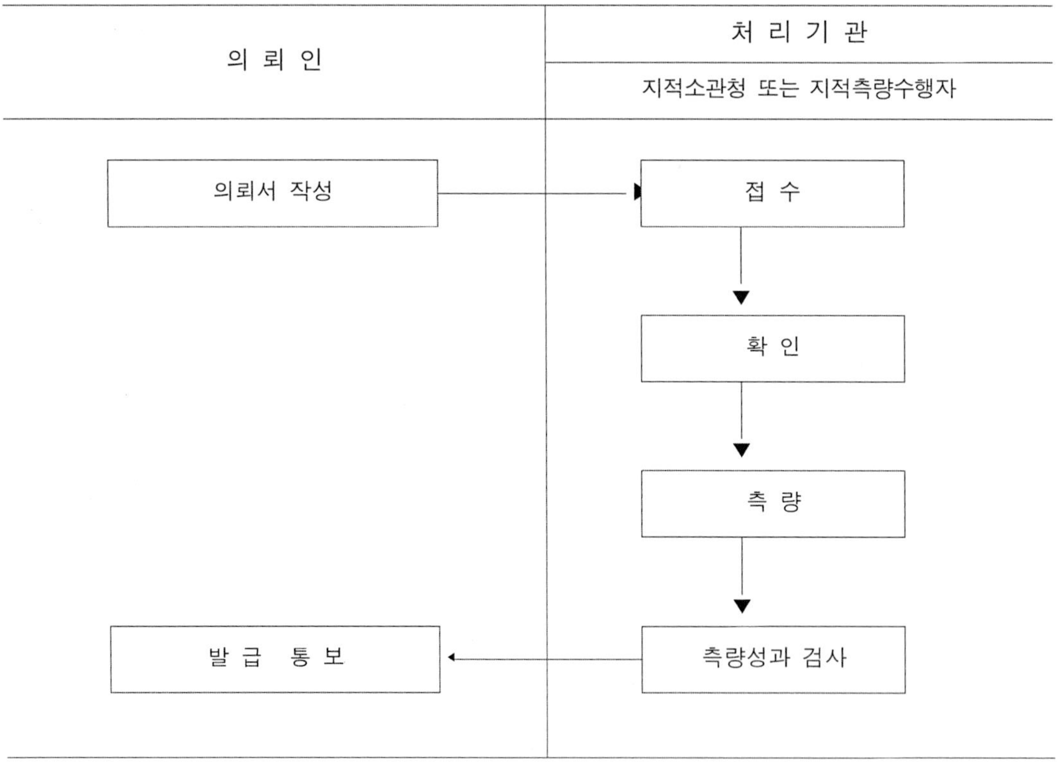

7.3.2 위임장

-토지소유자가 아닌 경우

■ 지적업무처리규정 [별지 제3호서식] <개정 2014.12.31>

위 임 장

<table>
<tr><td rowspan="4">위임자
(토지소유자)</td><td>성 명</td><td></td><td>생년월일
(사업자등록번호)</td><td></td></tr>
<tr><td>주 소</td><td></td><td>전화번호</td><td></td></tr>
<tr><td>측량종류</td><td colspan="3"></td></tr>
<tr><td>의뢰 토지</td><td colspan="3"></td></tr>
<tr><td rowspan="2">피위임자</td><td>성명</td><td></td><td>생년월일
(사업자등록번호)</td><td></td></tr>
<tr><td>주소</td><td></td><td>전화번호</td><td></td></tr>
<tr><td colspan="5">지적업무처리규정 제16조제1항의 규정에 의하여 위 사람을 대리인으로 정하고 위 지적측량 의뢰, 현장입회 및 지적측량수수료 납입 또는 정산금 수령에 관한 모든 행위를 위임합니다.

년 월 일

위 임 자 (서명 또는 인)

000000 지적측량수행자 귀중</td></tr>
</table>

210㎜×297㎜(보존용지(1종) 70g/㎡)

8. 사업개시신고

8.1 사업개시신고서

■ 전기사업법 시행규칙 [별지 제6호서식] <개정 2020. 9. 29.>

사업개시신고서

※ 바탕색이 어두운 난은 신고인이 작성하지 않습니다.

접수번호	접수일자	처리기간 14일

신고인	대표자 성명	생년월일
	주소	
	상호	전화번호
	소재지	

신고 내용	사업개시 연월일
	최초 전력거래일(발전사업자의 경우)
	사업내용

「전기사업법」 제9조제4항 및 같은 법 시행규칙 제8조에 따라 위와 같이 사업개시를 신고합니다.

년 월 일

신고인 (서명 또는 인)

산업통상자원부장관
시・도지사 귀하

첨부서류	1. 사업개시를 증명할 수 있는 서류(발전사업자의 경우에는 최초로 전력거래를 한 사실을 증명할 수 있는 서류를 말합니다) 2. 「산지관리법」 제39조제2항에 따른 중간복구명령(이에 따른 복구준공검사를 포함합니다)의 이행을 전력거래 전에 완료하였음을 증명하는 서류(「산지관리법」 제39조제2항에 따른 중간복구명령을 받은 발전사업자만 해당합니다)	수수료 없음

처리절차

신고서 작성 및 제출	➔	접 수	➔	신고 수리
신고인		산업통상자원부 시・도		산업통상자 원부 시・도

※ 작성방법: 「전기사업법」 제9조제3항에 따라 전기사업별 또는 전기설비별로 구분하여 적습니다(전기사업별 또는 전기설비별로 구분하여 준비기간을 지정받은 경우만 해당합니다)

210㎜×297㎜(백상지 80g/㎡)

8.2 제 3자간 전력거래계약 체결 합의서[1:1계약]

[별지 제1호 서식]

제3자간 전력거래계약 체결 합의서(1:1계약)

발전사업자	상 호		대 표 자 명	
	법인등록번호		전 화 번 호	
	본사 주소			
	발 전 소 명		발전사업허가일	
	발전소 주소			
	설비용량(kW)		준공(예정)일	
	발전원 (택1)	■ 태양광 □ 풍력 □ 수력 □ 해양 □ 지열 □ 바이오		

전기사용자	상 호		대 표 자 명	
	법인등록번호		전 화 번 호	
	본사 주소			
	체결 사업장 주소			
	계약전력(kW)		한전 고객번호	
	계약종별 (택1)	□ 일반용전력(을) □ 산업용전력(을)		

거래내용	발전량 구매 및 정산방식 (택1)	전체 발전량 구매 □ 시간대 □ 월간 □ 연간	□ 시간대별 사용량 구매 및 정산 (초과발전량 시장거래)
	계약단가(원/kWh)		
	계약체결(예정)일		
	계 약 기 간		

본 계약을 증명하기 위하여 합의서 원본 3부에 쌍방의 대표자가 기명 날인한 후 각 1부씩 보관하며, 1부는 계약체결일 1개월 전까지 전기판매사업자에게 제출한다.

20 년 월 일

발전사업자 : (인)
(주 소)

전기사용자 : (인)
(주 소)

첨부1. 발전량 산정방식 및 합의단가 기재 서류 (필요 시)

8.3 상업운전개시 확인

상업운전개시신고서

<table>
<tr><td rowspan="3">신청인</td><td>상 호(명칭)</td><td colspan="3"></td></tr>
<tr><td>대 표 자 명</td><td></td><td>전화번호</td><td></td></tr>
<tr><td>주 소(본사)</td><td colspan="3"></td></tr>
<tr><td colspan="2">발 전 기 명</td><td colspan="3"></td></tr>
<tr><td colspan="2">소 재 지</td><td colspan="3"></td></tr>
<tr><td colspan="2">설 비 용 량</td><td colspan="3">kW</td></tr>
<tr><td colspan="2">상업운전개시일</td><td colspan="3"></td></tr>
</table>

전력시장운영규칙 제12.4조의 규정에 따라 위와 같이 상업운전 개시를 신고합니다.

년 월 일

신고인(대표자) (인)

한국전력거래소 이사장 귀하

8.4 전기안전관리자 선임신고증명서 사본

-한국전기기술인협회에 방문/우편/팩스/온라인으로 신고

■ 전기안전관리법 시행규칙[별지 제16호서식] <개정 2022. 12. 21.>

전기안전관리자 [ ]선임 [ ]해임 신고서

([ ]안전공사 [ ]대행사업자 [ ]개인대행자)

※ 뒤쪽의 작성방법을 읽고 작성하시기 바라며, [ ]에는 해당되는 곳에 √표를 합니다. (앞쪽)

접수번호	접수일자	처리기간 3일

① 업체코드				
신고인	② 법인등록번호 (사업자등록번호)		③ 회사명 또는 상호	
	④ 주소			
	⑤ 대표자 성명		⑥ 전화번호	
전기설비	⑦ 설치장소의 주소			
	⑧ 수전설비	용 량 kW	전 압 V	
		계약종별	사용개시일	
	⑨ 발전설비	상 용 kW	전 압 V	
		비 상 용 kW	전 압 V	
		태양에너지 kW	전 압 V	
		연료전지 kW	전 압 V	
		전기저장장치 kWh	전 압 V	
		기타( ) kW	전 압 V	
	⑩ 그 밖의 설비 (심야·휴지설비 등)	용 량 kW	전 압 V	
		용 도	휴지기간	
전기안전관리 업무를 대행하는 자	⑪ 등록번호		⑫ 대표자 휴대전화번호(업무용)	
	⑬ 회사명 또는 상호		⑭ 대표자성명	
	⑮ 주소		⑯ 선·해임일	

「전기안전관리법」 제23조제1항 및 같은 법 시행규칙 제34조제2항에 따라 위와 같이 전기안전관리자의 [ ]선임 [ ]해임을 신고합니다.

년 월 일

신고인 (서명 또는 인)

전력기술인단체 귀하

첨부서류	전기안전관리대행계약서 사본(선임신고의 경우만 해당합니다) 1부	수수료 없 음

210㎜×297㎜[백상지(80g/㎡)]

(뒤쪽)

개인정보의 수집·이용 및 제3자 제공·활용 동의서

■ 개인정보 수집 및 이용 내역(필수사항)

수집·이용 항목	수집·이용 목적	보유기간
성명, 휴대전화번호	「전기안전관리법」 제43조 및 같은 법 시행령 제17조 및 「전기사업법」 제6조에 따라 전기설비 안전관리, 안정적인 전력공급 등 공공의 이익과 안전확보 등	해임 시까지

※ 위의 개인정보의 수집·이용에 대해 동의를 거부하실 수 있으며, 거부하실 경우 전기안전관리자 선임 신고가 불인정될 수 있습니다.

위와 같은 개인정보 수집·이용에 동의하십니까? ○ 동의 ○ 부동의

■ 개인정보 제3자 제공·활용 내역(필수사항)

제공받는 자	제공 목적	제공 항목	보유 기간
산업통상자원부와 권한이 위임·위탁된 기관 및 전기판매사업자	「전기안전관리법」 제43조 및 같은 법 시행령 제17조 및 「전기사업법」 제6조에 따라 전기설비 안전관리, 안정적인 전력공급 등 공공의 이익과 안전확보 등	성명, 휴대전화번호	해임 시까지

* 산업통상자원부는 전기안전관리자 해임 후에도 전기설비 이력 정보관리 등을 위하여 위 개인정보를 보유·이용할 수 있습니다.

※ 위의 개인정보의 제공·활용에 대해 동의를 거부하실 수 있으며, 거부하실 경우 전기안전관리자 선임 신고가 불인정될 수 있습니다.

위와 같이 개인정보 제공·활용에 동의하십니까? ○ 동의 ○ 부동의

대표자 성명 (서명 또는 인)

작성방법

1. ②란은 법인사업자는 법인등록번호를 적고, 개인사업자는 사업자등록번호를 적습니다.
2. ⑩란은 심야전력, 휴지설비 등을 적으며, 용도난은 계절용, 농사용, 심야용 등으로 적습니다.

처리절차

이 신고서는 아래와 같이 처리됩니다.

신 고 인	처 리 기 관 전력기술인단체
신고서 작성 →	접 수 ↓ 첨부서류 확인 ↓ 자료 전산입력·관리

210㎜×297㎜[백상지(80g/㎡)]

[기재요령]

① 업체코드 : 기재하지 마세요(협회가 업체를 관리하는 번호임)

② 신고인(상주) : 전기설비의 소유자 또는 점유자를 기재하며, 법인사업자는 법인등록번호를 기재하고, 개인사업자는 사업자등록번호를 기재

⑦ 신고인(위탁사업자) : 위탁선임시 "상주"란과 "위탁사업자"란에 모두 기재하며, 등록번호는 전기안전관리전문(전문대행기관)은 업등록번호를 기재하고, 시설물관리전문(시설물관리업자)은 사업자등록번호 기재

⑫ 설치장소의 주소 : 전기설비가 설치된 사업장 주소와 건물명 등을 기재

⑬ 수전설비

- 수전용량 및 전압 : 변압기설비는 1차변압기 표시용량의 합계 (1㎸A=1㎾) 및 전압기재, 저압설비는 전기사업자와 계약전력 및 전압(높은전압) 기재
- 계약종별 : 전기사업자와 계약종별 기재, 계약종별 혼합시 주된 계약종별(계약전력이 큰것) 기재
- 사용개시일 : 현 수전설비 사용시작일 기재

⑭ 비상용예비발전기 : 용량은 명판출력기준 연속출력 기재, 〔1㎸A=0.8㎾〕로 산정

⑳ 선임일·해임일 : 실제 선임일 또는 해임일을 기재

○ 신고인 및 날인
(법인인 경우 : 법인직인 또는 사용인감 , 개인인 경우 : 개인도장 날인)

- 직영선임시 : 소유자 또는 점유자가 신고인란에 날인
- 위탁선임시 : 위탁사업자가 신고인란에 날인

(서명시에는 신고인 직접 서명여부 확인가능 충족조건임)

※ 단, 전기설비 폐지, 사업장 부도·폐업, 해임신고거부 등 부득이한 사유로 신고인 날인 불가한 경우에는 안전관리자가 아래의 증빙자료를 첨부하여 해임할 수 있음

- 전기설비 폐지시 : 폐지확인서(한전 발행)
- 사업장 폐업시 : 폐업확인서(세무서 발행)
- 해임신고거부 등 : 전기설비 소유자등에게 해임사실을 통보하고 발송일로부터 14일이 경과한 내용증명서

○ 신고일자 : 협회 신고서 제출일자(우편접수시 우편소인 날인일)

○ 안전관리자 선임신고증명서 발급 신청서

전기안전관리자 선임(해임) 신고필증 발급(재발급)신청서

<table>
<tr><td rowspan="3">전기설비</td><td>업체코드</td><td></td><td>신고번호</td><td></td></tr>
<tr><td>회 사 명</td><td></td><td>대표자명</td><td></td></tr>
<tr><td>설비위치</td><td colspan="3"></td></tr>
<tr><td rowspan="3">신청구분</td><td rowspan="2">신청구분</td><td>□ 신규 □ 재발급 □ 기타</td><td rowspan="2">신청부수</td><td></td></tr>
<tr><td>□안전관리자□안전관리보조원</td><td></td></tr>
<tr><td>신청사유</td><td colspan="3"></td></tr>
<tr><td colspan="5">「전기안전관리법」 제23조제2항의 규정에 따라 전기안전관리자 선임·해임 신고필증 발급을 신청합니다.

년 월 일

신청인 (인)

한국전기기술인협회장 귀하</td></tr>
<tr><td colspan="5">※작성요령
1. 신청인
○ 전기설비 소유자·점유자 또는 전기안전관리자
○ 전기안전관리업무를 위탁받은 자 또는 대행하는 자</td></tr>
</table>

9. RPS설비확인 신청

9.7 정보제공 동의서

정보제공 동의서

본인은 신·재생에너지 공급의무화(RPS)제도의 대상설비 대표자로서 RPS제도와 관련하여 본인이 귀 센터에 제출한 공급인증서 발급대상 설비확인 신청서의 내용 및 본인의 전력거래처(한국전력공사 또는 한국전력거래소)가 매월 귀 센터에 제출하는 전력거래 실적에 대하여 귀 센터 및 한국전력거래소에서 RPS제도 추진을 위한 자료로 활용하는 것에 동의합니다.

20 년 월 일

발 전 소 명 :

대 표 자 : (인)

신·재생에너지센터 소장 귀하

9.8 총 사업비에 대한 무상지원비율 확인서

총사업비에 대한 무상지원비율 확인서

□ 발전소명 :

□ 소 재 지 :

□ 총사업비 : 억원 (자부담 : 억원, 무상지원금 : 억원)

위 발전설비는 「신에너지 및 재생에너지 개발·이용·보급 촉진법」 제12조의7 및 같은법 시행령 제18조의7에 따른 국가 또는 지방자치단체로부터 받은 무상지원금 지원비율이 ( )% 임을 확인합니다.

20 년 월 일

발전소명 :

대 표 자 : (인)

신·재생에너지센터 소장 귀하

1. 지원비율(%)은 소수점 넷째자리에서 절사하여 기재하며, 정부 연구개발(R&D) 지원금이 있는 경우는 기술료의 납부여부와 관계없이 무상지원금으로 기재
2. 연료비가 지속적으로 발생하는 설비의 무상지원금 지원비율 산정식은 아래와 같다.
   무상지원금 지원비율 = {(무상지원금÷내용연수)} ÷ {(총사업비÷내용연수)+연료비}
3. 내용연수는 법인세법시행규칙[별표6]의 전기, 가스, 증기 및 공기조절 공급업의 상한을 적용한다.